高等教育应用型本科人才培养系列教材

操 作 系 统

主 编 孙剑明
副主编 于舒春 刘 爽

哈尔滨工程大学出版社
Harbin Engineering University Press

内 容 简 介

本书以 UNIX、Linux、Windows、Andriod 等操作系统为例,从操作系统的概念、类型、特征、功能、发展历史等方面谈起,主要介绍了计算机系统结构和操作系统接口、处理器管理、存储管理、文件管理、设备管理、进程同步与进程通信、死锁、计算机操作系统实验。

本书可以作为计算机专业的自学考试用书,也可供相关技术人员参考。

图书在版编目(CIP)数据

操作系统/孙剑明主编. —哈尔滨:哈尔滨工程大学
出版社,2018.7(2020.5 重印)
ISBN 978 - 7 - 5661 - 2005 - 2

Ⅰ.①操… Ⅱ.①孙… Ⅲ.①操作系统 - 高等学校 -
教材 Ⅳ.①TP316

中国版本图书馆 CIP 数据核字(2018)第 150758 号

选题策划 夏飞洋
责任编辑 夏飞洋
封面设计 刘长友

出版发行	哈尔滨工程大学出版社
社 址	哈尔滨市南岗区南通大街 145 号
邮政编码	150001
发行电话	0451 - 82519328
传 真	0451 - 82519699
经 销	新华书店
印 刷	北京中石油彩色印刷有限责任公司
开 本	787 mm × 1 092 mm 1/16
印 张	17.25
字 数	431 千字
版 次	2018 年 7 月第 1 版
印 次	2020 年 5 月第 2 次印刷
定 价	48.00 元

http://www.hrbeupress.com
E-mail:heupress@ hrbeu.edu.cn

前　言

21 世纪对于职业技术应用型人才的需求在不断扩大,高职高专教育的发展是以应用型与专业理论型教育并存、共同发展为特征的教育模式。本科的教学通常偏重理论教育,学生实践能力普遍偏弱,与生产实践脱离较远,而专科又是本科的浓缩。因此,解决现阶段出现的教育现状与社会需求严重脱节问题的最好办法就是大力发展应用型本科、专科及职业教育。基于这种发展理念和顺应时代需求,我们编写了这本立足应用型人才培养的教材。

全书共分为 9 章,系统地反映了操作系统的发展现状和前沿动态。

第 1 章为绪论,介绍了操作系统的概念、历史、类型、特征和功能,进而分别对 UNIX 系统、Android 系统进行了阐述。第 2 章为计算机系统结构和操作系统接口,从计算机的系统结构和硬件组成开始,逐步阐述了计算机软硬件逻辑、操作系统的核心内容、操作系统的典型结构、操作系统接口,并以 UNIX 系统为例讲解了系统调用。第 3 章为处理器管理,阐述了进程的概念、进程的特征、进程的控制、UNIX 进程管理、处理器调度及相关算法。第 4 章为存储器管理,阐述了存储器的功能、连续分配方式、覆盖与对换管理、基本分页存储管理、段页式存储管理、虚拟存储器、请求分页存储管理、请求分段存储管理,进而以 UNIX 系统和 Linux 系统为例阐述了如何具体实施存储管理。第 5 章为文件管理,从文件和文件系统的概念谈起,对文件、目录、文件系统的实现、文件系统的管理和优化进行了详细论述,进而以 MS – DOS 系统和 UNIX 系统为例,讲解了文件系统的使用。第 6 章为设备管理,从设备管理的概念出发,对 Windows 的设备管理、DOS 的设备管理、磁盘的分区和格式化、硬盘容量限制及格式化参数设置进行了详细的论述。第 7 章为进程同步和进程通信,从进程同步的概念谈起,分析了经典的进程同步问题,进而类比地阐述了进程通信和线程通信的问题。第 8 章为死锁,从资源的分类和获取开始,阐述了死锁的条件、死锁检测与恢复、死锁避免及其他问题。第 9 章为实验,以 Linux 系统的使用、进程管理与通信、Shell 程序设计语言为内容,以实例的形式设置实验体会环境,更好地完成对操作系统相关知识的理解和运用。

在本书的编写过程中,得到了哈尔滨工程大学出版社编辑夏飞洋的大力支持与帮助,在此表示衷心的感谢。

我们对本书稿进行了反复的修改,就是希望能把它写得更好,但限于编者的水平,书中仍难免会有错误和不当之处,恳请读者批评指正。

编　者
2018 年 6 月

目　　录

第1章 绪 论

1.1 什么是操作系统

一个完整的计算机系统是由硬件系统和软件系统两大部分组成的。操作系统（Operating System, OS）是所有软件中最基础、最核心的部分，它为用户执行程序提供更加方便和有效的环境。从资源管理的角度来看，操作系统对整个计算机系统内的所有资源进行管理和调度，优化资源的利用，协调系统内的各种活动，处理可能出现的各种问题。

1.1.1 计算机系统组成

计算机系统包括硬件系统和软件系统。硬件系统是组成计算机系统的各种物理设备的总称，是看得见、摸得着的实体部分。软件系统是为了运行、管理和维护计算机而编制的各种程序、数据和文档的总称。它们的区别犹如把一个人分成躯体和思想一样，躯体是硬件，思想则是软件。硬件系统和软件系统密不可分，它们的有机结合才构成一个完整的计算机系统。

1. 计算机硬件系统

虽然现在的计算机系统从性能指标、运算速度、工作方式、应用领域和价格等方面与当时相比发生了很大变化，但是基本上仍沿用冯·诺依曼体系结构，采用存储程序和顺序执行的工作原理。冯·诺依曼体系结构的计算机主要由运算器、控制器、存储器、输入设备和输出设备组成，其中运算器和控制器集成在一片大规模或超大规模集成电路上，称为中央处理器（Central Processing Unit, CPU）。这五大功能部件相互配合，协同工作。

（1）处理器。

CPU 是一台计算机的运算核心和控制核心，它从内存中提取指令并执行它们。每种型号 CPU 的指令集都是专用的。CPU 内部都包含若干寄存器，其中一类是通用寄存器，用来存放关键变量和中间结果；另一类是专用寄存器，用来存放一些特殊的数据，比如程序计数器（Program Counter, PC）和程序状态字（Program Status Word, PSW）。程序计数器中保存下面要提取指令的内存地址。程序状态字用来存放两类信息：一类是体现当前指令执行结果的各种状态信息，称为状态标志，如有无进位（CF 位）、有无溢出（OF 位）、结果正负（SF 位）、结果是否为零（ZF 位）、奇偶标志位（PF 位）等；另一类是存放控制信息，称为控制状态，如允许中断（IF 位）、跟踪标志（TF 位）、方向标志（DF 位）等。

（2）存储器。

存储器是计算机系统的主要部件之一。按照存取速度、存储容量和成本将存储器划分为一个典型的层次结构，如图 1-1 所示。

第一层次	CPU内部寄存器
第二层次	高速缓存
第三层次	内存
第四层次	外存

图1-1 计算机系统中存储器的层次结构

第一层次是CPU内部寄存器,其速度与CPU一样快,所以存取它们没有延迟,但是它们的成本高、容量小,通常都小于1 KB。

第二层次是高速缓存(cache),它们大多由硬件控制。高速缓存的速度很快,它们放在CPU内部或者非常靠近CPU的地方。当程序需要读取具体信息时,高速缓存硬件首先查看信息是否在cache中,如果在其中,就直接使用;如果不在,就从内存中查找并获取该信息,并把信息放入cache中,以备以后再次使用。但cache成本很高,容量较小,一般小于2 MB。

第三层次是内存,它是存储系统的主要部件,也称为随机存取存储器。CPU可以直接存取内存及寄存器和cache中的信息,但是不能直接存取磁盘等外存上的数据。因此,机器执行的指令及所用的数据必须预先存放在内存及cache和寄存器中。但是,内存中存放的信息是易变的,当机器电源被关闭后,内存中的信息就全部丢失了。

第四层次是外存,包括磁盘、光盘和移动存储设备。外存记录的数据可以持久保存,而且根据需要可以随时更换。外存容量很大,现在常用的磁盘容量为300 GB ~ 2 TB,价格低廉。外存中数据的存取速度低于内存。

(3)I/O设备。

输入/输出设备也称为I/O设备,它是人机交互的工具,通常由控制器和设备本身两部分组成。

设备控制器是I/O设备的电子部分,它协调和控制一台或多台I/O设备的操作,实现设备操作与整个系统操作的同步。在小型机和微型机上,往往以印刷电路卡的形式插入计算机中。很多控制器可以管理2台、4台甚至8台同样的设备。设备控制器本身有一些缓冲区和一组专用的寄存器,负责在外部设备和本地缓冲区之间移动数据。

设备本身的对外接口较简单,实际上它们隐藏在控制器的后面。因而,操作系统常常是和设备控制器打交道,而不是与设备直接作用。设备的种类很多,因此设备控制器的类别也很多,需要不同的软件来控制它们。这些向设备控制器发送命令并接收其回答信息的软件称为设备驱动程序。不同操作系统上的不同控制器对应不同的设备驱动程序。计算机系统常常把设备驱动程序以核心态的方式来运行。

(4)总线。

在计算机系统中,为了简化硬件电路设计、简化系统结构,常用一组线路,配置以适当的接口电路与各部件和外围设备连接,这组共用的连接电路称为总线。按照总线上传输信息的种类,可将总线划分为数据总线、地址总线和控制总线三部分。

数据总线用于CPU与内存或I/O设备之间的数据传递,它的宽度取决于CPU的字长。数据总线是双向总线,两个方向都能传送数据。

地址总线用于传送存储单元或I/O接口的地址信息,信息传送是单向的。它的位数决定了计算机内存空间的范围大小,即 CPU 能够管辖的内存数量控制总线用于传送控制器的各种控制信息,它的位数由 CPU 的字长决定。

在计算机系统中有多个设备要向总线发信号时,在传送数据之前,先要监听总线是否有空闲,空闲时才能占用总线,使用之后要释放总线。

2. 计算机软件系统

在计算机软件系统中,软件通常分为系统软件和应用软件两大类,但是这两类软件的界限并不十分明显。系统软件是指控制计算机的运行、管理计算机的各种资源并为应用软件提供支持和服务的一类软件。系统软件通常包括操作系统、语言处理程序和各种实用程序。应用软件是指利用计算机的软、硬件资源为某一专门的应用目的而开发的软件,常见的应用软件有办公软件、图形图像处理软件等。

1.1.2　操作系统的地位

1. 操作系统的地位

操作系统在计算机系统的位置如图 1-2 所示。

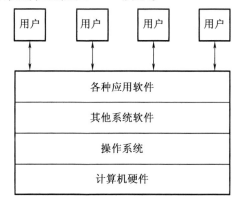

图 1-2　综合软、硬件的计算机系统层次结构

操作系统是一种系统软件,它是配置在计算机硬件之上的第一层软件。它在计算机系统中占据特别重要的地位,是整个计算机系统的控制管理中心。其他系统软件如汇编程序、编译程序等,以及各种应用软件都将依赖于操作系统的支持,取得它的服务。操作系统对它们既具有支配权力,又为其运行构造必备的环境。

没有任何软件支持的计算机称为裸机。操作系统是裸机之上的第一层软件,它只在核心态模式下运行,受硬件保护,与硬件关系尤为密切。它不仅对硬件资源直接实施控制、管理,而且其他很多功能的完成也是与硬件动作配合起来实现的。

通过图 1-2 可以看出,在裸机上每加一层软件后,计算机系统的功能变得更加强大,用户使用起来更加方便。通常把经过软件扩充后的计算机称为虚拟机。

2. 操作系统的作用

操作系统在计算机系统中起三个方面的作用。

(1)操作系统作为用户接口和公共服务程序。

操作系统作为用户接口是指 OS 处于用户与计算机硬件系统之间,用户通过 OS 来使用计算机系统。或者说,用户在 OS 帮助下,能够方便、快捷、安全、可靠地操纵计算机硬件并运行自己的程序。从内部看，操作系统对计算机硬件进行了改造和扩充，为应用程序提供强有力的支持；从外部看，操作系统提供友好的人机接口，使得用户能够方便、可靠、安全和高效地使用硬件和运行应用程序。同时，用户可以通过"系统调用"使用操作系统提供的各种公共服务，无须了解软硬件本身的细节。所以操作系统可以看作是友善的用户接口和各种公共服务的提供者。

（2）操作系统作为资源的管理者和控制者。

在计算机系统中，能够分配给用户使用的各种软硬件设施总称为资源。资源包括两大类，即硬件资源和软件资源。其中硬件资源有处理器、存储器、外部设备等；软件资源则包括程序和数据等。为了使应用程序正常运转，操作系统必须为其分配足够的资源；为了使系统效率提高，操作系统必须支持多道程序设计，合理调度和分配各种资源，充分发挥并行部件的性能，使它最大限度地重叠操作和保持忙碌。

作为资源的管理者，操作系统要对资源进行研究，找出各种资源的共性和个性，有序地管理计算机中的软硬件资源，记录资源的使用情况，确定资源分配策略，实施资源的分配和回收，满足用户对资源的需求，提供机制来协调应用程序对资源的使用冲突，研究资源利用的统一方法，为用户提供简单、有效的资源使用手段，在满足应用程序需求的前提下，最大限度地实现各种资源的共享，提高资源利用率，从而提高计算机系统的效率。

（3）操作系统实现了计算机资源的抽象。

资源抽象是指通过创建软件来屏蔽硬件资源的物理特性和接口细节，简化对硬件资源的操作、控制和使用，即不考虑物理细节而对资源执行操作。资源抽象用于处理系统的复杂性，重点解决资源的易用性。资源抽象软件对内封装实现细节，对外提供应用接口，这意味着用户不必了解更多的硬件知识，只需通过软件接口即可使用和操作物理资源。例如，为了方便用户使用 I/O 设备，在裸机上覆盖一层 I/O 设备管理软件，由该软件实现对设备操作的细节，并向上提供一组操作命令。用户可以利用操作命令进行数据的输入/输出，而无须关心 I/O 设备是如何实现的。这里，I/O 管理软件实现了对设备的抽象。

1.1.3　操作系统的概念

根据操作系统的地位和作用，可以从以下方面理解它的定义。

（1）操作系统是系统软件，由一整套程序组成。

（2）它的基本职能是控制和管理计算机系统内的各种资源，合理地组织工作流程。

（3）它提供众多服务，方便用户使用，扩充硬件功能。

通常可以这样定义操作系统：操作系统是控制和管理计算机系统中的各种硬件和软件资源，合理地组织计算机工作流程，并为用户使用计算机提供方便的一种系统软件。

1.2　计算机和操作系统的协同发展

操作系统已经存在许多年了。在本小节中，我们将简要分析一些操作系统历史上的重要之处。操作系统与其所运行的计算机体系结构的联系非常密切。我们将分析连续几代的计算机，看看它们的操作系统是什么样的。把操作系统的分代映射到计算机的分代上有些粗糙，但是这样做确实有某些作用，否则还没有其他好办法能够说清楚操作系统的历史。

下面给出的有关操作系统的发展主要是按照时间线索叙述的,且在时间上是有重叠的。每个发展并不是等到先前一种发展完成后才开始。存在着大量的重叠,也存在不少虚假的开始和终结时间。请读者把这里的文字叙述看成是一种指引,而不是盖棺定论。

第一台真正的数字计算机是英国数学家 Charles Babbage(1792—1871)设计的。尽管Babbage 花费了几乎一生的时间和财产,试图建造他的"分析机",但是始终未能让机器正常运转,因为它是台纯机械的数字计算机,他所在时代的技术不能生产出他所需要的高精度轮子、齿轮和轮牙。毫无疑问,这台"分析机"没有操作系统。

有一段有趣的历史花絮,Babbage 认识到他的"分析机"需要软件,所以他雇用了个名为Ada Lovelace 的年轻妇女,作为世界上第一个程序员,而她是著名的英国诗人 Lord Byron 的女儿。程序设计语言 Ada 是以她的名字命名的。

1.2.1 第一代计算机和操作系统

Babbage 失败之后一直到第一次世界大战,数字计算机的建造几乎没有什么进展,第二次世界大战刺激了有关计算机研究的爆炸性开展。IOWA 州立大学的 John Atanasoff 教授和他的学生 Clifford Berry 建造了据认为是第一台可工作的数字计算机。该机器使用了 300 个真空管。大约在同一时期,Konrad Zuse 在柏林用继电器构建了 Z3 计算机,英格兰布莱切利园的一个小组在 1944 年构建了 Colossus, Howard Aiken 在哈佛大学建造了 Mark I,宾夕法尼亚大学的 William Mauchley 和他的学生 J. Presper Eckert 建造了 ENIAC。这些机器有的是二进制的,有的使用真空管,有的是可编程的,但是都非常原始,甚至需要花费数秒时间才能完成最简单的运算。

在那个年代,同一个小组的人(通常是工程师们)设计、建造、编程、操作并维护一台机器。所有的程序设计是用纯粹的机器语言编写的,甚至更糟糕,需要通过将上千根电缆接到插件板上连接成电路,以控制机器的基本功能。没有程序设计语言(甚至汇编语言也没有),操作系统则从来没有听说过。使用机器的一般方式是,程序员在墙上的机时表上预约一段时间,然后到机房中将他的插件板接到计算机里,在接下来的几小时里,期盼正在运行中的两万多个真空管不会烧坏。那时,所有的计算问题实际都只是简单的数字运算,如制作正弦、余弦以及对数表等。

到了 20 世纪 50 年代早期,这种情况有了改进,出现了穿孔卡片,这时就可以将程序写在卡片上,然后读入计算机而不用插件板,但其他过程则依然如旧。

1.2.2 第二代计算机和操作系统

20 世纪 50 年代,晶体管的发明极大地改变了整个状况。计算机已经很可靠,厂商可以成批地生产并销售计算机给用户,用户可以通过计算机长时间运行,完成一些有用的工作。此时,设计人员、生产人员、操作人员、程序人员和维护人员之间第一次有了明确的分工。

这些机器,现在被称作大型机(Mainframe),锁在有专用空调的房间中,由专业操作人员运行。只有少数大公司、重要的政府部门或大学才能承受数百万美元的标价。要运行一个作业(JOB,即一个或一组程序),程序员首先将程序写在纸上(用 FORTRAN 语言或汇编语言),然后穿孔成卡片,再将卡片盒带到输入室,交给操作员,接着就喝咖啡等待输出完成。

计算机运行完当前的任务后,其计算结果从打印机上输出,操作员到打印机上撕下运算结果并送到输出室,程序员稍后就可取到结果。然后,操作员从已送到输入室的卡片盒中读入另一个任务。如果需要 FORTRAN 编译器,操作员还要从文件柜把它取来读入计算机。当操作员在机房里走来走去时,许多机时被浪费掉了。

由于当时的计算机非常昂贵,人们很自然地要想办法减少机时的浪费。通常采用的解决方法就是批处理系统(Batch Processing System)。其思想是:在输入室收集全部的作业,然后用一台相对便宜的计算机,如 IBM 1401 计算机,将它们读到磁带上。IBM 1401 计算机适用于读卡片、复制磁带和输出打印,但不适用于数值运算。另外用较昂贵的计算机,如 IBM 7094 来完成真正的计算。

在收集了大约一小时的批量作业之后,这些卡片被读进磁带,然后磁带被送到机房里并装到磁带机上。随后,操作员装入一个特殊的程序(现代操作系统的前身),它从磁带上读入第一个作业并运行,将输出写到第二盘磁带上,而不打印。每个作业结束后,操作系统自动地从磁带上读入下一个作业并运行。当一批作业完全结束后,操作员取下输入和输出磁带,将输入磁带换成小一批作业,并把输出磁带拿到一台 1401 机器上进行脱机(不与主计算机联机)打印。

典型的输入作业结构如图 1-3 所示。一开始是一张 MYMJOB 卡片,它标识出所需的最大运行时间(以分钟为单位)、计费号以及程序员的名字。接着是 MYMFORTRAN 卡片,通知操作系统从系统磁带上装入 FORTRAN 语言编译器。之后就是待编译的源程序,然后是 LOAD 卡片,通知操作系统装入编译好的目标程序。接着是 MYMRUN 卡片,告诉操作系统运行该程序并使用随后的数据。最后,MYMEND 卡片标识作业结束。这些基本的控制卡片是现代 Shell 和命令解释器的先驱。

第二代大型计算机主要用于科学与工程计算,例如,解偏微分方程。这些题目大多用 FORTRAN 语言和汇编语言编写。典型的操作系统是 FMS(Fortran Monitor System, FORTRAN 监控系统)和 IBSYS(IBM 为 7094 机配备的操作系统)。

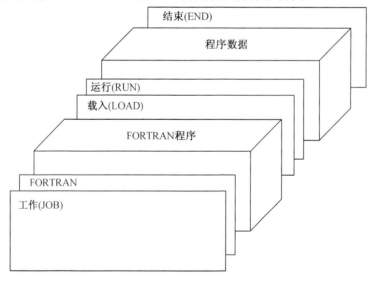

图 1-3　典型的输入作业结构

1.2.3　第三代计算机和操作系统

20 世纪 60 年代初期,大多数计算机厂商都有两条不同并且完全不兼容的生产线。一条是面向字的、大型的科学用计算机,诸如 IBM7094,主要用于科学和工程计算。另一条是面向字符的、商用计算机,诸如 IBM1401,银行和保险公司主要用它进行磁带归档和打印服务。

开发和维护两种完全不同的产品,对厂商来说是昂贵的。另外,许多新的计算机用户开始时只需要一台小计算机,后来可能又需要一台较大的计算机,而且希望能够更快地执行原有的程序。

IBM 公司试图通过引入 System360 来一次性地解决这两个问题。360 是一个软件兼容的计算机系列,其低档机与 1401 相当,高档机则比 7094 功能强很多。这些计算机只在价格和性能(最大存储器容量、处理器速度、允许的 I/O 设备数量等)上有差异。由于所有的计算机都有相同的体系结构和指令集,因此,在理论上,为一种型号机器编写的程序可以在其他所有型号的机器上运行。而且 360 被设计成既可用于科学计算,又可用于商业计算。这样,一个系列的计算机便可以满足所有用户的要求。在随后的几年里,IBM 使用更现代的技术陆续推出了 360 的后续机型,如著名的 370,4300,3080 和 3090 系列。zSeries 是这个系列的最新机型,不过它与早期的机型相比变化非常之大。

360 是第一个采用(小规模)芯片(集成电路)的主流机型,与采用分立晶体管制造的第二代计算机相比,其性能/价格比有很大提高。360 很快就获得了成功,其他主要厂商也很快采纳了系列兼容机的思想。这些计算机的后代仍在大型的计算中心里使用。现在,这些计算机的后代经常用来管理大型数库(如航班订票系统)或作为 web 站点的服务器,这些服务器每秒必须处理数千次的请求。

"单一家族"思想的最大优点同时也是其最大的缺点。原因在于所有的软件,包括操作系统 OS/360,要能够在所有机器上运行。从小的代替 1401 把卡片复制到磁带上的机器,到用于代替 7094 进行气象预报及其他繁重计算的大型机;从只能带很少外部设备的机器到有很多外设的机器;从商业领域到科学计算领域等。总之,它要有效地适用于这些不同的用途。

第三代计算机的另一个特性是,卡片被拿到机房后能够很快地将作业从卡片读入磁盘。于是,任何时刻当一个作业运行结束时,操作系统就能将一个新作业从磁盘读出,装进空出来的内存区域运行。这种技术称为同时的外部设备联机操作(Simultaneous Peripheral Operation on Line, Spooling),该技术同时也用于输出。当采用了 Spooling 技术后,就不再需要 IBM1401 机,也不必再将磁带搬来搬去了。

第三代操作系统很适于大型科学计算和繁忙的商务数据处理,但其实质上仍旧是批处理系统。许多程序员很怀念第一代计算机的使用方式。那时,他们可以几小时独占一台机器,可以即时地调试他们的程序。而对第一代计算机而言,从一个作业提交到运算结果取回往往长达数小时,更有甚者,一个逗号的误用就会导致编译失败,而可能浪费了程序员半天的时间。

程序员们的希望很快得到了响应,这种需求导致了分时系统(timesharing)的出现。它实际上是多道程序的一个变体,每个用户都有一个联机终端。在分时系统中,假设有 20 个用户登录,其中 17 个在思考问题、与人聊天或喝咖啡,则 CPU 可分配给其他三个需要的作业轮流执行。由于调试程序的用户常常只发出简短的命令(如编译一个 5 页的源文件),而很少有长的费时命令(如上百万条记录的文件排序),所以计算机能够为许多用户提供快速的交互式服务,同时在 CPU 空闲时还可能在后台运行一个大作业。第一个通用的分时系统——兼容分时系统(Compatible Time Sharing System,CTSS)是 MIT(麻省理工学院)在一台改装过的 7094 机上开发成功的(Corbas 等人,1962 年)。但直到第三代计算机广泛采用了必需的保护硬件之后,分时系统才逐渐流行。

另一个第三代计算机的主要进展是小型机的崛起,以 1961 年 DEC 的 PDP - 1 作为起点。PDP - 1 计算机只有 4 000 个 18 位的内存,每台售价 120 000 美元(不到 IBM 7094 的 5%),该机型非常热销。对于某些非数值的计算,它和 7094 几乎一样快。PDP - 1 开辟了一个全新的产业。很快有了一系列 PDP 机型(与 IBM 系列机不同,它们互不兼容),其顶峰机型为 PDP - 11。

一位曾参加过 MULTICS 研制的贝尔实验室计算机科学家 Ken Thompson,后来找到一台无人使用的 PDP7 机器,并开始开发一个简化的、单用户版 MULTICS。他的工作后来决定了 UNIX 操作系统的诞生。

对 UNIX 版本免费产品(不同于教育目的)的愿望,促使芬兰学生 Linus Torvalds 编写了 Linux。这个系统直接受到在 MINIX 开发的启示,而且原本支持各种 MINIX 的功能(例如 MINIX 文件系统)。尽管它已经通过多种方式扩展,但是该系统仍然保留了某些与 MINIX 和 UNIX 共同的低层结构。对 Linux 和开放源码运动具体历史感兴趣的读者可以阅读 Glyn Moody 的书籍(2001)。

1.2.4　第四代计算机和操作系统

随着 LSI(大规模集成电路)的发展,在每平方厘米的硅片芯片上可以集成数千个晶体管,个人计算机时代到来了。从体系结构上看,个人计算机(最早称为微型计算机)与 PDP - 11 并无二致,但就价格而言却相去甚远。以往,公司的一个部门或大学里的一个院系才配备一台小型机,而微处理器却使每个人都能拥有自己的计算机。

1974 年,当 Intel 8080——第一代通用 8 位 CPU 出现时,Intel 希望有一个用于 8080 的操作系统,部分是为了测试。Intel 请求其顾问 Gary Kildall 编写。Kildall 和一位朋友首先为新推出的 Shugart Associates 8 英寸软盘构造了一个控制器,并把这个软磁盘同 8080 相连,从而制造了第一个配有磁盘的微型计算机。然后 Kildall 为它写了一个基于磁盘的操作系统,称为 CP/M(Controi Program for Microcomputer)。由于 Intel 不认为基于磁盘的微型计算机有什么前景,所以当 Kildall 要求 CP/M 的版权时,Intel 同意了他的要求。于是 Kildall 组建了一家公司(Digital Research),进一步开发和销售 CP/M。

1977 年,Digital research 重写了 CP/M,使其可以在使用 8080、Zilog Z80 以及其他 CPU 芯片的多种微型计算机上运行。

在 20 世纪 80 年代的早期,IBM 设计了 IBM PC 并寻找可在上面运行的软件。

另一个微软操作系统是 Windows NT(NT 表示新技术),它在一定的范围内同 Windows 95 兼容,但是内部是完全新编写的。它是一个 32 位系统。Windows NT 的首席设计师是 Dayid Cutler,他也是 VAX VMS 操作系统的设计师之一,所以有些 VMS 的概念用在了 NT 上。事实上,NT 中有太多的来自 VMS 的思想,所以 VMS 的所有者 DEC 公司控告了微软公司。法院对该案件判决的结果引出了一大笔需要用多位数字表达的金钱。微软公司期待 NT 的第一个版本可以消灭 MS - DOS 和其他的 Windows 版本,因为 NT 是个巨大的超级系统,但是这个想法失败了。只有 Windows NT 4.0 踏上了成功之路,特别在企业网络方面取得了成功。1999 年初,Windows NT 5.0 改名为 Windows 2000。微软期望它成为 Windows 98 和

Windows NT 4.0 的接替者。

不过这两个方面都不太成功,于是微软公司发布了 Windows 98 的另一个版本,名为 Windows Me(千年版)。2001 年,发布了 Windows 2000 的一个稍加升级的版本,称为 Windows XP。这个版本的寿命比较长(6 年),基本上替代了 Windows 所有原先版本。在 2007 年 1 月,微软公司发布了 Windows XP 的后继版,名为 Vista。它有一个新的图形接口 Aero,以及许多其他新的成升级的用户程序。

在个人计算机世界中,另一个主要竞争者是 UNIX(和它的各种变体)。UNIX 在网络和企业服务器等领域强大,在台式计算机上,特别是在诸如印度和中国这些发展中国家里,UNIX 的使用也在增加。在基于 Pentium 的计算机上,Linux 成为学生和不断增加的企业用户们代替 Windows 的通行选择。顺便提及在本书中,我们使用 Pentium 这个名词代表 Pentium Ⅰ,Pentium Ⅱ,Pentium Ⅲ 和 Pentium Ⅳ,以及它们的后继者,诸如 Core 2 Duo 等。术语 X86 有时仍旧用来表示 Intel 中的包括 8086 的 CPU,而 Pentium 则用于表示从 Pentium Ⅰ 开始的所有 CPU。很显然,这个术语并不完美,但是没有更好的方案。人们很奇怪,是 Intel 公司的哪个天才把半个世界都知晓和尊重的品牌名(Pentium)扔掉,并替代以 Core 2 Duo 这样一个几乎没有人立即理解的术语,"2" 是什么意思,而 "Duo" 又是什么意思? 也许 Pentium 5(或者 Pentium 5 dual core)太难于记忆吧。至于 FreeBSD,一个源自 Berkeley 的 BSD 项目,也是一个流行的 UNIX 变体。所有现代 Macintosh 计算机都运行着 FreeBSD 的一个修改版。在使用高性能 RISC 芯片的工作站上,诸如 Hewlett - Packard 公司和 Sun Microsystems 公司销售的那些机器上,UNIX 系统也是一种标准配置。

尽管许多 UNIX 用户,特别是富有经验的程序员们更偏好基于命令的界面而不是 GUI,但是几乎所有的 UNIX 系统都支持由 MIT 开发的称为 X Windows 的视窗系统(如众所周知的 X11)。这个系统处理基本的视窗管理功能,允许用户通过鼠标创建、删除、移动和变比视窗。对于那些希望有图形系统的 UNIX 用户,通常在 X11 之上还提供一个完整的 GUI,诸如 Gnome 或 KDE,从而使得 UNIX 在外观和感觉上类似于 Macintosh 或 Microsoft Windows。

1.2.5 第五代计算机和操作系统

自从 20 世纪 40 年代连环漫画中的 Dick Tracy 警探对着他的 "双向无线电通信腕表" 说话开始,人们就在渴望一款无论去哪里都可以随身携带的交流设备。第一台真正的移动电话出现在 1946 年并且重达 40 kg,你可以带它去任何地方,前提就是你有一辆拉它的汽车。

第一台真正的手持电话出现在 20 世纪 70 年代,重约 1 kg,绝对属于轻量级。它被人们爱称为 "砖头"。很快,每个人都想要一块这样的 "砖头"。现在,移动电话已经渗入全球 90% 人口的生活中。我们不仅可以通过便携电话和腕表打电话,在不久的将来还可以通过眼镜和其他可穿戴设备打电话。而且,手机这种东西已不再那么引人注目。我们在车水马龙间从容地收发邮件、上网冲浪、给朋友发信息、玩游戏,一切都是那么习以为常。

虽然在电话设备上将通话和计算合二为一的想法在 20 世纪 70 年代就已经出现了,但第一台真正的智能手机直到 20 世纪 90 年代中期才出现。这部手机就是诺基亚发布的 N9000,它真正地做到了将通常处于独立工作状态的两种设备:(手机和个人数字助理)合二为一。1997 年,爱立信公司为它的 GS888 "Penelope" 手机创造出术语——智能手机。

随着智能手机变得十分普及,各种操作系统之间的竞争也变得更加激烈,并且形势比个人电脑领域更加模糊不清。谷歌公司的 Android 是最主流的操作系统,而苹果公司的 iOS

也牢牢占据次席,但这并不是常态,在接下来的几年时间里可能会发生很大变化。在智能手机领域,唯一可以确定的是,长期保持在巅峰并不容易。

毕竟,在智能手机出现后的第一个十年中,大多数手机自首款产品出厂以来都运行着 Symbian OS,Symbian 操作系统被许多主流品牌选中,包括三星、索尼爱立信和摩托罗拉,特别是诺基亚也选择了它。然而,其他操作系统已经开始侵吞 Symbian 市场份额,例如 RIM 公司的 Blackberry OS 和苹果公司的 iOS。很多公司都预期 RIM 能继续主导商业市场,而 iOS 会成为消费者设备中的王者。然而,Symbian 的市场份额骤跌。2011 年,诺基亚放弃 Symbian 并且宣布将 Windows Phone 作为自己的主流平台。在一段时间里,苹果公司和 RIM 公司是市场的宠儿,但谷歌公司 2008 年发布的基于 Linux 的操作系统 Android,并没有花费太长时间就追上了它的竞争对手。

对于手机厂商而言,Andriod 有着开源的优势,获得许可授权后便可使用。于是,厂商可以修改它并轻松地适配自己的硬件设备。并且,Android 拥有大量软件开发者,他们大多数通晓 Java 编程语言。即使如此,最近几年也显示出 Android 的优势可能不会持久,并且其竞争对手及其渴望从它那里夺回一些市场份额。

1.3　操作系统的基本类型

按照操作系统的功能,可将操作系统分成以下几类:多道批处理系统、分时系统、实时系统、单用户操作系统、网络操作系统、分布式操作系统和嵌入式系统等。下面分别对这些系统进行阐述。

1.3.1　多道批处理系统

早期的批处理系统中只有一道作业在主存,系统资源的利用率仍然不高。为了提高资源利用率和系统吞吐量,在 20 世纪 60 年代中期引入了多道程序设计技术,形成多道批处理系统。

1. 多道程序设计

早期的批处理系统因为每次只调用一个用户作业程序进入主存并运行,故称为单道批处理系统,其主要特征如下:

(1)自动性。在顺利的情况下,磁带上的一批作业能自动地、逐个作业依次运行而无须人工干预。

(2)顺序性。磁带上的各道作业是顺序地进入主存的,各道作业完成的顺序与它们进入主存的顺序之间在正常情况下应当完全相同,亦即先调入主存的作业先完成。

(3)单道性。主存中仅有一道程序并使之运行,即监督程序每次从磁带上只调入一道程序进入主存运行,仅当该程序完成或发生异常情况时才调入其后继程序进入主存运行。

图 1-4 所示说明了单道程序运行时的情况。图中说明用户程序首先在 CPU 上进行计算,当它需要进行 I/O 传输时,向监督程序提出请求,由监督程序提供服务并帮助启动相应的外部设备进行传输工作,这时 CPU 空闲等待。当外部设备传输结束时发出中断信号,由监督程序中负责中断处理的程序做处理,然后把控制权交给用户程序继续计算。

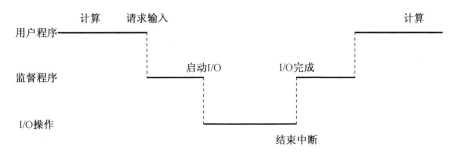

图 1 - 4 单道程序运行示例

从图 1 - 4 中可以看出,当外部设备进行传输工作时,CPU 处于空闲等待状态;反之当 CPU 工作时,设备又无事可做。这说明计算机系统各部件的效能没有得到充分的发挥,其原因在于主存中只有一道程序。在计算机价格十分昂贵的 20 世纪 60 年代,提高设备的利用率是首要目标。为此,人们设想能否在系统中同时存放几道程序,这就引入了多道程序设计的概念。

多道程序设计是指允许各个作业(或程序)同时进入计算机系统的内存并启动交替计算的方法。也就是说,内存中多个相互独立的程序均处于开始和结束之间,从宏观上看是并行的,多道程序都处于运行过程中,但尚未结束;从微观上看是串行的,各道程序轮流占用 CPU,交替执行。引入多道程序设计技术,可以提高 CPU 的利用率,充分发挥计算机硬件部件的并行性。现代计算机系统都采用多道程序设计技术。

多道程序运行情况如图 1 - 5 所示。图示中用户程序 A 首先在处理器上运行,当它需要从输入设备输入新的数据而转入等待时,系统帮助它启动输入设备进行输入工作,并让用户程序 B 开始计算。程序 B 经过一段计算后,需要从输出设备输出一批数据,系统接受请求,并帮助启动输出设备工作。如果此时程序 A 的输入尚未结束,也无其他用户程序需要计算,处理器就处于空闲状态直到程序 A 在输入结束后重新运行。若程序 B 的输出工作结束时程序 A 仍在运行,则程序 B 继续等待直到程序 A 计算结束再次请求 I/O 操作,程序 B 才能占用处理器。

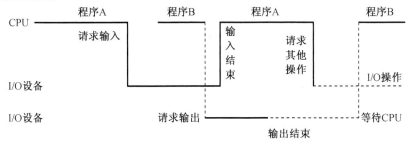

图 1 - 5 多道程序运行示例

操作系统中引入多道程序设计的优点:一是提高 CPU、主存和设备的利用率;二是提高系统的吞吐量,使单位时间内完成的作业数增加;三是充分发挥系统的并行性,设备与设备之间、设备与 CPU 之间均可并行工作。其主要缺点是延长了作业的周转时间。

2. 多道批处理系统

在批处理系统中,采用多道程序设计技术就形成了多道批处理系统。在多道批处理方式下,交到机房的许多作业由操作员负责将其从输入设备转存到辅存设备(比如磁盘)上,形成一个作业队列而等待运行。当需要调入作业时,管理程序中有一个名为作业调度的程序负责对磁盘上的一批作业进行选择,将其中满足资源条件且符合调度原则的几个作业调入主存,让它们交替运行。当某个作业完成计算任务时,输出其结果,收回该作业占用的全部资源。然后根据主存和其他资源的情况,再调入一个或几个作业。这种处理方式的特点是在主存中总是同时存有几道程序,系统资源的利用率比较高。

要求计算机解决的问题是多种多样的,具有不同的特点。例如科学计算问题需要使用较多的 CPU 时间,因为它计算量较大;而数据处理问题的 I/O 量较大,则需较多地使用 I/O 设备。若在调入作业时能注意到不同作业的特点并能合理搭配,例如将计算量大的作业和 I/O 量大的作业搭配,系统资源的利用率会进一步提高。

多道批处理系统的优缺点如下所述:

(1)资源利用率高。由于在主存中驻留了多道程序,它们共享资源,可保持资源处于忙碌状态,从而使各种资源得到充分利用。

(2)系统吞吐量大。系统吞吐量是指系统在单位时间内所完成的总工作量。能提高系统吞吐量的主要原因是 CPU 和其他资源保持忙碌状态,并且仅当作业完成时或者运行不下去时才进行切换,系统消耗小。

(3)平均周转时间长。作业的周转时间是指从作业进入系统开始,直至其完成并退出系统为止所经历的时间。在批处理系统中,由于作业要排队,依次进行处理,因而作业的周转时间较长,通常是几小时,甚至几天。

(4)无交互能力。用户把作业提交给系统后,直至作业完成,用户都不能与其作业进行交互,这对修改和调试程序是极不方便的。

1.3.2 分时操作系统

分时系统与多道批处理系统之间有着截然不同的性能差别,它能很好地将一台计算机提供给多个用户同时使用,提高计算机的利用率。它被经常应用于查询系统中,满足许多查询用户的需求。

1. 分时技术和分时系统

所谓分时技术就是把处理器的时间分成很短的时间片(如几百毫秒),将这些时间片轮流地分配给各联机作业使用。如果某个作业在分配给它的时间片用完之后,计算还未完成,该作业就暂时中断,等待下一时间片继续计算,此时处理器让给另一个作业使用。这样每个用户的各种要求都能得到快速响应,给每个用户的印象就像他独占一台计算机一样。

采用这种分时技术的系统称为分时系统。在该系统中一台计算机和许多终端设备连接,每个用户可以通过终端向系统发出各种控制命令,请求完成某项工作。而系统则分析从终端设备发来的命令,满足用户提出的要求,输出一些必要的信息,如给出提示信息、报告运行情况、输出计算结果等。用户根据系统提供的运行结果,向系统提出下一步请求,重复上述交互会话过程,直到用户完成预计的全部工作为止。

2. 分时系统的特征

分时系统具有如下四个基本特征:

(1)多路性。

多路性允许在一台主机上同时连接多台联机终端,系统按分时原则为每个用户服务。宏观上是多个用户同时工作而共享系统资源,而微观上则是每个用户作业轮流运行一个时间片。它提高了资源利用率,从而促进了计算机更广泛的应用。

(2)独立性。

独立性是指每个用户各占一个终端,彼此独立操作互不干扰。因此用户会感觉到就像他人独占主机一样。

(3)及时性。

及时性指用户的请求能在很短时间内获得响应,此时时间间隔是以人们所能接受的等待时间来确定的,通常为毫秒级。

(4)交互性。

用户可通过终端与系统进行广泛的人机对话。其广泛性表现在,用户可以请求系统提供多方面的服务,如数据处理和资源共享等。

1.3.3 实时操作系统

1.实时系统的引入

"实时"就是表示及时的意思。实时系统是指系统能及时响应外部事件的请求,在规定的时间内完成对该事件的处理,并控制所有实时任务协调一致地运行。实时系统的一个重要特征就是对时间的严格限制和要求。在实时系统中,时间就是生命。实时系统的首要任务是调度一切可以利用的资源,完成实时控制任务,其次才注重提高计算机系统的使用效率。

实时系统有种典型的应用形式,即过程控制系统、信息查询系统和事务处理系统。

(1)过程控制系统。

计算机用于工业生产的自动控制,它从被控过程中按时获得输入,例如工业控制过程中的温度、压力、流量等数据,然后算出能够保持该过程正常进行的响应,并控制相应的执行机构去实施这种响应。比如测得温度高于正常值,可降低供热的电压,使温度降低。这种操作不断循环反复,使被控过程始终按预期要求工作。在飞机飞行、导弹发射过程中的自动控制也是这样。

(2)信息查询系统。

该系统的主要特点就是配有大型文件系统或数据库,并具有向用户提供简单、方便、快速查询的能力,例如仓库管理系统和医护信息系统。当用户提出某种信息要求后,系统通过查找数据库获得有关信息,并立即回送给用户。整个响应过程在相当短的时间内完成。

(3)事务处理系统。

事务处理系统的特点是数据库中的数据随时都可能更新,用户和系统之间频繁地进行交互作用,例如火车售票系统。事务处理系统不仅应有实时性,且当多个用户使用该系统时应能避免相互冲突,使各个用户感觉是单独使用该系统。

2.实时系统与分时系统的比较

实时系统和分时系统相似但是并不完全一样,下面从几个方面对这两种系统加以比较:

(1)多路性。

实时事务处理系统也按分时原则为多个终端用户服务,实时过程控制系统的多路性则表现在系统周期性地对多路现场信息进行采集,对多个对象或多个执行机构进行控制。而分时系统中的多路性则与用户情况有关,时多时少。

（2）独立性。

实时事务处理系统中的每个终端用户在向实时系统提出服务请求时,是彼此独立地操作,互不干扰;而实时过程控制系统中,对信息的采集和对对象的控制也都是彼此互不干扰。

（3）实时性。

分时系统对响应时间的要求是以人们能够接受的等待时间为依据,其数量级通常规定为秒,而实时系统对响应时间一般有严格限制,它是以控制过程或信息处理过程所能接受的延迟来确定的,其数量级可达毫秒甚至微秒级。事件处理必须在给定时限内完成,否则系统失败。

（4）交互性。

实时系统虽然也具有交互性,但这里人与系统的交互仅限于访问系统中某些特定的专用服务程序。它不像分时系统那样能向终端用户提供数据处理和资源共享等服务。

（5）可靠性。

虽然分时系统也要求系统可靠,但实时系统对可靠性的要求更高。因为实时系统控制、管理的目标往往是重要的经济、军事、商业目标,而且立即进行现场处理,任何差错都可能带来巨大的经济损失,甚至引发灾难性后果。因此,在实时系统中必须采取相应的硬件和软件措施,提高系统的可靠性。

3.实现方式

实时系统的实现方式可分为硬式和软式两种。

（1）硬式实时系统。

硬式实时系统保证关键任务按时完成。这样,从恢复保存的数据所用的时间到操作系统完成任何请求所花费的时间都规定好了。这样对时间的严格约束,支配着系统中各个设备的动作。因而,各种辅助存储器通常很少使用或不用,数据存放在短期存储器或只读存储器中。

（2）软式实时系统。

软式实时系统对时间限制稍弱一些。在这种系统中,关键的实时任务比其他任务具有更高的优先权,且在相应任务完成之前,它们一直保留着给定的优先权。在软式实时系统中,操作系统核心的延时要规定好,防止实时任务无限期地等待核心运行,软实时系统可与其他类型的系统合在一起,如 UNIX 系统是分时系统,但可以具有实时功能。

1.3.4　单用户操作系统

单用户操作系统是为个人计算机所配置的操作系统。这类操作系统最主要的特点是单用户,即系统在同一段时间内仅为一个用户提供服务。早期的单用户操作系统以单任务为主要特征,由于一个用户独占整个计算机系统,操作系统资源管理的任务变得不重要,为用户提供友好的工作环境成了这类操作系统更主要的目标。现代的单用户操作系统,如Windows,已经广泛支持多道程序设计和资源共享。由于单用户操作系统应用广泛,使用者大多不是计算机专业人员,所以一般更加注重用户的友好性和操作的方便性。

常见的单用户操作系统有 MS－DOS、CPM、Windows 等。单用户操作系统的设计方法及实现可以采用多道批处理操作系统所使用的技术,如多进程、虚拟存储管理方式、层次结构文件系统等。

1.3.5 网络操作系统

用于实现网络通信和网络资源管理的操作系统称为网络操作系统。网络操作系统一般建立在各个主机的本地操作系统基础之上,其功能是实现网络通信、资源共享和保护,以及提供网络服务和网络接口等。在网络操作系统的作用下,对用户屏蔽了各个主机对同样资源所具有的不同存取方法。网络操作系统是用户与本地操作系统之间的接口,网络用户只有通过它才能获得网络所提供的各种服务。

相对于本地操作系统来讲,网络操作系统通常具有以下五种特性:

(1)接口一致性。

网络操作系统要为共享资源提供一个一致的接口,而不管其内部采用什么方法予以实现。这种一致性要求同样的资源具有同样的性质,也可要求具有同样的存取方法。例如一个用户可用同一命令来存取本地文件或远程文件。对于设备,可用一致的路径进行操作。

(2)资源透明性。

在很多情况下,用户不必知道他的操作需要哪些资源支持。网络操作系统能够实现对资源的最优选择。它了解整个网络系统中共享资源的状态和使用情况,能够根据用户的要求自动做出选择。这样既方便了用户使用,又提高了网络资源的利用率和网络吞吐量。

(3)操作可靠性。

网络操作系统利用硬件和软件资源在物理上分散的特点,实现可靠操作。它对全网的共享资源进行统一管理和调度。

(4)处理自主性。

网络操作系统是在各主机本地操作系统基础上进一步扩充,使之对所有主机提供一个通用接口。每台主机都具有独立处理的能力。

(5)执行并行性。

网络操作系统不仅实现本机上多道程序的并发执行,而且实现网络系统中各个工作站上进程执行的真正并行。可以通过远程命令在相应的工作站上完成指定的任务,而在本机上同时执行其他操作。

1.3.6 分布式操作系统

在以往的计算机系统中,其处理和控制功能都高度集中在一台主机上,所有的任务都由主机处理,这样的系统称为集中式处理系统。而大量的实际应用要求具有分布处理能力的、完整的一体化系统。如在分布事务处理、分布数据处理、办公自动化系统等实际应用中,用户希望以统一的界面、标准的接口以使用系统的各种资源去实现所需要的各种操作,这就决定了分布式系统的出现。

一个分布式系统就是若干计算机的集合,这些计算机都有自己的局部存储器和外部设备。它们既可以相互独立工作,亦可合作工作。在这个系统中,各个计算机可以并行操作且有多个控制中心,即具有并行处理和分布控制的功能。分布式系统是一个一体化的系统,在整个系统中有一个全局的操作系统称为分布式操作系统,它负责全系统的资源分配和调度任务,划分信息、传输控制协调等工作,并为用户提供一个统一的界面、标准的接口。用户通过这界面实现所需的操作和使用系统资源。

分布式系统的基础是计算机网络,因为计算机之间的通信是由网络来完成的,它和常规网络一样具有并行性、自主性等特点。但是它比常规网络又有进一步的发展,例如常规网络中的并行性仅仅意味着独立性,而分布式系统中的并行性还意味着合作,因此分布式系统已不再仅仅是一个物理上的松散耦合系统,它同时又是一个逻辑上紧密耦合的系统。

分布式系统和计算机网络的区别在于前者具有多机合作和健壮性。多机合作是自动的任务分配和协调。而健壮性表现在,当系统中有一台甚至几台计算机或通路发生故障时,其余部分可自动重构成一个新的系统,该系统可以工作,甚至可以继续其失效部分的部分或全部工作,这叫作优美降级。当故障排除后,系统自动恢复到重构前的状态。这种优美降级和自动恢复就是系统的健壮性。人们研制分布式系统的根本出发点和原因就是它具有多机合作和健壮性。正是由于多机合作,系统才会有短的响应时间、高的吞吐量。正是由于健壮性,系统才获得了高可用性和高可靠性。

分布式系统是具有强大生命力的新生事物,许多学者及科学工作者目前还处于深入研究阶段,尚未开发出真正实用的系统。

1.3.7　嵌入式操作系统

嵌入式操作系统(Embedded Operating System,EOS)是指用于嵌入式系统的操作系统。嵌入式操作系统是一种用途广泛的系统软件,通常包括与硬件相关的底层驱动软件、系统内核、设备驱动接口、通信协议、图形界面、标准化浏览器等。嵌入式操作系统负责嵌入式系统的全部软、硬件资源的分配、任务调度,控制、协调并发活动。它必须体现其所在系统的特征,能够通过装卸某些模块来达到系统所要求的功能。目前在嵌入式领域广泛使用的操作系统有:嵌入式 Linux、Windows Embedded、Vx Works 等,以及应用在智能手机和平板电脑的 Android、iOS 等。

嵌入式操作系统大多用于控制,因而具有实时特性。嵌入式操作系统与一般操作系统相比有比较明显的差别。

(1)可裁减性。

因为嵌入式操作系统的硬件配置和应用需求差别很大,要求系统必须具备比较好的适应性,即可裁减。在一些配置不同的环境中,能够通过加载或裁减不同的模块达到功能需求。

(2)可移植性。

在嵌入式开发中,存在多种多样的 CPU 和底层硬件环境,在设计时必须充分考虑,通过多种可移植方案来实现不同硬件平台的移植。

(3)可扩展性。

可扩展性指很容易地在嵌入式操作系统上扩展新的功能。这样要求在进行嵌入式系统设计时,充分考虑功能之间的独立性,并为将来的扩展预留接口。

1.4　操作系统的特征

前面所讲的三种传统操作系统都各自有着自己的特征,如批处理系统具有能对多个作业成批处理的功能,以获得比较高的系统吞吐量,分时系统则允许用户和计算机之间进行人机交互的特征,实时系统具有实时特征,但是它们也都具有并发、共享、虚拟和异步这四个基本特征。其中,并发特征是操作系统最重要的特征,其他三个特征都是以并发特征为前提的。

1.4.1　并发性特征

1. 并行性与并发性

并行性和并发性是既相似又有区别的两个概念,并行性是指两个或多个事件在同一时刻发生,而并发性是指两个或多个事件在同一时间间隔内发生。在多道程序环境下,并发性是指在一段时间内宏观上有多个程序同时运行,但在单处理机系统中,每一时刻却仅能有一道程序执行,故微观上这些程序只能是分时地交替执行。倘若在计算机系统中有多个处理机,则这些可以并发执行的程序便可被分配到多个处理机上,实现并行执行,即利用每个处理机来处理一个可并发执行的程序。这样,多个程序便可同时执行。在实际运行中,操作系统如何使多个程序并发执行呢? 这需要引入进程和线程的概念。

2. 引入进程

通常程序是静态实体,可以被复制和删除。在多道程序系统中,它们是不能独立运行的,更不能和其他程序并发执行。在操作系统中引入进程的目的,就是使多个程序能并发执行。例如,在一个未引入进程的系统中,在属于同一个应用程序的计算程序和 I/O 程序之间,两者只能是顺序执行,即只有在计算程序执行告一段落后,才允许 I/O 程序执行;反之,在程序执行 I/O 操作时,计算程序也不能执行,这意味着处理机处于空闲状态。但在引入进程后,若分别为计算程序和 I/O 程序各建立一个进程,则这两个进程便可并发执行。由于在系统中具备使计算程序和 I/O 程序同时运行的硬件条件,因而可将系统中的 CPU 和 I/O 设备同时开动起来,实现并行工作,从而有效地提高了系统资源的利用率和系统吞吐量,并改善了系统的性能。引入进程的好处远不止于此,事实上可以在内存中存放多个用户程序,分别为它们建立进程后,这些进程可以并发执行,亦即实现前面所说的多道程序运行。这样便能极大地提高系统资源的利用率,增加系统的吞吐量。

为使多个程序并发执行,系统必须分别为每个程序建立进程。简单来说,进程是指在系统中能独立运行并作为资源分配的基本单位,它是由一组机器指令、数据和堆栈等组成的,是一个能独立运行的活动实体。多个进程之间可以并发执行和交换信息。一个进程在运行时需要一定的资源,如 CPU、存储空间及 I/O 设备等。

操作系统中程序并发执行使得系统复杂化,导致在系统中必须增设新的功能模块,分别用于对处理机、内存、I/O 设备以及文件系统等资源进行管理,并控制系统中作业的运行。事实上,进程和并发是现代操作系统中最重要的基本概念,也是操作系统运行的基础。

3. 引入线程

长期以来,进程都是操作系统中可以拥有资源并作为独立运行的基本单位。当一个进程因故不能继续运行时,操作系统便调度另一个进程运行。由于进程拥有自己的资源,故使调度付出的消耗比较大。直到 20 世纪 80 年代中期,人们才又提出比进程更小的单位——线程。

通常在一个进程中可以包含若干个线程,它们可以利用进程所拥有的资源。在引入线程的操作系统中,通常都是把进程作为分配资源的基本单位,而把线程作为独立运行和独立调度的基本单位。由于线程比进程更小,基本上不拥有系统资源,故对它的调度所付出的开销就会小得多,能更高效地提高系统内多个程序间并发执行的程度。因而近年来推出的通用操作系统都引入了线程,以便进一步提高系统的并发性,并把它视作现代操作系统的一个重要标志。

1.4.2　共享性特征

多道程序设计是现代操作系统所采用的基本技术,系统中相应地有多个进程竞争使用资源。这些资源是宝贵和稀有的,操作系统让众多进程共同使用资源,称为共享或资源复用。由于各种资源的属性不同,进程对资源的复用方式也不相同。目前,主要实现资源共享的方式有互斥共享和同时访问两种方式。

1. 互斥共享方式

系统中的某些资源,如打印机、磁带机,虽然它们可以提供给多个进程或线程使用,但为使所打印或记录的结果不致造成混淆,应规定在一段时间内只允许一个进程或线程访问该资源。为此,系统中应建立一种机制,以保证对这类资源的互斥访问。当一个进程 A 要访问某资源时,必须先提出请求。如果此时该资源空闲,系统便可将之分配给请求进程 A 使用。此后若再有其他进程也要访问该资源时,只要 A 未用完则必须等待。仅当 A 进程访问完并释放该资源后,才允许另一进程对该资源进行访问。

我们把这种资源共享方式称为互斥式共享,而把在一段时间内只允许一个进程访问的资源称为临界资源或独占资源。计算机系统中的大多数物理设备,以及某些软件中所用的栈、变量和表格,都属于临界资源,它们要求被互斥地共享。为此,在系统中必须配置某种机制来保证诸进程互斥地使用独占资源。

2. 同时访问方式

系统中还有另一类资源,允许在一段时间内由多个进程"同时"对它们进行访问。这里所谓的"同时",在单处理机环境下往往是宏观上的,而在微观上,这些进程可能是交替地对该资源进行访问的。典型的可供多个进程"同时"访问的资源是磁盘设备,一些用重入码编写的文件也可以被"同时"共享,即若干个用户同时访问该文件。

并发和共享是操作系统的两个最基本的特征,它们又互为存在条件。一方面,资源共享是以程序的并发执行为条件的,若系统不允许程序并发执行,自然不存在资源共享问题;另一方面,若系统不能对资源共享实施有效管理,协调好诸进程对共享资源的访问,也必然影响到程序并发执行的程度,甚至根本无法并发执行。

1.4.3　虚拟性特征

虚拟技术是指操作系统中一类有效的资源管理技术,其本质是对资源进行转化、模拟和整合,把一个物理资源转变成逻辑上的多个对应物,创建无须共享的多个独占资源的假象。虚拟技术的主要目标是解决物理资源数量不足的问题。在操作系统中利用两种方法实现虚拟技术,即时分复用技术和空分复用技术。计算机系统中可以被虚拟的物理资源包括处理机、存储器和设备。

1. 时分复用技术

时分复用,亦即分时使用方式,它最早用于电信业中。为了提高信道的利用率,人们利用时分复用方式将一条物理信道虚拟为多条逻辑信道,将每条信道供一对用户通话。在计算机领域中,时分复用是指每个进程获得资源后会占用一段时间,多个进程则分时地共享这类资源。计算机系统广泛利用该技术来实现虚拟处理机、虚拟设备等,以提高资源的利用率。

(1)虚拟处理机技术。

在虚拟处理机技术中,利用多道程序设计技术,为每道程序建立一个进程,让多道程序并发地执行,以此来分时使用一台处理机。此时,虽然系统中只有一台处理机,但它却能同时为多个用户服务,使每个终端用户都认为是有一个处理机在专门为他服务。亦即,利用多道程序设计技术,把一台物理上的处理机虚拟为多台逻辑上的处理机,在每台逻辑处理机上运行一道程序。我们把用户所感觉到的处理机称为虚拟处理器。

(2)虚拟设备技术。

我们还可以通过虚拟设备技术,将一台物理 I/O 设备虚拟为多台逻辑上的 I/O 设备,并允许每个用户占用一台逻辑上的 I/O 设备,这样便可使原来仅允许在一段时间内由一个用户访问的设备(临界资源),变为在一段时间内允许多个用户同时访问的共享设备。例如,原来的打印机属于临界资源,而通过虚拟设备技术,可以把它变为多台逻辑上的打印机,供多个用户同时打印。

2. 空分复用技术

早在 20 世纪初,电信业中就使用频分复用技术来提高信道的利用率。它是将一个频率范围非常宽的信道,划分成多个频率范围较窄的信道,其中的任何一个频带都只供一对用户通话。早期的频分复用只能将一条物理信道划分为十几条到几十条话路,后来又很快发展成上万条话路,每条话路也只供一对用户通话。之后,在计算机中也使用了空分复用技术来提高存储空间的利用率。

(1)虚拟磁盘技术。

通常在一台机器上只配置一台硬盘。我们可以通过虚拟磁盘技术将一台硬盘虚拟为多台虚拟磁盘,这样使用起来既方便又安全。虚拟磁盘技术也是采用了空分复用方式,即将硬盘划分为若干个卷,例如 1,2,3,4 四个卷,再通过安装程序将它们分别安装在 C、D、E、F 四个逻辑驱动器上。这样,机器上便有了四个虚拟磁盘。当用户要访问 D 盘中的内容时,系统便会访问卷 2 中的内容。

(2)虚拟存储器技术。

在单道程序环境下,处理机会有很多空闲时间,内存也会有很多空闲空间,显然,这会使处理机和内存的效率低下。如果说时分复用技术是利用处理机的空闲时间来运行其他的程序,使处理机的利用率得以提高,那么空分复用则是利用存储器的空闲空间来存放其他的程序,以提高内存的利用率。

但是,单纯的空分复用存储器只能提高内存的利用率,并不能实现在逻辑上扩大存储器容量的功能,必须引入虚拟存储技术才能达到此目的。而虚拟存储技术在本质上就是使内存分时复用。它可以使一道程序通过时分复用方式,在远小于它的内存空间中运行。例如,一个 100 MB 的应用程序可以运行在 20 MB 的内存空间。每次只把用户程序的一部分调入内存运行,这样便实现了用户程序的各个部分分时进入内存运行的功能。

应当着重指出,如果虚拟的实现是通过时分复用的方法来实现的,即对某一物理设备进行分时使用,设 N 是某物理设备所对应的虚拟的逻辑设备数,则每台虚拟设备的平均速度必然等于或低于物理设备速度的 $1/N$。类似地,如果是利用空分复用方法来实现虚拟,此时一台虚拟设备平均占用的空间必然也等于或低于物理设备所拥有空间的 $1/N$。

1.4.4　异步性特征

在多道程序环境下允许多个进程并发执行,但只有进程在获得所需的资源后方能执行。在单处理机环境下,由于系统中只有一台处理机,因而每次只允许一个进程执行,其余进程只能等待。当正在执行的进程提出某种资源要求时,如打印请求,而此时打印机正在为其他某进程打印,由于打印机属于临界资源,因此正在执行的进程必须等待,且放弃处理机,直到打印机空闲,并再次把处理机分配给该进程时,该进程方能继续执行。可见,由于资源等因素的限制,进程的执行通常都不是"一气呵成",而是以"停停走走"的方式运行。

内存中的每个进程在何时能获得处理机运行,何时又因提出某种资源请求而暂停,以及进程以怎样的速度向前推进,每道程序总共需多少时间才能完成,等等,这些都是不可预知的。由于各用户程序性能的不同,比如,有的侧重于计算而较少需要 I/O,而有的程序其计算少而 I/O 多,这样,很可能是先进入内存的作业后完成,而后进入内存的作业先完成。或者说,进程是以人们不可预知的速度向前推进,此即进程的异步性。尽管如此,但只要在操作系统中配置有完善的进程同步机制,且运行环境相同,作业经多次运行都会获得完全相同的结果。因此,异步运行方式是允许的,而且还是操作系统的一个重要特征。

1.5　操作系统的功能

操作系统的主要任务是为多道程序的运行提供良好的运行环境,以保证程序能有条不紊地、高效地运行,并能最大限度地提供系统中各种资源的利用率和方便用户的使用。为了完成此任务,操作系统必须使用三种基本的资源管理技术才能达到目标,它们分别是资源复用或资源共享技术、虚拟技术和资源抽象技术。资源共享和虚拟技术前面已经讲过,这里讨论一下资源抽象技术。

资源抽象技术用于处理系统的复杂性,解决资源的易用性。资源抽象软件对内封装实现细节,对外提供应用接口,使得用户不必了解更多的硬件知识,只通过软件接口即可使用和操作物理资源。操作系统中最基础和最重要的三种抽象是文件抽象、虚拟存储器抽象和进程抽象。操作系统为了管理方便,除了处理器和主存之外,将磁盘和其他外部设备资源都抽象。为文件,如磁盘文件、光盘文件、打印机文件等,这些设备均在文件的概念下统一管理,不但减少了系统管理的开销,而且使得应用程序对数据和设备的操作有一致的接口,可以执行同一套系统调用。物理内存被抽象为虚拟内存后,进程可以获得一个硕大的连续地址空间给每个进程造成一种假象,认为它正在独占和使用整个内存。实际上,虚拟存储器是把内存和磁盘统一进行管理实现的。进程可以看作是进入内存的当前运行程序在处理器上操作状态集的一个抽象,它是并发和并行操作的基础。

操作系统应该具有处理机管理、存储器管理、设备管理和文件管理的功能。为了方便用户使用操作系统,还须向用户提供方便的用户接口。

1.5.1　处理机管理功能

操作系统有两个重要的概念,即作业和进程。简言之,用户的计算任务称为作业,程序的执行过程称为进程。从传统意义上讲,进程是分配资源和在处理机上运行的基本单位。

众所周知,计算机系统中最重要的资源是处理机,对它管理的优劣直接影响着整个系统的性能。所以对处理机的管理可归结为对进程的管理。在引入线程的操作系统中,也包含对线程的管理。处理机管理的主要功能是创建和撤销进程,对诸进程的运行进行协调,实现进程之间的信息交换,以及按照一定的算法把处理机分配给进程或作业。

1. 进程控制

在多道程序环境下,要使作业运行,必须先为它创建一个或几个进程并为之分配必要的资源。当进程运行结束时,要立即撤销该进程,以便及时回收该进程所占用的各类资源。进程控制的主要功能是为作业创建进程、撤销已结束的进程以及控制进程在运行过程中的状态转换。

2. 进程同步

为使多个进程能有条不紊地运行,系统中必须设置进程同步机制。进程同步的主要任务是为多个进程(含线程)的运行进行协调。有两种协调方式,一是进程互斥方式,这是指诸进程在对临界资源进行访问时,应采用互斥方式;二是进程同步方式,指在相互合作去完成共同任务的诸进程间,由同步机构对它们的执行次序加以协调。

3. 进程通信

在多道程序环境下,可由系统为一个应用程序建立多个进程。这些进程相互合作完成共同任务,而在这些相互合作的进程之间往往需要交换信息。当相互合作的进程处于同一计算机系统时,通常采用直接通信方式进行通信。当相互合作的进程处于不同的计算机系统中时,通常采用间接通信方式进行通信。

4. 作业和进程调度

一个作业通常经过两级调度才能在 CPU 上执行。首先是作业调度,然后是进程调度。作业调度的基本任务是从后备队列中按照一定的算法,选择出若干个作业,为它们分配运行所需的资源(首先是分配内存)。在将它们调入内存后,便分别为它们建立进程,使它们都成为可能获得处理机的就绪进程。并按照一定的算法将它们插入就绪队列。而进程调度的任务,则是从进程的就绪队列中选出一个新进程,把处理机分配给它,并为它设置运行现场,使进程投入执行。

1.5.2 存储管理功能

存储管理的主要任务是为多道程序的运行提供良好的环境,方便用户使用存储器,提高存储器的利用率以及能从逻辑上来扩充主存。为此存储管理应具有内存分配、地址映射、内存扩充和内存保护等功能。

1. 内存分配

内存分配的主要任务是为每道程序分配内存空间,使它们各得其所,提高存储器的利用率,以减少不可用的内存空间。在程序运行完后,应立即收回它所占有的内存空间。操作系统在实现内存分配时,可采取静态和动态两种方式。在静态分配方式中,每个作业的内存空间是在作业装入时确定的。在作业装入后的整个运行期间,不允许该作业再申请新的内存空间,也不允许作业在内存中"移动";在动态分配方式中,每个作业所要求的基本内存空间,也是在装入时确定的,但允许作业在运行过程中,继续申请新的附加内存空间,以适应程序和数据的动态增长,也允许作业在主存中"移动"。

2. 地址映射

一个应用程序经编译后,通常会形成若干个目标程序。这些目标程序再经过链接便形成了可装入程序。这些程序的地址都是从"0"开始的,程序中的其他地址都是相对于起始地址计算的;由这些地址所形成的地址范围称为"地址空间",其中的地址称为"逻辑地址"或"相对地址"。此外,由内存中的一系列单元所限定的地址范围称为"内存空间",其中的地址称为"物理地址"。在多道程序环境下,每道程序不可能都从"0"地址开始装入内存,这就致使地址空间内的逻辑地址和内存空间中的物理地址不一致。为了使程序能正确运行,存储器管理必须提供地址映射功能,以将地址空间中的逻辑地址转换为内存空间中与之对应的物理地址。该功能应在硬件的支持下完成。

3. 内存扩充

由于物理内存的容量有限,不可能做得太大,因而难于满足用户的需要,这样势必影响到系统的性能。在存储管理中的主存扩充并非是增加物理主存的容量而是借助于虚拟存储技术,从逻辑上去扩充主存容量,使用户所感觉到的主存容量比实际主存容量大得多。换言之,它使主存容量比物理主存大得多,或者是让更多的用户程序能并发运行。这样既满足了用户的需要,改善了系统性能,又基本上不增加硬件投入。

4. 内存保护

内存保护的主要任务是确保每道用户程序都只在自己的内存空间内运行,彼此互不干扰。为了确保每道程序都只在自己的内存区中运行,必须设置内存保护机制。一种比较简单的内存保护机制,是设置两个界限寄存器,分别用于存放正在执行程序的上界和下界。系统须对每条指令所要访问的地址进行检查,如果发生越界,便发出越界中断请求,以停止该程序的执行。

1.5.3 设备管理功能

设备管理的主要任务是,完成用户进程提出的 I/O 请求;为用户进程分配其所需的 I/O 设备;提高 CPU 和 I/O 设备的利用率;提高 I/O 速度;方便用户使用 I/O 设备。为实现上述任务,设备管理应具有缓冲管理、设备分配和设备处理及虚拟设备等功能。

1. 缓冲管理

CPU 运行的高速性和 I/O 低速性间的矛盾自计算机诞生时便已存在。而随着 CPU 速度迅速、大幅度的提高,使得此矛盾更为突出,严重降低了 CPU 的利用率。如果在 I/O 设备和 CPU 之间引入缓冲,则可有效地缓和 CPU 和 I/O 设备速度不匹配的矛盾,提高 CPU 的利用率,进而提高系统吞吐量。因此,在现代计算机系统中,都毫无例外地在内存中设置了缓冲区,而且还可通过增加缓冲区容量的方法来改善系统的性能。

2. 设备分配

设备分配的基本任务是根据用户进程的 I/O 请求,系统地将现有资源情况按照某种设备分配策略,为之分配其所需的设备。如果在 I/O 设备和 CPU 之间,还存在着设备控制器和 I/O 通道时,还须为分配出去的设备分配相应的控制器和通道。

3. 设备处理

设备处理程序又称为设备驱动程序。其基本任务是用于实现 CPU 和设备控制器之间的通信,即由 CPU 向设备控制器发出 I/O 命令,要求它完成指定的 I/O 操作;反之,由 CPU 接收从控制器发来的中断请求,并给予迅速的响应和相应的处理。

1.5.4 文件管理功能

在现代计算机系统中总是把程序和数据以文件的形式存储在外存上,供所有的或指定的用户使用。为此在操作系统中必须配置文件管理机构。文件管理的主要任务是对用户文件和系统文件进行管理以方便用户使用并保证文件的安全性。为此文件管理应具有对文件存储空间的管理、目录管理、文件读写管理以及文件的共享与保护等功能。

1. 文件存储空间管理

为了方便用户的使用需要,由文件系统对诸多文件及文件的存储空间实施统一的管理。其主要任务是为每个文件分配必要的外存空间,提高外存的利用率,并能有助于提高文件系统的存取速度。

2. 目录管理

目录管理的主要任务是为每个文件建立其目录项,并对众多的目录项加以有效的组织,形成目录文件,以实现方便地按名存取,即用户只需提供文件名即可对该文件进行存取。其次目录管理还应能实现文件的共享,应能提供快速的目录查询手段以提高对文件的检索速度。

3. 文件读写管理和保护

文件读写管理的功能是根据用户的请求,从外存中读取数据,或将数据写入外存。在进行文件读(写)时,系统先根据用户给出的文件名去检索文件目录,从中获得文件在外存中的位置。然后,利用文件读(写)指针,对文件进行读(写)。一旦读(写)完成,便修改读(写)指针,为下一次读(写)做好准备。由于读和写操作不会同时进行,故可合用一个读/写指针。文件保护是指为了防止系统中的文件被非法窃取和破坏,在文件系统中采取有效的保护措施,实施存取控制。

1.5.5 接口服务功能

为了方便用户使用操作系统,操作系统向用户提供了"用户与操作系统的接口"。该接口通常可分为两大类:一是用户接口,它是提供给用户使用的接口,用户可通过该接口取得操作系统的服务;二是程序接口,是用户程序取得操作系统服务的唯一途径。

1.6 Linux 操作系统

Linux 成功的关键在于它是由自由软件基金会(Free Software Foundation,FSF)赞助的自由软件包。FSF 的目标是稳定的、与平台无关的软件,它必须是自由的、高质量的、为用户团体所接受的。FSF 的 GNU 项目为软件开发者提供了工具,而 GNU Public License(GPL)是FSF 批准标志。Torvalds 在开发内核的过程中使用了 GNU 工具,后来他在 GPL 之下发布了这个内核。这样,我们今天所见到的 Linux 发行版本是 FSF 的 GNU 项目、Torvald 的个人努力以及遍布世界的很多合作者们共同的产品。

除了由很多个程序员使用以外,Linux 已经明显地渗透到了业界,这并不是因为自由软件的缘故,而是因为 Linux 内核的质量。很多天才的程序员对当前版本都有贡献,产生了这一在技术上给人留下深刻印象的产品;而且,Linux 是高度模块化和易于配置的,这使得它很容易在各种不同的硬件平台上显示出最佳的性能。另外,由于可以获得源代码,销售商可以调整应用程序和使用方法以满足特定的要求。

大多数 UNIX 内核是单体的。前面已经讲过,单体内核是指在一大块代码中包含了所有操作系统功能,并作为一个单一进程运行,具有唯一地址空间。内核中的所有功能部件可以访问所有的内部数据结构和例程。如果对典型的单体式操作系统的任何部分进行了改变,在变化生效前,所有的模块和例程都必须重新链接、重新安装,系统必须重新启动。其结果是,任何修改(如增加一个新的设备驱动程序或文件系统函数)都是很困难的。这个问题在 Linux 中尤其尖锐,Linux 的开发是全球性的,是由独立的程序员组成的联系松散的组织完成的。

尽管 Linux 没有采用微内核的方法,但是由于它特殊的模块结构,也具有很多微内核方法的优点。Linux 的结构是一个模块的集合,这些模块可以根据需要自动地加载和卸载。这些相对独立的块称作可加载模块(loadable module)。实质上,一个模块就是内核在运行时可以链接或断开链接的一个对象文件,一个模块实现一些特定的功能,例如文件系统、设备驱动或是内核上层的一些特征。尽管模块可以因为各种目的而创建内核线程,但是它不作为自身的进程或线程执行。当然,模块会代表当前进程在内核态下执行。

因此,虽然 Linux 被认为是单体内核,但是它的模块结构克服了在开发和发展内核过程中所遇到的困难。

Linux 可加载模块有两个重要特征。

第一,动态链接:当内核已经在内存中并正在运行时,内核模块可以被加载和链接到内核。模块也可以在任何时刻被断开链接,从内存中移出。

第二,可堆栈模块:模块按层次排列,当被高层的客户模块访问时,它们作为库;当被低层模块访问时,它们作为客户。

动态链接简化了配置任务,节省了内核所占的内存空间。在 Linux 中,用户程序或用户可以使用 insmod 和 rmmod 命令显式地加载和卸载内核模块,内核自身监视对于特定函数的需求,并可以根据需求加载和卸载模块。通过可堆栈模块可以定义模块间的依赖关系,这有两个好处:

第一,对一组相似模块的相同代码(例如相似硬件的驱动程序)可以移入一个模块,以减少重复。

第二,内核可以确保所需要的模块都存在,避免卸载其他正在运行的模块仍然依赖着的模块,并且当加载一个新模块时,加载任何所需要的附加模块。

1.7 Android 操作系统

Android 是一种基于 Linux 的自由及开放源代码的操作系统,主要用于移动设备,如智能手机和平板电脑,由 Google 公司和开放手机联盟领导及开发。尚未有统一中文名称,我国人多使用"安卓"系统。Android 操作系统最初由 Andy Rubin 开发,主要支持手机。2005年8月由 Google 收购注资。2007年11月,Google 与84家硬件制造商、软件开发商及电信营运商组建开放手机联盟共同研发改良 Android 系统。随后 Google 以 Apache 开源许可证的授权方式,发布了 Android 的源代码。第一部 Android 智能手机发布于2008年10月。

Android 逐渐扩展到平板电脑及其他领域上,如电视、数码相机、游戏机等。2011 年第一季度,Android 在全球的市场份额首次超过塞班系统,跃居全球第一。2013 年的第四季度,Android 平台手机的全球市场份额已经达到 78.1%。2013 年 9 月 24 日谷歌开发的操作系统 Android 迎来了 5 岁生日,全世界采用这款系统的设备数量已经达到 10 亿台。2014 第一季度 Android 平台已占所有移动广告流量来源的 42.8%,首度超越 iOS,但运营收入不及 iOS。

1.7.1 Android 发展历史

2007 年 11 月 5 日,谷歌公司正式向外界展示了名为 Android 的操作系统,并且宣布建立一个全球性的联盟组织,该组织由 34 家手机制造商、软件开发商、电信运营商以及芯片制造商共同组成,并与 84 家硬件制造商、软件开发商及电信营运商组成开放手持设备联盟(Open Handset Alliance)来共同研发改良 Android 系统,这一联盟将支持谷歌发布的手机操作系统以及应用软件,Google 以 Apache 免费开源许可证的授权方式,发布了 Android 的源代码。

2008 年,在 Google I/O 大会上,谷歌提出了 Android HAL 架构图,在同年 8 月 18 号,Android 获得了美国联邦通信委员会(Federal Communication Commission,FCC)的批准,在 2008 年 9 月,谷歌正式发布了 Android 1.0 系统,这也是 Android 系统最早的版本。

2009 年 4 月,谷歌正式推出了 Android 1.5 这款手机,从 Android 1.5 版本开始,谷歌开始将 Android 的版本以甜品的名字命名,Android 1.5 命名为 Cupcake(纸杯蛋糕)。该系统与 Android 1.0 相比有了很大的改进。

2009 年 9 月份,谷歌发布了 Android 1.6 的正式版,并且推出了搭载 Android 1.6 正式版的手机 HTC Hero(G3),凭借着出色的外观设计以及全新的 Android 1.6 操作系统,HTC Hero(G3)成为当时全球最受欢迎的手机。Android 1.6 也有一个有趣的甜品名称,它被称为 Donut(甜甜圈)。

2011 年 1 月,谷歌称每日的 Android 设备新用户数量达到了 30 万部,到 2011 年 7 月,这个数字增长到 55 万部,而 Android 系统设备的用户总数达到了 1.35 亿,Android 系统已经成为智能手机领域占有量最高的系统。

2011 年 8 月 2 日,Android 手机已占据全球智能机市场 48% 的份额,并在亚太地区市场占据统治地位,终结了 Symbian(塞班系统)的霸主地位,跃居全球第一。

2011 年 9 月份,Android 系统的应用数量已经达到了 48 万,而在智能手机市场,Android 系统的占有率已经达到了 43%,继续排在移动操作系统首位。谷歌宣布会发布全新的 Android 4.0 操作系统,这款系统被谷歌命名为 Ice Cream Sandwich(冰激凌三明治)。

2012 年 1 月 6 日,谷歌 Android Market 已有 10 万开发者推出超过 40 万活跃的应用,大多数的应用程序为免费。Android Market 应用程序商店目录在新年首周周末突破 40 万基准,距离突破 30 万应用仅 4 个月。在 2011 年早些时候,Android Market 从 20 万增加到 30 万应用也花了 4 个月。

2013 年 11 月 1 日,Android 4.4 正式发布,从具体功能上讲,Android 4.4 提供了各种实用小功能,新的 Android 系统更智能,添加更多的 Emoji 表情图案,UI 的改进也更现代,如全新的 Hello iOS7 半透明效果。

2015 年 2 月 7 日,网络安全公司 Zimperium 研究人员警告,安卓(Android)存在"致命"

安全漏洞,黑客发送一封彩信便能在用户毫不知情的情况下完全控制手机。

Android 在正式发行之前,最开始拥有两个内部测试版本,并且以著名的机器人名称来对其进行命名,它们分别是:阿童木(Android Beta)、发条机器人(Android 1.0)。后来由于涉及版权问题,谷歌将其命名规则变更为用甜点作为它们系统版本的代号的命名方法。甜点命名法开始于 Android 1.5 发布的时候。作为每个版本代表的甜点的尺寸越变越大,然后按照 26 个字母数序:纸杯蛋糕(Android 1.5)、甜甜圈(Android 1.6)、松饼(Android 2.0/2.1)、冻酸奶(Android 2.2)、姜饼(Android 2.3)、蜂巢(Android 3.0)、冰激凌三明治(Android 4.0)、果冻豆(Jelly Bean,Android 4.1 和 Android 4.2)、奇巧(KitKat,Android 4.4)、棒棒糖(Lollipop,Android 5.0)、棉花糖(Marshmallow,Android 6.0)、牛轧糖(Nougat,Android 7.0)。

1.7.2　Android 系统结构

1. 系统内核

Android 运行于 Linux kernel 之上,但并不是 GNU/Linux。因为在一般 GNU/Linux 里支持的功能,Android 大都没有支持,包括 Cairo、X11、Alsa、FFmpeg、GTK、Pango 及 Glibc 等都被移除掉了。Android 又以 Bionic 取代 Glibc、以 Skia 取代 Cairo、再以 opencore 取代 FFmpeg 等。Android 为了达到商业应用,必须移除被 GNU GPL 授权证所约束的部分,例如 Android 将驱动程序移到 Userspace,使得 Linux driver 与 Linux kernel 彻底分开。Bionic/Libc/Kernel/ 并非标准的 Kernel header files。Android 的 Kernel header 是利用工具由 Linux Kernel header 所产生的,这样做是为了保留常数、数据结构与宏。

Android 的 Linux kernel 控制包括安全(Security)、存储器管理(Memory Management)、程序管理(Process Management)、网络堆栈(Network Stack)、驱动程序模型(Driver Model)等。下载 Android 源码之前,先要安装其构建工具 Repo 来初始化源码。Repo 是 Android 用来辅助 Git 工作的一个工具。

2. 文件结构

apk 是安卓应用的后缀,是 Android Package 的缩写,即 Android 安装包(apk)。apk 是类似 Symbian Sis 或 Sisx 的文件格式。通过将 APK 文件直接传到 Android 模拟器或 Android 手机中执行即可安装。apk 文件和 sis 一样,把 android sdk 编译的工程打包成一个安装程序文件,格式为 apk。apk 文件其实是 zip 格式,但后缀名被修改为 apk,通过 UnZip 解压后,可以看到 Dex 文件,Dex 是 Dalvik VM executes 的全称,即 Android Dalvik 执行程序,并非 Java ME 的字节码而是 Dalvik 字节码。

一个 apk 文件结构包括以下几部分:

(1)META – INF\(注:Jar 文件中常可以看到);

(2)res\(注:存放资源文件的目录);

(3)AndroidManifest. xml(注:程序全局配置文件);

(4)classes. dex(注:Dalvik 字节码);

(5)resources. arsc(注:编译后的二进制资源文件)。

总结后我们发现 Android 在运行一个程序时首先需要 UnZip,然后类似 Symbian 那样直接执行安装,和 Windows Mobile 中的 PE 文件有区别,这样做对于程序的保密性和可靠性不是很高,通过 dexdump 命令可以反编译,但这样做符合发展规律,微软的 Windows Gadgets 或者说 WPF 也采用了这种构架方式。

在 Android 平台中 dalvik vm 的执行文件被打包为 apk 格式,最终运行时加载器会解压然后获取编译后 androidmanifest. xml 文件中的 permission 分支相关的安全访问,但仍然存在很多安全限制,如果你将 apk 文件传到/system/app 文件夹下会发现执行是不受限制的。

最终我们平时安装的文件可能不是这个文件夹,而在 android rom 中系统的 apk 文件默认会放入这个文件夹,它们拥有着 root 权限。

3. 硬件抽象层

Android 的 HAL(硬件抽象层)是能以封闭源码形式提供硬件驱动模块。HAL 的目的是把 Android framework 与 Linux kernel 隔开,让 Android 不过度依赖 Linux kernel,以达成 Kernel independent 的概念,也让 Android framework 的开发能在不考量驱动程序实现的前提下进行发展。

HAL stub 是一种代理人(Proxy)的概念,Stub 是以 *. so 档的形式存在。Stub 向 HAL 提供操作函数(Operations),并由 Android runtime 向 HAL 取得 Stub 的 Operations,再 Callback 这些操作函数。HAL 里包含了许多的 Stub(代理人)。Runtime 只要说明"类型",即 Module ID,就可以取得操作函数。

4. 中介软件

操作系统与应用程序的沟通桥梁,应用分为两层:函数层(Library)和虚拟机(Virtual Machine)。Bionic 是 Android 改良 libc 的版本。Android 同时包含了 Webkit,所谓的 Webkit 就是 Apple Safari 浏览器背后的引擎。Surface flinger 是就 2D 或 3D 的内容显示到屏幕上。Android 使用工具链(Toolchain)为 Google 自制的 Bionic Libc。

Android 采用 Open CORE 作为基础多媒体框架。Open CORE 可分 7 大块:PVPlayer、PVAuthor、Codec、Packet Video Multimedia Framework(PVMF)、Operating System Compatibility Library(OSCL)、Common、Open MAX。

Android 使用 skia 为核心图形引擎,搭配 OpenGL/ES。skia 与 Linux Cairo 功能相当,但相较于 Linux Cairo, skia 功能还只是雏形的。2005 年 Skia 公司被 Google 收购,2007 年初,Skia GL 源码被公开,Skia 也是 Google Chrome 的图形引擎。

Android 的多媒体数据库采用 SQLite 数据库系统。数据库又分为共用数据库及私用数据库。用户可通过 Content Resolver 类(Column)取得共用数据库。

Android 的中间层多以 Java 实现,并且采用特殊的 Dalvik 虚拟机(Dalvik Virtual Machine)。Dalvik 虚拟机是一种"暂存器形态"(Register Based)的 Java 虚拟机,变量皆存放于暂存器中,虚拟机的指令相对减少。

Dalvik 虚拟机可以有多个实例(Instance),每个 Android 应用程序都用一个自属的 Dalvik 虚拟机来运行,让系统在运行程序时达到优化。Dalvik 虚拟机并非运行 Java 字节码(Bytecode),而是运行一种称为. dex 格式的文件。

5. 安全权限机制

Android 本身是一个权限分立的操作系统。在这类操作系统中,每个应用都以唯一的一个系统识别身份运行(Linux 用户 ID 与群组 ID)。系统的各部分也分别使用各自独立的识别方式。Linux 就是这样将应用与应用,应用与系统隔离开。

系统更多的安全功能通过权限机制提供。权限可以限制某个特定进程的特定操作,也可以限制每个 URI 权限对特定数据段的访问。

Android 安全架构的核心设计思想是,在默认设置下,所有应用都没有权限对其他应用、系统或用户进行较大影响的操作。这其中包括读写用户隐私数据(联系人或电子邮件),读写其他应用文件,访问网络或阻止设备待机等。

安装应用时,在检查程序签名提及的权限,且经过用户确认后,软件包安装器会给予应用权限。从用户角度看,一款 Android 应用通常会要求如下的权限:

拨打电话、发送短信或彩信、修改/删除 SD 卡上的内容、读取联系人的信息、读取日程的信息、写入日程数据、读取电话状态或识别码、精确的(基于 GPS)地理位置、模糊的(基于网络获取)地理位置、创建蓝牙连接、对互联网的完全访问、查看网络状态、查看 WiFi 状态、避免手机待机、修改系统全局设置、读取同步设定、开机自启动、重启其他应用、终止运行中的应用、设定偏好应用、震动控制、拍摄图片等。

一款应用应该根据自身提供的功能,要求合理的权限。用户也可以分析一款应用所需权限,从而简单判定这款应用是否安全。如一款应用是不带广告的单机版,也没有任何附加的内容需要下载,那么它要求访问网络的权限就比较可疑。

1.7.3 Android 优势特点

1. 开放性

在优势方面,Android 平台首先就是其开放性,开发的平台允许任何移动终端厂商加入 Android 联盟中来。显著的开放性可以使其拥有更多的开发者,随着用户和应用的日益丰富,一个崭新的平台也将很快走向成熟。

开放性对于 Android 的发展而言,有利于积累人气,这里的人气包括消费者和厂商,而对于消费者来讲,最大的收益正是丰富的软件资源。开放的平台也会带来更大竞争,如此一来,消费者将可以用更低的价位购得心仪的手机。

2. 丰富的硬件

这一点还是与 Android 平台的开放性相关,由于 Android 的开放性,众多的厂商会推出千奇百怪、功能各具特色的多种产品。功能上的差异和特色,不会影响到数据同步甚至软件的兼容,如同从诺基亚 Symbian 风格手机一下改用苹果 iPhone,同时还可将 Symbian 中优秀的软件带到 iPhone 上使用,联系人等资料更是可以方便地转移。

3. 方便开发

Android 平台提供给第三方开发商一个十分宽泛、自由的环境,不会受到各种条条框框的阻扰,可想而知,会有多少新颖别致的软件诞生。但也有两面性,血腥、暴力、色情方面的程序和游戏如何控制正是留给 Android 的难题之一。

第2章 计算机系统结构和操作系统接口

2.1 计算机系统结构

2.1.1 计算机系统层次结构

计算机系统由硬件和软件组成,按功能划分成多级层次结构。计算机系统的层次结构如图2-1所示。

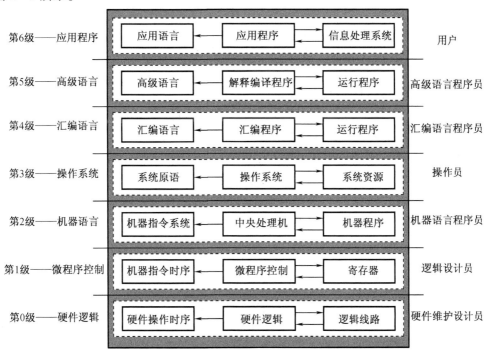

图2-1 计算机系统层次结构

图2-1中每一级各对应一种"机器",在这里,"机器"只对一定的观察者而存在。它的功能体现在广义语言上能对该语言提供解释手段,如同一个解释器,然后作用在信息处理和控制对象上。在某一层次的观察者看来,他只是通过该层次的语言来了解和使用计算机,不必关心内层的那些机器是如何工作和如何实现各自功能的。图2-1中的第0级机器由硬件实现,第1级机器由微程序(固件)实现,第2级至第6级机器由软件实现。我们称由软件实现的机器为虚拟机器,以区别于由硬件或固件实现的实际机器。

第 0 级和第 1 级是具体实现机器指定功能的中央控制部分。它根据各种指令操作所需要的控制时序,配备一套微指令,编写出微程序,控制信息在各寄存器之间的传送,这就是第 1 级机器。实现这些微指令本身的控制时序只需要很少的逻辑线路,可采用硬联逻辑实现,它就是第 0 级机器,是机器的硬件内核。

第 2 级是传统机器语言机器。这级的机器语言是该机的指令系统。机器语言程序员用这级指令系统编写的程序由第 1 级的微程序进行解释。

第 3 级是操作系统机器。这级的机器语言中的多数指令是传统机器的指令,如算术运算、逻辑运算和移位等指令。此外,这一级还提供操作系统级指令,例如打开文件、读写文件、关闭文件等指令。用这一级语言编写的程序,即那些与第 2 级指令相同的指令直接由微程序实现。操作系统级指令部分由操作系统进行解释。操作系统是运行在第 2 级上的解释程序。

第 4 级是汇编语言机器。这级的机器语言是汇编语言。用汇编语言编写的程序首先翻译成第 3 级或第 2 级语言,然后再由相应的机器进行解释。完成翻译的程序称为汇编程序。

第 5 级是高级语言机器。这级的机器语言就是各种高级语言。用这些语言所编写的程序一般是由编译程序翻译到第 4 级或第 3 级上的语言,个别的高级语言也用解释的方法实现。

第 6 级是应用语言机器。这级的机器语言是应用语言。这种语言使非计算机专业人员也能直接使用计算机,只需在用户终端用键盘或其他方式发出服务请求就能进入第 6 级的信息处理系统。

从学科领域来划分,大致可以认为第 0 至第 1 级是计算机组织与结构讨论的范围,第 3 至第 5 级是系统软件,第 6 级是应用软件。但是,严格说起来又不尽然,它们之间仍有交叉。例如,第 0 级要求一定的数字逻辑基础;第 2 级涉及汇编语言程序设计的内容;第 3 级与计算机系统结构密切相关。在特殊的计算机系统中,有些级别可能不存在。

把计算机系统按功能划分成多级层次结构,首先,有利于正确地理解计算机系统的工作,明确软件、硬件和固件在计算机系统中的地位和作用;其次,有利于理解各种语言的实质及其实现;最后,还有利于探索虚拟机器新的实现方法,设计新的计算机系统。

2.1.2　计算机系统结构定义

"计算机系统结构"这个名词来源于英文 computer architecture,也可译成"计算机体系结构"的。Architecture 这个字原来用于建筑领域,其意义是"建筑学""建筑物的设计或式样",它是指一个系统的外貌。20 世纪 60 年代这个名词被引入计算机领域,"计算机系统结构"一词已经得到普遍应用,它研究的内容不但涉及计算机硬件,也涉及计算机软件,已成为一门学科。但对"计算机系统结构"一词的含义仍有多种说法,并无统一的定义。

计算机系统结构这个词是 Amdahl 等人在 1964 年提出的。他们把系统结构定义为由程序设计者所看到的一个计算机系统的属性,即概念性结构和功能特性,这实际上是计算机系统的外特性,按照计算机层次结构,不同程序设计者所看到的计算机有不同的属性。使用高级语言的程序员所看到的计算机属性主要是软件子系统和固件子系统的属性,包括程序语言以及操作系统、数据库管理系统、网络软件等用户界面。Amdahl 等人提出的系统结构定义中的程序设计者是指为机器语言或编译程序设计者所看到的计算机属性,是硬件子系统的概念结构及其功能特性,包括机器内的数据表示,即硬件能直接辨认和处理的那些数据类型;寻址方式,包括最小寻址单元和地址运算等;寄存器,包括操作数寄存器、变址寄存器、控制寄存器等的定义、数量和使用方式;指令系统,包括机器指令的操作类型和格式、指令间的排序和控制机构等;中断机构,包括中断的类型和中断响应硬件的功能等;机器工作状态的定义和切换,如管态和目态等;输入输出结构,包括输入输出的连接方式,处理机/存储器与输入输出设备间数据传送的方式和格式、传送的数据量以及输入输出操作的结束与出错标志等;信息保护,包括信息保护方式和硬件对信息保护的支持,等等。这些是程序员为了使其所编写的程序能在机器上正确运行,需要了解和遵循的计算机属性。当然不包括基本的数据流、控制流、逻辑设计和物理实现等。

在计算机技术中,一种本来是存在的事物或属性,但从某种角度看似乎不存在,称为透明性现象。通常,在一个计算机系统中,低层机器级的概念性结构和功能特性,对高级语言程序员来说是透明的。由此看出,在层次结构的各个级上都有它的系统结构。

计算机系统结构作为一门学科,主要研究软件、硬件功能分配和对软件、硬件界面的确定,即哪些功能由软件完成,哪些功能由硬件完成。

关于计算机系统结构这一概念,至今有各种各样的理解,很难有一个通用的定义。在下节讨论计算机组成和实现后我们还要给出另一些定义。

2.1.3　计算机组成与实现

计算机组成的任务是在计算机系统结构确定分配给硬件子系统的功能及其概念结构之后,研究各组成部分的内部构造和相互联系,以实现机器指令级的各种功能和特性。这种相互联系包括各功能部件的配置、相互连接和相互作用。各功能部件的性能参数相互匹配,是计算机组成合理的重要标志,因而相应地就有许多计算机组织方法。例如,为了使存储器的容量大、速度快,人们研究出层次存储系统和虚拟存储技术。在层次存储系统中,又有高速缓存、多模块交错工作、多寄存器组和堆栈等技术。为了使输入/输出设备与处理机间的信息流量达到平衡,人们研究出通道、外围处理机等方式。为了提高处理机速度,人们研究出先行控制、流水线、多执行部件等方式。在各功能部件的内部结构研究方面,产生了许多组合逻辑、时序逻辑的高效设计方法和结构。例如,在运算器方面,出现了多种自动调度算法和结构等。

由此可见,计算机组成是计算机系统结构的逻辑实现,包括机器内部的数据流和控制流的组成以及逻辑设计等。计算机组成的设计是按所希望达到的性能价格比,最佳、最合理地把各种设备和部件组成计算机,以实现所确定的计算机系统结构。一般计算机组成设计包括数据通路宽度的确定、各种操作对功能部件的共享程度的确定、专用功能部件的确定、功能部件的并行性确定、缓冲器和排队的确定、控制机构的设计、可靠性技术的确定等。对传统机器程序员来说,计算机组成的设计内容一般是透明的。

计算机实现是指计算机组成的物理实现。它包括处理机、主存等部件的物理结构,器件的集成度和速度,信号传输,器件、模块、插件、底板的划分与连接,专用器件的设计,电源、冷却、装配等技术以及有关的制造技术和工艺等。

计算机系统结构、计算机组成和计算机实现是三个不同的概念。系统结构是计算机系统的软、硬件的界面;计算机组成是计算机系统结构的逻辑实现;计算机实现是计算机组成的物理实现。它们各自包含不同的内容,但又有紧密的关系。

我们还应看到系统结构、组成和实现所包含的具体内容是随不同机器而变化的。有些计算机系统是作为系统结构的内容,其他计算机系统可能是作为组成和实现的内容。开始是作为组成和实现提出来的设计思想,到后来就可能被引入系统结构中。例如高速缓冲存储器一般是作为组成提出来的,其中存储的信息全部由硬件自动管理,对程序员来说是透明的。然而,有的机器为了提高其使用效率,设置了高速缓冲存储器的管理指令,使程序员能参与高速缓冲存储器的管理。这样高速缓冲存储器又成为系统结构的一部分,对程序员来说是不透明的。

Amdahl 等人的计算机系统结构定义的主要内容是指令系统及其执行模型。根据这个定义,一个系列机中不同档次的机器有相同的系统结构。Amdahl 等人定义系统结构时认为只要指令系统兼容就能保证程序正确运行。由于程序的执行要依赖于程序库、操作系统和 Amdahl 等人的系统结构定义中没有涉及的因素,这就要求操作系统接口等其他层次的标准化。同时,由于 VISI 的迅速发展及其成本急剧下降,有些系列机推出有新指令的机器,例如 24 位地址的 IBM360 和 370 系统发展为 31 位地址的 370xA 系统,16 位地址的 PDP−11 发展为 32 位地址的 VAX 系列,随着新器件的出现,当今计算机设计者面临的问题与 10 年前面临的问题大不相同,所以我们应当把计算机系统结构定义得更宽些,除了 Amdahl 等人定义的内容外,还应包括功能模块的设计。也就是说,计算机系统结构、计算机组成、计算机实现之间的界限越来越模糊了。

2.2 计算机硬件组成

操作系统与运行该操作系统的计算机硬件联系密切。操作系统扩展了计算机指令集并管理计算机的资源。为了能够工作,必须了解大量的硬件,至少需要了解硬件如何面对程序员。出于这个原因,这里我们先简要地介绍现代个人计算机中的计算机硬件,然后开始讨论操作系统的具体工作细节。

从概念上讲,一台简单的个人计算机可以抽象为类似于图 2−2 的模型。

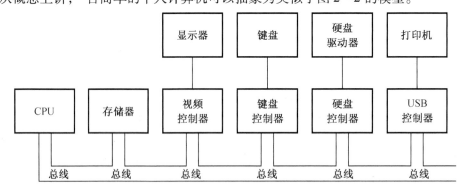

图 2−2 计算机中的硬件关系

CPU、内存以及 I/O 设备都由一条系统总线连接起来并通过总线与其他设备通信。现代个人计算机结构更加复杂,包含多重总线,我们将在后面讨论。目前,这一模式还是够用的。在下面各小节中,我们将简要地介绍这些部件,并且讨论一些操作系统设计师们所考虑的硬件问题。毫无疑问,这是一个非常简要的介绍。

2.2.1　处理器

计算机的"大脑"是 CPU,它从内存中取出指令并执行。在每个 CPU 基本周期中,首先从内存中取出指令,解码以确定其类型和操作数,接着执行,然后取指、解码并执行下一条指令。按照这一方式,程序被执行完成。

每个 CPU 都有其一套可执行的专门指令集。所以,Pentium 不能执行 SPARC 程序,而 SPARC 也不能执行 Pentium 程序。由于用来访问内存以得到指令数据的时间要比执行指令花费的时间长得多,因此,所有的 CPU 内都有一些用来保存关键变量和临时数据的寄存器。这样,通常在指令集中提供些指令,用以将一个字从内存调入寄存器,以及将一个字从寄存器存入内存。它的指令可以把来自寄存器、内存的操作数组,或者用两者产生一个结果,诸如将两个字相加并把结果存在寄存器或内存中。

除了用来保存变量和临时结果的通用寄存器之外,多数计算机还有一些对程序员可见的专门寄存器。其中之一是程序计数路,它保存了将要取出的下一条指令的内存地址。在指令取出之后,程序计数器就被更新以便指向后继的指令。

另一个寄存器是堆栈指针,它指向内存中当前栈的顶端。该栈含有已经进入但是还没有退出的每个过程的框架。在一个过程的堆栈框架中保存了有关的输入公数、局部变量以及那些没有保存在寄存器中的临时变量。

当然还有程序状态字(Program Status Word,PSW)寄存器。这个寄存器包含了条件码位(由比较指令设置)、CPU 优先级、模式(用户方态或内核态),以及各种其他控制位。用户程序通常读入整个 PSW,但是,只对其中的少量字段写入。在系统调用和 I/O 中,PSW 的作用很重要。

操作系统必须知晓所有的寄存器。在时间多路复用(time multiplexing)CPU 中,操作系统经常会中止正在运行的某个程序并启动(或再启动)另一个程序。每次停止一个运行着的程序时,操作系统必须保存所有的寄存器,这样在稍后该程序被再次运行时,可以把这些寄存器重新装入。

为了改善性能,CPU 设计师早就放弃了同时读取、解码和执行一条指令的简单模型。许多现代 CPU 具有同时取出多条指令的机制。例如,一个 CPU 可以有分开的取指单元、解码单元和执行单元,于是当它执行指令 n 时,它还可以对指令 n + 1 解码,并且读取指令 n + 2。这样一种机制称为流水线(pipeline)。

图 2 - 3(a) 是一个有着三个阶段的流水线示意图。更长的流水线也是常见的。在多数的流水线设计中,一旦条指令被取进流水线中,它就必须被执行完毕,即便前一条取出的指令是条件转移,它也必须被执行完毕。流水线使得编译器和操作系统的编写者很头疼,因为它造成了在机器中实现这些软件的复杂性问题。

比流水线更先进的设计是一种超标量 CPU,如图 2 - 3(b)所示。在这种设计中,有多个执行单元,例如一个 CPU 用于整数算术运算,一个 CPU 用于浮点算术运算,而另一个用于布尔运算。两个更多的指令被同时取出、解码并装入一个保持缓冲区中,直至它们执行完毕。只要有一个执行单元空闲,就检查保持缓冲区中是否还有可处理的指令,如果有,就把指令从缓冲区中移出并执行。这种设计存在一种隐含的作用,即程序的指令经常不按顺序执行。在多数情况下,硬件负责保证这种运算的结果与顺序执行指令时的结果相同,但是,仍然有部分令人烦恼的复杂情形被强加给操作系统处理,我们在后面会讨论这种情况。

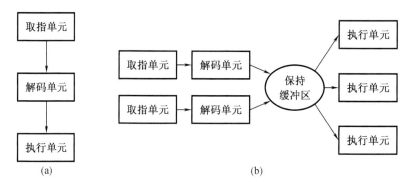

图 2-3　三阶段流水线和 CPU 超标

(a)三阶段流水线;(b)CPU 超标

除了用在嵌入式系统中的非常简单的 CPU 之外,多数 CPU 都有两种模式,即前面已经提及的内核态和用户态。通常,在 PSW 中有一个二进制位控制这两种模式。当在内核态运行时,CPU 可以执行指令集中的每一条指令,并且使用硬件的每种功能。操作系统在内核态下运行,从而可以访问整个硬件。

相反,用户程序在用户态下运行,仅允许执行整个指令集的一个子集和访问所有功能的一个子集。一般而言,在用户态中有关 I/O 和内存保护的所有指令是禁止的。当然,将 PSW 中的模式位设置成内核态也是禁止的。

为了从操作系统中获得服务,用户程序必须使用系统调用(System Call),系统调用陷入内核并调用操作系统。TRAP 指令把用户态切换成内核态,并启用操作系统。当有关工作完成之后,在系统调用后面的指令把控制权返回给用户程序。在本章的后面我们将具体解释系统调用过程,但是在这里,请读者把它看成是一个特殊过程调用指令,该指令具有从用户态切换到内核态的特别能力。作为排印上的说明,我们在行文中使用小写的 Helvetica 字体,表示系统调用,比如 read。

有必要指出,计算机使用陷阱而不是一条指令来执行系统调用。其他的多数陷阱是由硬件引起的,用于警告有异常情况发生,诸如试图被零除或浮点下溢等。在所有的情况下,操作系统都得到控制权并决定如何处理异常情况。有时,由于出错,程序不得不停止。在其他情况下可以忽略出错(如下溢数可以被置为零)。最后,若程序已经提前宣布它希望处理某类条件时,那么控制权还必须返回给该程序,让其处理相关的问题。

进一步来考察多线程和多核芯片。

Moore 定律指出,芯片中晶体管的数量每 18 个月翻一番。这个“定律”并不是物理学上的某种规律,诸如动量守恒定律等,它是 Intel 公司的共同创始人 Gordon Moore 对半导体公司如何能快速缩小晶体管能力上的一个观察结果。Moore 定律已经保持了 30 年,有希望至少再保持 10 年。

使用大量的晶体管引发了一个问题:如何处理它们呢? 这里我们可以看到一种处理方式:具有多个功能部件的超标量体系结构。但是,随着晶体管数量的增加,再多晶体管也是可能的。一个由此而来的必然结果是,在 CPU 芯片中加入更大的缓存,人们肯定会这样做,然而,原先获得的有用效果将最终消失掉。

显然,下一步不仅是有多个功能部件,某些控制逻辑也会出现多个。Pentium 4 和其他一些 CPU 芯片就是这样做的,称为多线程(Multithreading)或超线程(Hyperthreading,这是

Intel 公司给出的名称）。近似地说,多线程允许 CPU 保持两个不同的线程状态,然后在纳秒级的时间尺度内来回切换(线程是一种轻量级进程,即一个运行中的程序)。例如,如果某个进程需要从内存中读出一个字(需要花费多个时钟周期),多线程 CPU 则可以切换至另一个线程。多线程不提供真正的并行处理。一个时刻只有一个进程在运行,但是线程的切换时间则减少到纳秒数量级。

多线程对操作系统而言是有意义的,因为每个线程在操作系统看来就像是单个的 CPU。考虑一个实际有两个 CPU 的系统,每个 CPU 有两个线程。这样操作系统将把它看成是 4 个 CPU。如果在某个时间的特定点上,只有能够维持两个 CPU 忙碌的工作量,那么在同一个 CPU 上调度两个线程,而让另一个 CPU 完全空转,就没有优势了。这种选择远远不如在每个 CPU 上运行一个线程的效率高。Pentium 4 的后继者 Core(还有 Core 2)的体系结构并不支持超线程,但是 Intel 公司已经宣布,Core 的后继产品会具有超线程能力。

2.2.2　存储器

任何一种计算机中的第二种主要部件都是存储器。在理想情形下,存储器应该极为迅速(快于任一条指令,这样 CPU 不会受到存储器的限制)、充分大,并且非常便宜。但是目前的技术无法同时满足这三个目标,于是出现了不同的处理方式。存储器系统采用一种分层次的结构如图 2-4 所示。

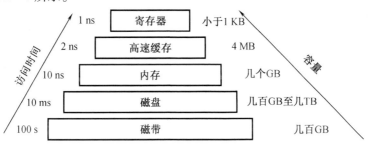

图 2-4　存储器的层次结构

顶层的存储器速度较高、容量较小,与底层的存储器相比每位成本较高,其差别往往是十亿数量级。存储器系统的顶层是 CPU 的寄存器。它们用与 CPU 相同的材料制成,所以和 CPU 一样快。显然,访问它们是没有时延的。其典型的存储容量在 32 位 CPU 中为 32×32 位,而在 64 位 CPU 中为 64×64 位。在这两种情形下,其存储容量都小于 1 KB。程序必须在软件中自行管理这些寄存器(即决定如何使用它们)。

下一层是高速缓存,它多数由硬件控制。主存被分割成高速缓存行(Cache Line),其典型大小为 64 个字节,地址 0 至 63 对应高速缓存行 0,地址 64 至 127 对应高速级存行 1,以此类推。最常用的高速缓存行放置在 CPU 内部或者非常接近 CPU 的高速缓存中。当某个程序需要读一个存储字时,高速缓存硬件检查所需要的高速缓存行是否在高速缓存中。如果是,称为高速缓存命中,缓存满足了请求,就不需要通过总线把访问请求送往主存。高速缓存命中通常需要两个时钟周期。高速缓存未命中就必须访问内存,这要付出大量的时间代价。由于高速缓存的价格昂贵,所以其大小有限。有些机器有两级甚至三级高速缓存,每一级高速缓存比前一级慢且容量更大。

缓存在计算机科学的许多领域中起着重要的作用,并不仅仅只是 RAM 的缓存行。只要存在大量的资源可以划分为小的部分,那么,这些资源中的某些部分就会比其他部分更频繁地得到使用,通常缓存的使用会带来性能上的改善。操作系统一直在使用缓存。例如,多数操作系统在内存中保留频繁使用的文件(的一部分),以避免从磁盘中重复地调取这些文件。相似地,类似于/home/ast/projects/minix 3/src/kernel/clock c 的长路径名转换成文件所在的磁盘地址的结果,也可以放入缓存,以避免重复寻找地址。还有,当一个 Web 页面(URL)的地址转换为网络地址(IP 地址)后,这个转换结果也可以缓存起来以供将来使用。还有许多其他的类似的应用。

在任何缓存系统中,都有若干需要尽快考虑的问题,包括以下方面。

(1)何时把一个新的内容放入缓存。

(2)把新内容放在缓存的哪一行上。

(3)在需要时,应该把哪个内容从缓存中移走。

(4)应该把新移走的内容放在某个较大存储器的何处。

并不是每个问题的解决方案都符合每种缓存处理。对于 CPU 缓存中的主存缓存行,每当有缓存未命中时就会调入新的内容。通常通过所引用内存地址的高位计算应该使用的缓存行。例如,对于 64 字节的 4096 缓存行,以及 32 位地址,其中 6 ~ 17 位用来定位缓存行,而 0 ~ 5 位则用来确定缓存行中的字节。在这个例子中,被移走内容的位置就是新数据要进入的位置,但是在有的系统中未必是这样的。最后,当将一个缓存行的内容重写进主存时(该内容被缓存后,可能会被修改),通过该地址来唯一确定需重写的主存位置。

缓存是一种好方法,所以现代 CPU 中设计了两个缓存。第一级称为 L1 缓存,总是在 CPU 中,通常用来将已解码的指令调入 CPU 的执行引擎。对于那些频繁使用的数据字,多数芯片安排有第二个 L1 缓存。典型的 L1 缓存大小为 16 KB。另外,往往还设计有二级缓存,称为 L2 缓存,用来存放近来所使用过若干兆字节的内存字。L1 和 L2 缓存之间的差别在于时序。对 L1 缓存的访问,不存在任何延时,而对 L2 缓存的访问,则会延时 1 或 2 个时钟周期。

在多核芯片中,设计师必须确定缓存的位置。一个 L2 缓存被所有的核共享。Intel 多核芯片采用了这个方法。相反,每个核有其自己的 L2 缓存。AMD 采用这个方法。不过每种策略都有自己的优缺点。例如,Intel 的共享 L2 缓存需要有一种更复杂的缓存控制器,而 AMD 的方式在设法保持 L2 缓存一致性上存在困难。

在图 2 - 4 的层次结构中,再往下一层是主存,这是存储器系统的主力。主存通常称为随机存取存储器(Random Access Memory, RAM)。过去有时称之为磁芯存储器,因为在 20 世纪 50 年代和 60 年代,使用很小的可磁化的铁磁体制作主存。目前,存储器的容量在几百兆字节到若干吉字节之间,并且其容量正在迅速增大。所有不能在高速缓存中得到满足的访问请求都会转往主存。

除了主存之外,许多计算机已经在使用少量的易失性随机访问存储器。它们与 RAM 不同,在电源切断之后,非易失性随机访问存储器并不丢失其内容。只读存储器(Read Only Memory, ROM)在工厂中就被编程完毕,然后再也不能被修改。ROM 速度快且便宜。在有些计算机中,用于启动计算机的引导加载模块就存放在 ROM 中。另外,一些 I/O 也采用 ROM 处理底层设备控制。

EEPROM(Electrically Erasable PROM,电可擦除可编程 ROM)和闪存(Flash Memory)也是非易失性的,但是与 ROM 相反,它们可以擦除和重写。不过重写它们需要比写入 RAM

更高数量级的时间,所以它们的使用方式与 ROM 相同,而其与众不同的特点使它们有可能通过字段重写的方式纠正所保存程序中的错误。

　　在便携式电子设备中,闪存通常作为存储媒介。闪存是数码相机中的胶卷,是便携式音乐播放器的磁盘,这仅仅是闪存用途中的两项。闪存在速度上介于 RAM 和磁盘之间。另外,与磁盘存储器不同,如果闪存擦除的次数过多,就被磨损了。还有一类存储器是 CMOS,它是易失性的。许多计算机利用 CMOS 存储器保持当前时间和日期。CMOS 存储器和递增时间的时钟电路由一块小电池驱动,所以,即使计算机没有通电,时间也仍然可以正确地更新。CMOS 存储器还可以保存配置参数,如哪一个是启动磁盘等。之所以采用 CMOS,是因为它消耗的电能非常少,一块工厂原装的电池往往就能使用若干年。但是,当电池失效时,计算机就会出现"Alzheimer 病症"。计算机会忘掉"记忆"多年的事物,比如应该由哪个磁盘启动等。

2.2.3　磁盘

　　下一个层次是磁盘(硬盘)。磁盘同 RAM 相比,每个二进制位的成本低了两个数量级,而且经常也有两个数量级大的容量。磁盘唯一的问题是随机访问数据时间大约慢了三个数量级。其低速的原因是因为磁盘是一种机械装置。

　　在一个磁盘中有一个或多个金属盘片,它们以 5 400 rpm、7 200 rpm 或 10 800 rpm 的速度旋转。从边缘开始有一个机械臂悬横在盘面上,这类似于老式播放塑料唱片 33 转唱机上的拾音臂。信息写在磁盘上的一系列同心圆上。在任意一个给定臂的位置,每个磁头可以读取一段环形区域,称为磁道(rack)。把一个给定臂的位置上的所有磁道合并起来,组成了一个柱面(cylinder)。

　　每个磁道划分为若干扇区,扇区的典型值是 512 字节。在现代磁盘中,外面的柱面比内部的柱面有更多的扇区。机械臂从一个柱面移到相邻的柱面大约需要 1 ms。而随机移到一个柱面的典型时间为 5 ~ 10 ms,其具体时间取决于驱动器。一旦磁臂到达正确的磁道上,驱动器必须等待所需的扇区旋转到磁头之下,这就增加了 5 ~ 10 ms 的时延,其具体延时取决于驱动器的转速。一旦所需要的扇区移到磁头之下,就开始读写,低端硬盘的速率是 5 MB/s,而高速磁盘的速率是 160 MB/s。

　　许多计算机支持一种著名的虚拟内存机制。这种机制使得期望运行大于物理内存的程序成为可能,其方法是将程序放在磁盘上,而将主存作为一种缓存,用来保存最频繁使用的部分程序。这种机制需要快速地映像内存地址,以便把程序生成的地址转换为有关字节在 RAM 中的物理地址。这种映像由 CPU 中的一个部件——存储器管理单元(Memory Management Unit,MMU)来完成。

　　缓存和 MMU 的出现对系统的性能有着重要的影响。在多道程序系统中,从一个程序切换到另一个程序,有时称为上下文切换(context switch),有必要对缓存中来的所有修改过的块进行写回磁盘操作,并修改 MMU 中的映像寄存器。但是这两种操作的代价很昂贵,所以程序员们努力避免使用这些操作。我们稍后将看到这些操作产生的影响。

2.2.4　磁带

　　在存储器体系中的最后一层是磁带。这种介质经常用于磁盘的备份,并且可以保存大量的数据集。在访问磁带前,首先要把磁带装到磁带机上,可以人工安装也可用机器人安装(在大型数据库中通常安装有自动磁带处理设备)。然后,磁带可能还需要向前绕转以便读取所请求的数据块。总之,这些工作要花费几分钟。磁带的最大特点是每个二进制位的成本极低,并且是可移动的,这对于为了能在火灾、洪水、地震等灾害中保存下来,必须离线存储的备份磁带而言,是非常重要的。

我们已经讨论过的存储器体系结构是典型的,但是有的安装系统并不具备所有这些层次或者有所差别(诸如光盘)。不过,在所有的系统中,当层次下降时,其随机访问时间则明显地增加,容量也同样明显增加,而每个二进制位的成本则大幅度下降。其结果是,这种存储器体系结构似乎还要伴随我们多年。

2.2.5 I/O 设备

CPU 和存储器不是操作系统唯一需要管理的资源。I/O 设备也与操作系统有密切的相互影响。I/O 设备一般包括两个部分:设备控制器和设备本身。控制器是插在电路板上的一块芯片或一组芯片,这块电路板物理地控制设备。它从操作系统接收命令,例如,从设备读取数据,并且完成数据的处理。

在许多情形下,对这些设备的控制是非常复杂和具体的,所以,控制器的任务是为操作系统提供简单的接口(不过还是很复杂的)。例如,磁盘控制器可以接收一个命令,从磁盘读出 11206 号扇区,然后控制器把这个线性扇区号转化为柱面、扇区和磁头。由于外柱面比内柱面有较多的扇区,而且一些坏扇区已经被映射到磁盘的其他地方,所以这种转换将是很复杂的。磁盘控制器必须确定磁头臂应该在哪个柱面上,并对磁头臂发出一串脉冲使其前后移动到所要求的柱面号上,接着必须等待对应的扇区转动到磁头下面并开始读取数据,随着数据从驱动器读用,要消去引导块并计算校验和。最后,还得把输入的二进制位组成字并存放到存储器中。为了要完成这些工作,在控制器中经常安装一个小的嵌入式计算机,该嵌入式计算机运行为执行这些工作而专门编好的程序。

I/O 设备的另一个部分是实际设备的自身。设备本身有个相对简单的接口,这是因为接口既不能做很多工作,又已经被标准化了。标准化是有必要的,这样任何一个 IDE 磁盘控制器就可以适应任一种 IDE 磁盘,例如,IDE 表示集成驱动器电子设备(Integrated Drive Electronics),是许多计算机的磁盘标准。由于实际的设备接口隐藏在控制器中,所以操作系统看到的是对控制器的接口,这个接口可能和设备接口有很大的差别。

每类设备控制器都是不同的,所以需要不同的软件进行控制。专门与控制器对话,发出命令并接收响应的软件,称为设备驱动程序(device driver)。每个控制器厂家必须为所支持的操作系统提供相应的设备驱动程序。例如,一台扫描仪会配有用于 Windows 2000、Windows XP、Visa 以及 Linux 的设备驱动程序。

为了能够使用设备驱动程序,必须把设备驱动程序装入到操作系统中,这样它可在核心态中运行。理论上,设备驱动程序可以在内核外运行,但是几乎没有系统支持这种可能的方式,因为它要求允许在用户空间的设备驱动程序能够以控制的方式访问设备,这是一种极少得到支持的功能。要将设备驱动程序装入操作系统,有三个途径。第一个途径是将内核与设备驱动程序重新链接,然后重新启动系统。许多 UNIX 系统以这种方式工作。第二个途径是在一个操作系统文件中设置一个入口,并通知该文件需要一个设备驱动程序,然后重新启动系统。在系统启动时,操作系统去找寻所需的设备驱动程序并装载。Windows 就是以这种方式工作的。第三种途径是操作系统能够在运行时接收新的设备驱动程序并且立即将其安装好,无须重新启动系统。这种方式采用的较少,但是这种方式正在变得普及起来。热插拔设备,诸如 USB 和 IEEE1394 设备(后面会讨论)都需要动态可装载设备驱动程序。

每个设备控制器都有少量的用于通信的寄存器。例如,一个最小的磁盘控制器也会有用于指定磁盘地址、内存地址、扇区计数和方向(读或写)的寄存器。要激活控制器,设备驱动程序从操作系统获得一条命令,然后翻译成对应的值,并写进设备寄存器中。所有设备寄存器的集合构成了 I/O 端口空间。

在有些计算机中,设备寄存器被映射到操作系统的地址空间(操作系统可使用的地址),这样,它们就可以像普通存储字一样读出和写入。在这种计算机中,不需要专门的 I/O 指令,用户程序可以被硬件阻挡在外,防止其接触这些存储器地址(例如,采用基址和界限寄存器)。在另外一些计算机中,设备寄存器被放入一个专门的 I/O 端口空间中,每个寄存器都有一个端口地址。在这些机器中,提供内核态中可使用的专门的 IN 和 OUT 指令,供设备驱动程序读写这些寄存器用。前一种方式不需要专门的 I/O 指令,但是占用一些地址空间。后者不占用地址空间,但是需要专门的指令。这两种方式的应用都很广泛。

实现输入和输出的方式有三种。在最简单的方式中,用户程序发出一个系统调用,内核将其翻译成一个对应设备驱动程序的过程调用。然后设备驱动程序启动 I/O 并在一个连续不断的循环中检查该设备看该设备是否完成了工作(一般有一些二进制位用来指示设备仍在忙碌中)。当 I/O 结束后,设备驱动程序把数据送到指定的地方(若有此需要),并返回。然后操作系统将控制返回给调用者。这种方式称为忙等待(busy waiting),其缺点是要占据 CPU,CPU 一直轮询设备直到对应的 I/O 操作完成。

第二种方式是设备驱动程序启动设备并且让该设备在操作完成时发出一个中断。设备驱动程序在这个时刻返回。操作系统接着在需要时阻塞调用者并安排其他工作进行。当设备驱动程序检测到该设备的操作完毕时,它发出一个中断通知操作完成。

一旦 CPU 决定取中断,通常程序计数器和 PSW 就被压入当前堆栈中,并且 CPU 被切换到用户态。设备编号可以成为部分内存的一个引用,用于寻找该设备中断处理程序的地址。这部分内存称为中断向量(Interrupt Vector)。当中断处理程序(中断设备的设备驱动程序的一部分)开始后,它取走已入栈的序计数器和 PSW,并保存,然后查询设备的状态。在中断处理程序全部完成之后,它返回到先前运行的用户程序中尚未执行的头一条指令。

第二种方式是,为 I/O 使用一种特殊的直接存储器访问(Direct Memory Access,DMA)芯片,它可以控制在内存和某些控制器之间的位流,而无须持续的 CPU 干预。CPU 对 DMA 芯片进行设置,说明需要传送的字节数、有关的设备和内存地址以及操作方向,接着启动 DMA。当 DMA 芯片完成时,它引发一个中断,其处理方式如前所述。

中断经常会在非常不合适的时刻发生,比如,在另一个中断程序正在运行时发生。正由于此,CPU 有办法关闭中断并稍后再开启中断。在中断关闭时,任何已经发出中断的设备可以继续保持其中断信号,但是 CPU 不会被中断,直至中断再次启用为止。如果在中断关闭时,已有多个设备发出了中断,中断控制器将决定先处理哪个中断,通常这取决于事先赋予每个设备的静态优先级。最高优先级的设备赢得竞争。

2.2.6　总线

随着处理器和存储器速度越来越快,到了某个转折点时,单总线(当然还有 IBM PC 总线)就很难处理总线的交通流量了,只有放弃。其结果是导致其他的总线出现,它们处理 I/O 设备以及 CPU 到存储器的速度都更快。

大型 Pentium 系统有 8 个总线(高速缓存、局部、内存、PCI、SCSI、USB、IDE 和 ISA),每个总线传输速度和功能都不同。操作系统必须了解所有总线的配置和管理。有两个主要的总线,即早期的 IBM PC ISA(Industry Standard Architecture)总线和它的后继者 PCI(Peripheral Component Interconnect)总线。ISA 总线就是原先的 IBM PCAT 总线,以 8.33 MHz 频率运行,可并行传送 2 字节,最大速率为 1 667 MB/s。它还可与老式的慢速 I/O 卡向后兼容。PCI 总线作为 ISA 总线的后继者由 Intel 公司发布。它可以 66 MHz 频率运行,可并行传送 8 字节,数据速率为 528 MB/s。目前多数高速 I/O 设备采用 PCI 总线,而且有大量的 I/O 卡采用 PCI 总线,甚至许多非 Intel 计算机也使用 PCI 总线。现在,使用称为 PCI Express 的 PCI 总线升级版的新计算机已经出现。

在这种配置中,CPU 通过局部总线与 PCI 桥芯片对话,而 PCI 桥芯片通过专门的存储总线与存储器对话,一般速率为 100 MHz。Pentium 系统在芯片上有 1 级高速缓存,在芯片外有一个非常大的 2 级高速缓存,它通过高速缓存总线与 CPU 连接。

另外,在这个系统中有三个专门的总线:IDE、USB 和 SCSI。IDE 总线将诸如磁盘和 CD-ROM 一类的外部设备与系统相连接。IDE 总线是 PC/AT 的磁盘控制器接口的副产品,现在几乎成了所有基于 Pentium 系统的硬盘的标准,对于 CD-ROM 也经常是这样。

通用串行总线(Universal Serial Bus,USB)是用来将所有慢速 I/O 设备,如键盘和鼠标,与计算机连接。它采用一种小型四针连接器,其中两针为 USB 设备提供电源。USB 是一种集中式总线,其根设备每 1 ms 轮询一次 I/O 设备,看是否有信息收发。USB 1.0 可以处理总计为 1.5 MB/s 的负载,而较新的 USB2.0 总线可以有 60 MB/s 的速率。所有的 USB 设备共享一个 USB 设备驱动器,于是就不需要为新的 USB 设备安装新设备驱动器了。这样,无须重新启动就可以给计算机添加 USB 设备。

SCSI(Small Computer System Interface)总线是一种高速总线,用在高速硬盘、扫描仪和其他需要较大带宽的设备上。它最高可达 320 MB/s。SCSI 总线一直用在 Macintosh 系统上,在 UNIX 和一些基于 Intel 的系统中也很流行。

还有一种总线是 EEE1394。有时,它称为火线(Fire Wire),严格来说,火线是苹果公司具体实现 1394 的名称。与 USB 一样,IEEE1394 是位串行总线,设计用于最快可达 100 MB/s 的包传送中,它适合于将数码相机和类似的多媒体设备连接到计算机上。IEEE1394 与 USB 不同,不需要集中式控制器。

在大型 Pentium 的环境下工作,操作系统必须了解有哪些外部设备连接到计算机上,并对它们进行配置。这种需求导致 Intel 和微软设计了一种名为即插即用(plug and play)的 I/O 系统,这是基于一种首先被苹果 Macintosh 实现的类似概念。在即插即用之前,每块 I/O 卡有一个固定的中断请求级别和用于其 I/O 寄存器的固定地址,例如,键盘的中断级别是 1,并使用 0x60 至 0x64 的 I/O 地址,软盘控制器是中断 6 级并使用 0x3F0 至 0x3F7 的 I/O 地址,而打印机是中断 7 级并使用 0x378 至 0x37A 的 UO 地址等。

到目前为止,一切正常。比如,用户买了一块声卡和调制解调卡,并且它们都是可以使用中断 4 的,但此时,问题发生了,两块卡互相冲突,结果不能在一起工作。解决方案是在每块 I/O 卡上提供 DIP 开关或跳接器,并指导用户对其进行设置以选择中断级别和 I/O 地址,使其不会与用户系统的任何其他部件冲突。那些热衷于复杂 PC 硬件的十几岁的青少年们有时可以不出差错地做这类工作。但是,没有人能够不出错。

即插即用型 I/O 系统所做的工作是,系统自动地收集有关 I/O 设备的信息,集中赋予中断级别和 I/O 地址,然后通知每块卡所使用的数值。

2.3 计算机软硬件工作逻辑

操作系统利用一个或多个处理器的硬件资源,为系统用户提供一组服务,它还代表用户来管理辅助存储器和输入/输出(Input/Output, I/O)设备。因此,在开始分析操作系统之前,掌握一些底层的计算机系统硬件知识是很有必要的。

这里给出了计算机系统硬件的概述,并假设读者对这些领域已经比较熟悉,所以对大多数领域只进行简要概述。但某些内容对本书后面的主题比较重要,因此对这些内容的讲述将会比较详细。

2.3.1 基本构成

从最顶层看,一台计算机由处理器、存储器和输入/输出部件组成,每类部件有一个或多个模块。这些部件以某种方式互联,以实现计算机执行程序的主要功能。因此,计算机有 4 个主要的结构化部件。

第一,处理器(Processor):控制计算机的操作,执行数据处理功能。当只有一个处理器时,它通常指中央处理单元(CPU)。

第二,内存(Main Memory):存储数据和程序。此类存储器通常是易失性的,即当计算机关机时,存储器的内容会丢失。相反,当计算机关机时,磁盘存储器的内容不会丢失。内存通常也称为实存储器(Real Memory)或主存储器(Primary Memory)。

第三,输入/输出模块(I/O module):在计算机和外部环境之间移动数据。外部环境由各种外部设备组成,包括辅助存储器设备(如硬盘)、通信设备和终端。

第四,系统总线(System Bus):处理器、内存和输入/输出模块间提供通信的设施。

处理器的一种功能是和存储器交换数据。为此,它通常使用两个内部(对处理器而言)寄存器:存储器地址寄存器(Memory Address Register, MAR)确定下一次读写的存储器地址;存储器缓冲寄存器(Memory Buffer Register, MBR)存放要写入存储器的数据或者从存储器中读取的数据。同理,输入/输出地址寄存器(I/O Address Register,简称 I/O AR 或 I/O 地址寄存器)确定一个特定的输入/输出设备,输入/输出缓冲寄存器(I/O Buffer Register,简称 I/O BR 或 I/O 缓冲寄存器)用于在输入/输出模块和处理器间交换数据。

内存模块由一组单元组成,这些单元由顺序编号的地址定义。每个单元包含一个二进制数,可以解释为一个指令或数据。输入/输出模块在外部设备与处理器和存储器之间传送数据。输入/输出模块包含内存缓冲区,用于临时保存数据,直到它们被发送出去。

2.3.2 处理器寄存器

处理器包含一组寄存器,它们提供一定的存储能力,比内存访问速度快,但比内存的容量小。处理器中的寄存器有两个功能。

第一,用户可见寄存器:优先使用这些寄存器,可以减少使用机器语言或汇编语言的程序员对内存的访问次数。对高级语言而言,由优化编译器负责决定哪些变量应该分配给寄存器,哪些变量应该分配给内存。一些高级语言(如 C 语言)允许程序员建议编译器把哪些变量保存在寄存器中。

第二,控制和状态寄存器:用以控制处理器的操作,且主要被具有特权的操作系统例程使用,以控制程序的执行。

这两类寄存器并没有很明显的界限。例如,对某些处理器而言,程序计数器是用户可见的,但对其他处理器却不是这样的。但为了方便起见,以下的讨论使用这种分类方法。

1.用户可见寄存器

用户可见寄存器可以通过由处理器执行的机器语言来引用,它一般对所有的程序都是可用的,包括应用程序和系统程序。通常可用的寄存器类型包括数据寄存器、地址寄存器和条件码寄存器。

数据寄存器(Data Register)可以被程序员分配给各种函数。在某些情况下,它们实际上是通用的,可被执行数据操作的任何机器指令使用。但通常也有一些限制,例如对浮点数运算使用专用的寄存器,而对整数运算使用其他寄存器。

地址寄存器(Address Register)存放数据和指令的内存地址,或者存放用于计算完整地址或有效地址的部分地址。这些寄存器可以是通用的,或者可以用来以某一特定方式或模式寻址存储器。

变址寄存器(Index Register),变址寻址是一种最常用的寻址方式,它通过给个基值加索引来获得有效地址。

段指针(Segment Pointer),对于分段寻址方式,存储器被划分成段,这些段由长度不等的字块组成,段由若干长度的字组成。一个存储器引用由一个特定段号和段内的偏移量组成;在关于内存管理的论述中,这种寻址方式是非常重要的。采用这种寻址方式,需要用一个寄存器保存段的基地址(起始地址)。可能存在多个这样的寄存器,例如一个用于操作系统(即当操作系统代码在处理器中执行时使用),一个用于当前正在执行的应用程序。

栈指针(Stack Pointer),如果对用户可见的栈进行寻址,则应该有一个专门的寄存器指向栈顶。这样就可以使用不包含地址域的指令,如入栈(Push)和出栈(Pop)。对于有些处理器,过程调用将导致所有用户可见的寄存器自动保存,在调用返回时恢复保存的寄存器。由处理器执行的保存操作和恢复操作是调用指令和返回指令执行过程的一部分。这就允许每个过程独立地使用这些寄存器。而在其他的处理器上,程序员必须在过程调用前保存相应的用户可见寄存器,通过在程序中包含完成此项任务的指令来实现。因此,保存和恢复功能可以由硬件完成,也可以由软件完成,这完全取决于处理器的实现。

2.控制和状态寄存器

有多种处理器的寄存器用于控制处理器的操作。在大多数处理器上,大部分此类寄存器对用户不可见,其中一部分可被在控制态(或称为内核态)下执行的某些机器指令所访问。

当然,不同的处理器有不同的寄存器结构,并使用不同的术语。在这里我们列出了比较合理和完全的寄存器类型,并给出了简要的说明。除了前面提到过的 MAR、MBR、IOAR 和 I/OBR 寄存器外,下面的寄存器是指令执行所必需的。

程序计数器(Program Counter,PC),包含将取指令的地址。

指令寄存器(Instruction Register,IR),包含最近取的指令内容。

所有的处理器设计还包括一个或一组寄存器,通常称为程序状态字(Program Status Word,PSW),它包含状态信息。PSW 通常包含条件码和其他状态信息,如中断允许/禁止位和内核/用户态位。

条件码(Condition Code,也称为标记)是处理器硬件为操作结果设置的位。例如,算术运算可能产生正数、负数、零或溢出的结果,除了结果自身存储在一个寄存器或存储器中之外,在算术指令执行之后,也随之设置一个条件码。这个条件码之后可作为条件分支运算的一部分被测试。条件码位被收集到一个或多个寄存器中,通常它们构成了控制寄存器的一部分。机器指令通常允许通过隐式访问来读取这些位,但不能通过显式访问进行修改,这是因为它们是为指令执行结果的反馈而设计的。

在使用多种类型中断的处理器中,通常有一组中断寄存器,每个指向一个中断处理例程。如果使用栈实现某些功能(例如过程调用),则需要一个系统栈指针。最后,寄存器还可以用于控制 I/O 操作。

在设计控制和状态寄存器结构时需要考虑很多因素,一个关键问题是对操作系统的支持。某些类型的控制信息对操作系统来说有特殊的用途,如果处理器设计者对所用操作系统的功能有所了解,那么可以设计寄存器结构,对操作系统的特殊功能提供硬件支持,如存储器保护和用户程序之间的切换等。

另一个重要的设计决策是在寄存器和存储器间分配控制信息。通常把存储器最初的(最低的)几百个或几千个字用于控制,设计者必须决定在昂贵、高速的寄存器中放置多少控制信息,在相对便宜、低速的内存中放置多少控制信息。

2.3.3　指令执行

处理器执行的程序是由一组保存在存储器中的指令组成的。按最简单的形式,指令处理包括两个步骤:处理器从存储器中一次读(取)一条指令,然后执行每条指令。程序执行是由不断重复的取指令和执行指令的过程组成的。指令执行可能涉及很多操作,这取决于指令自身。

一个单一的指令需要的处理称为一个指令周期。如图 2-5 所示,可使用简单的两个步骤来描述指令周期。这两个步骤分别称作取指阶段和执行阶段。仅当机器关机、发生某些未发现的错误或者遇到与停机相关的程序指令时,程序执行才会停止。

图 2-5　基本指令周期

1. 取指令和执行指令

在每个指令周期开始时,处理器从存储器中取一条指令。在典型的处理器中,程序计数器(Program Counter,PC)保存下一次要取的指令地址。除非有其他情况,否则处理器在每次取指令后总是递增 PC,使得它能够按顺序取得下一条指令(即位于下一个存储器地址的指令)。例如,考虑一个简化的计算机,每条指令占据存储器中一个 16 位的字,假设程序计数器 PC 被设置为地址 300,处理器下一次将在地址为 300 的存储单元处取指令,在随后的指令周期中,它将从地址为 301、302、303 等的存储单元处取指令。下面将会解释这个顺序是可以改变的。

取到的指令被放置在处理器的一个寄存器中,这个寄存器称作指令寄存器(Instruction Register,IR)。指令中包含确定处理器将要执行的操作的位,处理器解释指令并执行对应的操作。

大体上,这些操作可分为 4 类。

(1)处理器 – 存储器:数据可以从处理器传送到存储器,或者从存储器传送到处理器。

(2)处理器 – I/O:通过处理器和 I/O 模块间的数据传送,数据可以输出到外部设备,或者从外部设备输入数据。

(3)数据处理:处理器可以执行很多与数据相关的算术操作或逻辑操作。

(4)控制:某些指令可以改变执行顺序。例如,处理器从地址为 149 的存储单元中取出一条指令,该指令指定下一条指令应该从地址为 182 的存储单元中取,这样处理器要把程序计数器设置为 182。因此,在下一个取指阶段中,将从地址为 182 的存储单元而不是地址为 150 的存储单元中取指令。

指令的执行可能涉及这些行为的组合。

考虑一个简单的例子,假设有一台机器具备图 2 – 6 中列出的所有特征,处理器包含一个称为累加器(AC)的数据寄存器,所有指令和数据长度均为 16 位,使用 16 位的单元或字来组织存储器。指令格式中有 4 位是操作码,因而最多有 $2^4 = 16$ 种不同的操作码(由 1 位十六进制数字表示),操作码定义了处理器要执行的操作。通过指令格式的余下 12 位,可直接访问的存储器大小最大为 $2^{12} = 4\ 096(4\ KB)$ 个字(用 3 位十六进制数字表示)。

图 2 – 6 一台理想机器的特征

如果程序片段要把地址为 940 的存储单元中的内容与地址为 941 的存储单元中的内容相加,并将结果保存在后一个单元中。这需要三条指令,可用三个取指阶段和三个执行阶段描述。

(1)PC 中包含第一条指令的地址为 300,该指令内容(值为十六进制数 1 940)被送入指令寄存器 IR 中,PC 增 1。注意,此处理过程使用了存储器地址寄存器(MAR)和存储器缓冲寄存器(MBR)。为简单起见,这些中间寄存器没有显示。

(2)IR 中最初的 4 位(第一个十六进制数)表示需要加载 AC,剩下的 12 位(后三个十六进制数)表示地址为 940。

(3)从地址为 301 的存储单元中取下一条指令(5941),PC 增 1。

(4)AC 中以前的内容和地址为 941 的存储单元中的内容相加,结果保存在 AC 中。

(5)从地址为 302 的存储单元中取下一条指令(2941),PC 增 1。

(6)AC 中的内容被存储在地址为 941 的存储单元中。

在这个例子中,为把地址为 940 的存储单元中的内容与地址为 941 的存储单元中的内容相加一共需要三个指令周期,每个指令周期都包含一个取指阶段和一个执行阶段。如果使用更复杂的指令集合,则只需要更少的指令周期。大多数现代的处理器都具有包含多个地址的指令,因此指令周期可能涉及多次存储器访问。此外,除了存储器访问外,指令还可用于 I/O 操作。

2. I/O 函数

I/O 模块(例如磁盘控制器)可以直接与处理器交换数据。正如处理器可以通过指定存储单元的地址来启动对存储器的读和写一样,处理器也可以从 I/O 模块中读数据或向 I/O 模块中写数据。对于后一种情况,处理器需要指定被某一 I/O 模块控制的具体设备。因此,指令序列的格式只是用 I/O 指令代替了存储器访问指令。

在某些情况下,允许 I/O 模块直接与内存发生数据交换,以减轻在完成 I/O 任务过程中的处理器负担。此时,处理器允许 I/O 模块具有从存储器中读或往存储器中写的特权,这样 I/O 模块与存储器之间的数据传送无须通过处理器完成。在这类传送过程中,I/O 模块对存储器发出读命令或写命令,从而免去了处理器负责数据交换的任务。这个操作称为直接内存存取(Direct Memory Access,DMA)。

2.3.4　中断

事实上所有计算机都提供了允许其他模块(I/O、存储器)中断处理器正常处理过程的机制。中断最初是用于提高处理器效率的一种手段。例如,大多数 I/O 设备比处理器慢得多,假设处理器使用的指令周期方案给一台打印机传送数据,在每一次写操作后,处理器必须暂停并保持空闲,直到打印机完成工作。暂停的时间长度可能相当于成百上千个不涉及存储器的指令周期。显然,这对于处理器的使用来说是非常浪费的。表 2-1 列出了最常见的中断类别。

表 2-1　最常见的中断分类

类别	说明
程序中断	在某些条件下由指令执行的结果产生,例如算术溢出、除数为 0、试图执行一条非法的机器指令以及访问到用户不允许的存储器位置
时钟中断	由处理器内部的计时器产生,允许操作系统以一定规律执行函数
I/O 中断	由 I/O 控制器产生,用于发信号通知一个操作的正常完成或各种错误条件
硬件故障中断	由掉电或存储器奇偶错误之类的故障产生

由于完成 I/O 操作可能花费较长的时间,I/O 程序需要挂起等待操作完成,因此用户程序会在 WRITE 调用处停留相当长的一段时间。

1. 中断和指令周期

利用中断功能,处理器可以在 I/O 操作的执行过程中执行其他指令。考虑控制流,用户程序到达系统调用 WRITE 处,但涉及的 I/O 程序仅包括准备代码和真正的 I/O 命令。在这些为数不多的几条指令执行后,控制返回到用户程序。在这期间,外部设备忙于从计算机存储器接收数据并打印。这种 I/O 操作和用户程序中指令的执行是并发的。

当外部设备做好服务的准备,也就是说,当它准备好从处理器接收更多的数据时,该外部设备的 I/O 模块给处理器发送一个中断请求信号。这时处理器会做出响应,暂停当前程序的处理,转去处理服务于特定 I/O 设备的程序,这个程序称作中断处理程序(Interrupt Handler)。在对该设备的服务响应完成后,处理器恢复原先的执行。注意,中断可以在主程序中的任何位置发生,而不是在一条指定的指令处。

从用户程序的角度看,中断打断了正常执行的序列。当中断处理完成后,再恢复执行。因此,用户程序并不需要为中断添加任何特殊的代码,处理器和操作系统负责挂起用户程序,然后在同一个地方恢复执行。

为适应中断产生的情况,在指令周期中要增加一个中断阶段,如图 2 – 7 所示。

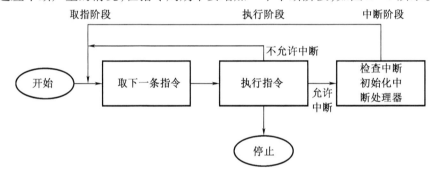

图 2 – 7　中断和指令周期

在中断阶段中,处理器检查是否有中断发生,即检查是否出现中断信号。如果没有中断,处理器继续运行,并在取指周期取当前程序的下一条指令;如果有中断,处理器挂起当前程序的执行,并执行一个中断处理程序。这个中断处理程序通常是操作系统的一部分,它确定中断的性质,并执行所需要的操作。例如,在前面的例子中,处理程序决定哪一个 I/O 模块产生中断,并转到往该 I/O 模块中写更多数据的程序。当中断处理程序完成后,处理器在中断点恢复对用户程序的执行。

很显然,在这个处理中有一定的开销,在中断处理程序中必须执行额外的指令以确定中断的性质,并决定采用适当的操作。然而,如果简单地等待 I/O 操作的完成将花费更多的时间,因此中断能够更有效地使用处理器。

假设 I/O 操作的时间相当短,小于用户程序中写操作之间完成指令执行的时间。而更典型的情况是,特别是对比较慢的设备如打印机来说,I/O 操作比执行一系列用户指令的时间要长得多。在这种情况下,用户程序在由第一次调用产生的 I/O 操作完成之前,就到达了第二次 WRITE 调用。结果是用户程序在这一点挂起,当前面的 I/O 操作完成后,才能继续新的 WRITE 调用,也才能开始一次新的 I/O 操作。I/O 操作在未完成时与用户指令的执行有所重叠。由于这部分时间的存在,效率仍然有所提高。

2. 中断处理

中断激活了很多事件,包括处理器硬件中的事件以及软件中的事件。当I/O设备完成一次I/O操作时,会发生下列硬件事件。

(1)设备给处理器发出一个中断信号。

(2)处理器在响应中断前结束当前指令的执行。

(3)处理器对中断进行测定,确定存在未响应的中断,并给提交中断的设备发送确认信号,确认信号允许该设备取消它的中断信号。

(4)处理器需要把控制权转移到中断程序中去做准备。首先,需要保存从中断点恢复当前程序所需要的信息,要求的最少信息包括程序状态字(PSW)和保存在程序计数器中的下一条要执行的指令地址,它们被压入系统控制栈中。

(5)处理器把响应此中断的中断处理程序入口地址装入程序计数器中。可以针对每类中断有一个中断处理程序,也可以针对每个设备和每类中断各有一个中断处理程序,这取决于计算机系统结构和操作系统的设计。如果有多个中断处理程序,处理器就必须决定调用哪一个,这个信息可能已经包含在最初的中断信号中,否则处理器必须给发中断的设备发送请求,以获取含有所需信息的响应。一旦完成对程序计数器的装入,处理器则继续到下一个指令周期,该指令周期也是从取指开始。由于取指是由程序计数器的内容决定的,因此控制被转移到中断处理程序,该程序的执行引起以下的操作。

①在这一点,与被中断程序相关的程序计数器和PSW被保存到系统栈中,此外,还有一些其他信息被当作正在执行程序的状态的一部分。特别需要保存处理器寄存器的内容,因为中断处理程序可能会用到这些寄存器,因此所有这些值和任何其他的状态信息都需要保存。在典型情况下,中断处理程序一开始就在栈中保存所有的寄存器内容。这里给出一个简单的例子,用户程序在执行地址为 N 的存储单元中的指令之后被中断,所有寄存器的内容和下一条指令的地址(N+1),一共 M 个字,被压入控制栈中。栈指针被更新指向新的栈顶,程序计数器被更新指向中断服务程序的开始。

②中断处理程序现在可以开始处理中断,其中包括检查与 I/O 操作相关的状态信息或其他引起中断的事件,还可能包括给 I/O 设备发送附加命令或应答。

③当中断处理结束后,被保存的寄存器值从栈中释放并恢复到寄存器中。

④最后的操作是从栈中恢复 PSW 和程序计数器的值,其结果是下一条要执行的指令来自前面被中断的程序。保存被中断程序的所有状态信息并在以后恢复这些信息,这是十分重要的,这是由于中断并不是程序调用的一个例程,它可以在任何时候发生,因而可以在用户程序执行过程中的任何一点上发生,它的发生是不可预测的。

3. 多个中断

至此,我们已讨论了发生一个中断的情况。假设一下,在处理一个中断时,可以发生一个或者多个中断,例如,一个程序可能从一条通信线中接收数据并打印结果。每完成一个打印操作,打印机就会产生一个中断;每当一个数据单元到达,通信线控制器也会产生一个中断。数据单元可能是一个字符,也可能是连续的一块字符串,这取决于通信规则本身。在任何情况下,都有可能在处理打印机中断的过程中发生一个通信中断。

处理多个中断有两种方法。第一种方法是在处理一个中断时,禁止再发生中断。禁止中断的意思是处理器将对任何新的中断请求信号不予理睬。如果在这期间发生了中断,通常中断保持挂起,当处理器再次允许中断时,再由处理器检查。因此,当用户程序正在执行并且有一个中断发生时,立即禁止中断;当中断处理程序完成后,在恢复用户程序之前再允许中断,并且由处理器检查是否还有中断发生。这个方法很简单,因为所有中断都严格按顺序处理。

上述方法的缺点是没有考虑相对优先级和时间限制的要求。例如,当来自通信线的输入到达时,可能需要快速接收,以便为更多的输入让出空间。如果在第二批输入到达时第一批还没有处理完,就有可能由于I/O设备的缓冲区装满或溢出而丢失数据。

第二种方法是定义中断优先级,允许高优先级的中断打断低优先级的中断处理程序的运行。假设一个系统有三个I/O设备:打印机、磁盘和通信线,优先级依次为2,4和5。用户程序在 $t = 0$ 时开始,在 $t = 10$ 时,发生一个打印机中断;用户信息被放置到系统栈,并开始执行打印机中断服务例程(Interrupt Service Routine, ISR);当这个例程仍在执行时,在 $t = 15$ 时发生了一个通信中断,由于通信线的优先级高于打印机,必须处理这个中断,打印机 ISR 被打断,其状态被压入栈中,并开始执行通信 ISR;当这个程序正在执行时,又发生了一个磁盘中断($t = 20$),由于这个中断的优先级比较低,它被简单地挂起,通信 ISR 运行直到结束。

当通信 ISR 完成后($t = 25$),恢复以前关于执行打印机 ISR 的处理器状态。但是,在执行这个例程中的任何一条指令前,处理器必须完成高优先级的磁盘中断,这样控制权转移给磁盘 ISR。只有当这个例程也完成时($t = 35$),才恢复打印机 ISR。当打印机 ISR 完成时($c = 40$),控制最终返回到用户程序。

4. 多道程序设计

即使使用了中断,处理器仍有可能未得到有效的利用,处理器在长 I/O 等待下的使用率,但如果完成 I/O 操作的时间远远大于 I/O 调用期间用户代码的执行时间(通常情况下),则在大部分时间处理器是空闲的。解决这个问题的方法是允许多道用户程序同时处于活动状态。

假设处理器执行两道程序。一道程序从存储器中读数据并放入外部设备中,另一道是包括大量计算的应用程序。处理器开始执行输出程序,给外部设备发送一个写命令,接着开始执行其他应用程序。当处理器处理很多程序时,执行顺序取决于它们的相对优先级以及它们是否正在等待 I/O。当一个程序被中断时,控制权转移给中断处理程序,一旦中断处理程序完成,控制权可能并不立即返回到这个用户程序,而转移到其他待运行的具有更高优先级的程序。最终,当原先被中断的用户程序变为最高的优先级时,它将被重新恢复执行。这种多道程序轮流执行的概念称作多道程序设计。

2.3.5　高速缓存

尽管高速缓存对操作系统是不可见的,但它与其他存储管理硬件相互影响。此外,很多用于虚拟存储的原理也可以用于高速缓存。

1. 动机

在全部指令周期中,处理器在取指令时至少访问一次存储器,而且通常还要多次访问存储器用于取操作数或保存结果。处理器执行指令的速度显然受存储周期(从存储器中读一个字或写一个字到存储器中所花的时间)的限制。长期以来,由于处理器和内存的速度不匹配,这个限制已经成为很严重的问题。近年来,处理器速度的提高一直快于存储器访问速度的提高,这需要在速度价格和大小之间进行折中。理想情况下,内存的构造技术可以采用与处理器中的寄存器相同的构造技术,这样主存的存储周期才跟得上处理器周期。但这样成本太高,解决的方法是利用局部性原理(Principle of Locality),即在处理器和内存之间提供一个容量小而速度快的存储器,称作高速缓存。

2. 高速缓存原理

高速缓存试图使访问速度接近现有最快的存储器,同时保持价格便宜的大存储容量(以较为便宜的半导体存储器技术实现)。图 2-8 说明了这个概念。

图 2-8 中有一个相对容量大而速度比较慢的内存和一个容量较小且速度较快的高速缓存,高速缓存包含一部分内存数据的副本。当处理器试图读取存储器中的一个字节或字时,要进行一次检查以确定这个字节或字是否在高速缓存中。如果在,该字节或字从高速缓存传递给处理器;如果不在,则由固定数目的字节组成的一块内存数据先被读入高速缓存,然后该字节或字从高速缓存传递给处理器。由于访问局部性现象的存在,当一块数据被取入高速缓存以满足一次存储器访问时,很可能紧接着的多次访问的数据是该块中的其他字节。

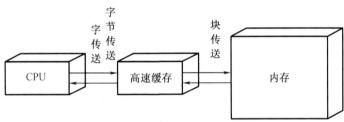

图 2-8　高速缓存和内存

内存由 2^n 个可寻址的字组成,每个字有一个唯一的 n 位地址。为便于映射,此存储器可以看作是由一些固定大小的块组成,每块包含 K 个字,也就是说,一共有 $M = 2^n/K$ 个块。高速缓存中有 C 个存储槽(Slot,也称为 Line),每个槽有 K 个字,槽的数目远远小于存储器中块的数目($C < M$)。内存中块的某些子集驻留在高速缓存的槽中,如果读存储器中某一个块的某一个字,而这个块又不在槽中,则这个块被转移到一个槽中。由于块的数目比槽多,一个槽不可能唯一或永久对应于一个块。因此,每个槽中有一个标签,用以标识当前存储的是哪一个块。标签通常是地址中较高的若干位,表示以这些位开始的所有地址。

举一个简单的例子,假设我们有一个 6 位地址和 2 位标签。标签 01 表示由下列地址单元组成的块:010000、010001、010010、010011、010100、010101、010110、010111、011000、011001、011010、011011、011100、011101、011110、011111。

处理器生成要读的字的地址 RA,如果这个字在高速缓存中,它将被传递给处理器;否则,包含这个字的块将被装入高速缓存,然后这个字被传递给处理器。

3. 高速缓存设计

有关高速缓存设计的详细内容已超出了本书的范围,这里只简单地概括主要的设计因素。我们将会看到在进行虚拟存储器和磁盘高速缓存设计时,也必须解决类似的设计问题。这些问题可分为:高速缓存大小、块大小、映射函数、替换算法、写策略。

前面已经讨论了高速缓存大小的问题,结论是适当小的高速缓存可以对性能产生显著的影响。另一个尺寸问题是关于块大小的,即高速缓存与内存间的数据交换单位。当块大小从很小增长到很大时,由于局部性原理,命中率首先会增加。局部性原理指的是位于被访问字附近的数据在近期被访问到的概率比较大。当块大小增大时,更多的有用数据被取到高速缓存中。但是,当块变得更大时,新近取到的数据被用到的可能性开始小于那些必须移出高速缓存的数据再次被用到的可能性(移出高速缓存是为了给新块让出位置),这时命中率反而开始降低。

当一个新块被读入高速缓存中时,由映射函数确定这个块将占据哪个高速缓存单元。设计映射函数要考虑两方面的约束。首先,当读入一个块时,另一个块可能会被替换出高速缓存。替换方法应该能够尽量减小替换出的块在不久的将来还会被用到的可能性。映射函数设计的越灵活,就有更大的余地来设计出可以增大命中率的替换算法。其次,映射函数越灵活,则完成搜索以确定某个指定块是否位于高速缓存中的功能所需要的逻辑电路也就越复杂。

在映射函数的约束下,当一个新块加入高速缓存中时,如果高速缓存中的所有存储槽都已被别的块占满,那么替换算法要选择替换不久的将来被访问的可能性最小的块。尽管不可能找到这样的块,但是合理且有效的策略是替换高速缓存中最长时间未被访问的块。这个策略称作最近最少使用(Least – Recently – Used, LRU)算法。标识最近最少使用的块需要硬件机制支持。

如果高速缓存中某个块的内容被修改,则需要在它被换出高速缓存之前把它写回内存。写策略规定何时发生存储器写操作。一种极端情况是每当块被更新后就发生写操作;而另一种极端情况是只有当块被替换时才发生写操作。后一种策略减少了存储器写操作的次数,但是使内存处于一种过时的状态,这会妨碍多处理器操作以及 I/O 模块的直接内存存取。

2.3.6　I/O 通信技术

对 I/O 操作有三种可能的技术:可编程 I/O、中断驱动 I/O、直接内存存取(DMA)。

1. 可编程 I/O

当处理器正在执行程序并遇到一个与 I/O 相关的指令时,它通过给相应的 I/O 模块发命令来执行这个指令。使用可编程 I/O 操作时,I/O 模块执行请求的动作并设置 I/O 状态寄存器中相应的位,它并不进一步通知处理器,尤其是它并不中断处理器。因此,处理器在执行 I/O 指令后,还要定期检查 I/O 模块的状态,以确定 I/O 操作是否已经完成。

如果使用这种技术,处理器负责从内存中提取数据用于输出,并在内存中保存数据用于输入。I/O 软件应该设计为由处理器执行直接控制 I/O 操作的指令,包括检测设备状态、发送读命令或写命令和传送数据,因此指令集中包括以下几类 I/O 指令。

(1)控制:用于激活外部设备,并告诉它做什么。例如,可以指示磁带倒退或前移一个记录。

(2)状态:用于测试与 I/O 模块及其外围设备相关的各种状态条件。

(3)传送:用于在存储器寄存器和外部设备间读数据或写数据。

从外部设备读取一块数据(如磁带中的一条记录)到存储器,每次读一个字(例如 16 位)的数据。对读入的每个字,处理器必须停留在状态检查周期,直到确定该字已经在 I/O 模块的数据寄存器中了。一个耗时的处理,处理器总是处于没有用的繁忙中。

2. 中断驱动 I/O

可编程 I/O 的问题是处理器通常必须等待很长的时间,以确定 I/O 模块是否做好了接收或发送更多数据的准备。处理器在等待期间必须不断地询问 I/O 模块的状态,其结果是严重地降低了整个系统的性能。

另一种选择是处理器给模块发送 I/O 命令,然后继续做其他一些有用的工作。当 I/O 模块准备好与处理器交换数据时,它将打断处理器的执行并请求服务处理器和前面一样执行数据传送,然后恢复处理器以前的执行过程。

首先,从 I/O 模块的角度考虑这是如何工作的。对于输入操作,I/O 模块从处理器中接收个 READ 命令,然后开始从相关的外围设备读数据。一旦数据被读入该模块的数据寄存器,模块通过控制线给处理器发送一个中断信号,然后等待直到处理器请求该数据。当处理器发出这个请求后,模块把数据放到数据总线上,然后准备下一次的 I/O 操作。

从处理器的角度看,输入操作的过程如下:处理器发一个 READ 命令,然后保存当前程序的上下文(如程序计数器和处理器寄存器),离开当前程序,去做其他事情(例如,处理器可以同时在几个不同的程序中工作)在每个指令周期的末尾,处理器检查中断。当发生来自 I/O 模块的中断时,处理器保存当前正在执行的程序的上下文,开始执行中断处理程序(Interrupt – Handling Program)处理此中断。处理器从 I/O 模块中读取数据,并保存在存储器中。然后,恢复发出 I/O 命令的程序(或其他某个程序)的上下文并继续执行。

中断驱动 I/O 比可编程 I/O 更有效,这是因为它消除了不必要的等待。但是,由于数据中的每个字不论从存储器到 I/O 模块还是从 I/O 模块到存储器都必须通过处理器处理,这导致中断驱动 I/O 仍然会花费很多处理器时间。

计算机系统中不可避免有多个 I/O 模块,因此需要一定的机制,使得处理器能够确定中断是由哪个模块引发的,并且在多个中断产生的情况下处理器要决定先处理哪一个。在某些系统中有多条中断线,这样每个模块可在不同的线上发送中断信号,每个中断线有不同的优先级。当然,也可能只有一个中断线,但要使用额外的线保存设备地址,而且不同的设备有不同的优先级。

3. 直接内存存取

尽管中断驱动 I/O 比简单的可编程 I/O 更有效,但处理器仍然需要主动干预在存储器和 I/O 模块之间的数据传送,并且任何数据传送都必须完全通过处理器。因此这两种 I/O 形式都有两方面固有的缺陷。

(1)I/O 传送速度受限于处理器测试设备和提供服务的速度。

(2)处理器忙于管理 I/O 传送的工作,必须执行很多指令以完成 I/O 传送。当需要移动大量的数据时,需要使用一种更有效的技术:直接内存存取(DMA)。DMA 功能可以由系统总线中一个独立的模块完成,也可以并入到一个 I/O 模块中。不论采用哪种形式,该技术的工作方式如下所示:当处理器要读或写一块数据时,它给 DMA 模块产生一条命令,发送以下信息。

①是否请求一次读或写。

②涉及的 I/O 设备的地址。

③开始读或写的存储器单元。

④需要读或写的字数。

之后处理器继续其他工作。处理器把这个操作委托给 DMA 模块,由该模块负责处理。

DMA 模块直接与存储器交互,传送整个数据块,每次传送一个字。这个过程不需要处理器参与。当传送完成后,DMA 模块发一个中断信号给处理器。因此只有在开始传送和传送结束时处理器才会参与。

DMA 模块需要控制总线以便与存储器进行数据传送。由于在总线使用中存在竞争,当处理器需要使用总线时要等待 DMA 模块。注意,这并不是一个中断,处理器没有保存上下文环境去做其他事情,而是仅仅暂停一个总线周期(在总线上传输一个字的时间)。其总的影响是在 DMA 传送过程中,当处理器需要访问总线时处理器的执行速度会变慢。尽管如此,对多字 I/O 传送来说,DMA 比中断驱动和程序控制 I/O 更有效。

2.4　操作系统的核心内容

操作系统是最复杂的软件之一,这反映在为了达到那些困难的甚至相互冲突的目标(方便、有效和易扩展性)而带来的挑战上。操作系统开发中,有 5 个重要的理论进展:进程、内存管理、信息保护和安全、调度和资源管理、系统结构。

每个进展都是为了解决实际的难题,并由相关原理或抽象概念来描述的。这 5 个领域包括了现代操作系统设计和实现中的关键问题。

2.4.1　进程

进程的概念是操作系统结构的基础,Multics 的设计者在 20 世纪 60 年代首次使用了这个术语,它比作业更通用一些。存在很多关于进程的定义,如下所示。

(1)一个正在执行的程序。

(2)计算机中正在运行的程序的一个实例。

(3)可以分配给处理器并由处理器执行的一个实体。

(4)由单一的顺序的执行线程、一个当前状态和一组相关的系统资源所描述的活动单元。后面将会对这个概念进行更清晰的阐述。

计算机系统的发展有三条主线:多道程序批处理操作、分时和实时事务系统,它们在时间安排和同步中所产生的问题推动了进程概念的发展。正如前面所讲的,多道程序设计是为了让处理器和 I/O 设备(包括存储设备)同时保持忙状态,以实现最大效率。其关键机制是:在响应表示 I/O 事务结束的信号时,操作系统将对内存中驻留的不同程序进行处理器切换。

发展的第二条主线是通用的分时。其主要设计目标是及时响应单个用户的要求,但是由于成本原因,又要可以同时支持多个用户。由于用户反应时间相对比较慢,这两个目标是可以同时实现的。例如,如果一个典型用户平均需要每分钟 2 s 的处理时间,则可以有近 30 个这样的用户共享同一个系统,并且感觉不到互相的干扰。当然,在这个计算中,还必须考虑操作系统的开销因素。

发展的另一个重要主线是实时事务处理系统。在这种情况下,很多用户都在对数据库进行查询或修改,例如航空公司的预订系统。事务处理系统和分时系统的主要差别在于前者局限于一个或几个应用,而分时系统的用户可以从事程序开发、作业执行以及使用各种各样的应用程序。对于这两种情况,系统响应时间都是最重要的。

系统程序员在开发早期的多道程序和多用户交互系统时使用的主要工具是中断。一个已定义事件(如 I/O 完成)的发生可以暂停任何作业的活动。处理器保存某些上下文(如程序计数器和其他寄存器),然后跳转到中断处理程序中,处理中断,然后恢复用户被中断作业或其他作业的处理。

设计出一个能够协调各种不同活动的系统软件是非常困难的。在任何时刻都有许多作业在运行中,每个作业都包括要求按顺序执行的很多步骤,因此,分析事件序列的所有组合几乎是不可能的。由于缺乏能够在所有活动中进行协调和合作的系统级的方法,程序员只能基于他们对操作系统所控制的环境的理解,采用自己的特殊方法。然而这种方法是很脆弱的,尤其对于一些程序设计中的小错误,因为这些错误只有在很少见的事件序列发生时才会出现。由于需要从应用程序软件错误和硬件错误中区分出这些错误,因而诊断工作是很困难的。即使检测出错误,也很难确定其原因,因为很难再现错误产生的精确场景。一般而言,产生这类错误有 4 个主要原因。

(1)不正确的同步:常常会出现这样的情况,即一个例程必须挂起,等待系统中其他地方的某一事件。例如,一个程序启动了一个 I/O 读操作,在继续进行之前必须等到缓冲区中有数据。在这种情况下,需要来自其他例程的一个信号,而设计不正确的信号机制可能导致信号丢失或接收到重复信号。

(2)失败的互斥:常常会出现多个用户或程序试图同时使用一个共享资源的情况。例如,两个用户可能试图同时编辑一个文件。如果不控制这种访问,就会发生错误。因此必须有某种互斥机制,以保证一次只允许一个例程对一部分数据执行事务处理。很难证明这类互斥机制的实现对所有可能的事件序列都是正确的。

(3)不确定的程序操作:一个特定程序的结果只依赖于该程序的输入,而并不依赖于共享系统中其他程序的活动。但是,当程序共享内存并且处理器控制它们交错执行时,它们可能会因为重写相同的内存区域而发生不可预测的相互干扰。因此,程序调度顺序可能会影响某个特定程序的输出结果。

(4)死锁:很可能有两个或多个程序相互挂起等待。例如,两个程序可能都需要两个 I/O 设备执行一些操作(如从磁盘复制到磁带)。一个程序获得了一个设备的控制权,而另一个程序获得了另一个设备的控制权,它们都等待对方释放自己想要的资源。这样的死锁依赖于资源分配和释放的时机安排。

解决这些问题需要一种系统级的方法监控处理器中不同程序的执行。进程的概念为此提供了基础。进程可以看作是由 3 个部分组成的。

(1)一段可执行的程序。

(2)程序所需要的相关数据(变量、工作空间、缓冲区等)。

(3)程序的执行上下文。

最后一部分是根本。执行上下文(Execution Context)又称作进程状态(Process State),是操作系统用来管理和控制进程所需的内部数据。这种内部信息和进程是分开的,因为操作系统信息不允许被进程直接访问。上下文包括操作系统管理进程以及处理器正确执行进程所需要的所有信息,包括了各种处理器寄存器的内容,如程序计数器和数据寄存器。它还包括操作系统使用的信息,如进程优先级以及进程是否在等待特定 I/O 事件的完成。

两个进程 A 和 B,存在于内存的某些部分。也就是说,给每个进程(包含程序、数据和上下文信息)分配一块存储器区域,并且在由操作系统建立和维护的进程表中进行记录。

进程表包含记录每个进程的表项,表项内容包括指向包含进程的存储块地址的指针,还包括该进程的部分或全部执行上下文。执行上下文的其余部分存放在别处,可能和进程自己保存在一起,通常也可能保存在内存里一块独立的区域中。进程索引寄存器(Process Index Register)包含当前正在控制处理器的进程在进程表中的索引。程序计数器指向该进程中下一条待执行的指令。基址寄存器(Base Register)和界限寄存器(Limit Register)定义了该进程所占据的存储器区域:基址寄存器中保存了该存储器区域的开始地址,界限寄存器中保存了该区域的大小(以字节或字为单位)。程序计数器和所有的数据引用相对于基址寄存器被解释,并且不能超过界限寄存器中的值,这就可以保护内部进程间不会相互干涉。

进程索引寄存器表明进程 B 正在执行。以前执行的进程被临时中断,在 A 中断的同时,所有寄存器的内容被记录在它的执行上下文环境中,以后操作系统就可以执行进程切换,恢复进程 A 的执行。进程切换过程包括保存 B 的上下文和恢复 A 的上下文。当在程序计数器中载入指向 A 的程序区域的值时,进程 A 自动恢复执行。

因此,进程被当作数据结构来实现。一个进程可以是正在执行,也可以是等待执行。任何时候整个进程状态都包含在它的上下文环境中。这个结构使得可以开发功能强大的技术,以确保在进程中进行协调和合作。在操作系统中可能会设计和并入一些新的功能(如优先级),这可以通过扩展上下文环境以包括支持这些特征的新信息。

2.4.2　内存管理

通过支持模块化程序设计的计算环境和数据的灵活使用,用户的要求可以得到很好的满足。系统管理员需要有效且有条理地控制存储器分配。操作系统为满足这些要求,担负着 5 个基本的存储器管理责任。

(1)进程隔离:操作系统必须保护独立的进程,防止互相干涉各自的存储空间,包括数据和指令。

(2)自动分配和管理:程序应该根据需要在存储层次间动态地分配,分配对程序员是透明的。因此,程序员无须关心与存储限制有关的问题,操作系统有效地实现分配问题,可以仅在需要时才给作业分配存储空间。

(3)支持模块化程序设计:程序员应该能够定义程序模块,并且动态地创建、销毁模块,动态地改变模块大小。

(4)保护和访问控制:不论在存储层次中的哪一级,存储器的共享都会产生一个程序访问另个程序存储空间的潜在可能性。当一个特定的应用程序需要共享时,这是可取的。但在别的时候,它可能威胁到程序的完整性,甚至威胁到操作系统自身。操作系统必须允许一部分内存可以由各种用户以各种方式进行访问。

(5)长期存储:许多应用程序需要在计算机关机后长时间保存信息。

在典型情况下,操作系统使用虚拟存储器和文件系统机制来满足这些要求。文件系统实现了长期存储,它在一个有名字的对象中保存信息,这个对象称作文件。对程序员来说,文件是一个很方便的概念;对操作系统来说,文件是访问控制和保护的一个有用单元。

虚拟存储器机制允许程序从逻辑的角度访问存储器,而不考虑物理内存上可用的空间数量。虚拟存储器是为了满足有多个用户作业同时驻留在内存中的要求,这样,当一个进程被写出到辅助存储器中并且后继进程被读入时,在连续的进程执行之间将不会脱节。由于进程大小不同,如果处理器在很多进程间切换,则很难把它们紧密地压入内存中,因此引进了分页系统。在分页系统中,进程由许多固定大小的块组成,这些块称作页。程序通过虚地址(Virtual Address)访问字,虚地址由页号和页中的偏移量组成。进程的每一页都可以放置在内存中的任何地方,分页系统提供了程序中使用的虚地址和内存中的实地址(Real Address)或物理地址之间的动态映射。

有了动态映射硬件,下一逻辑步骤是消除一个进程的所有页,同时驻图在内存中的要求。一个进程的所有页都保留在磁盘中,当进程执行时,一部分页在内存中。如果需要访问的某一页不在内存中,存储管理硬件可以检测到,然后安排载入这个缺页。这个配置称作虚拟内存。

处理器硬件和操作系统一起提供给用户"虚拟处理器"的概念,而"虚拟处理器"有对虚拟存储器的访问权。这个存储器可以是一个线性地址空间,也可以是段的集合,而段是可变长度的连续地址块。不论哪种情况,程序设计语言的指令都可以访问虚拟存储器区域中的程序和数据。可以通过给每个进程一个唯一的不重叠的虚拟存储器空间来实现进程隔离;可以通过使两个虚拟存储器空间的一部分重叠来实现内存共享;文件可用于长期存储,文件或其中一部分可以复制到虚拟存储器中供程序操作。

存储器由内存和低速的辅助存储器组成,内存可直接访问到(通过机器指令),外存则可以通过把块载入内存间接访问到。地址转换硬件(映射器)位于处理器和内存之间。程序使用虚地址访问,虚地址将映射成真实的内存地址。如果访问的虚地址不在实际内存中,实际内存中的一部分内容将换到外存中,然后换入所需要的数据块。在这个活动过程中,产生这个地址访问的进程必须被挂起。操作系统设计者的任务是开发开销很少的地址转换机制,以及可以减小各级存储器级间交换量的存储分配策略。

2.4.3　信息保护和安全

信息保护是在使用分时系统时提出的,近年来计算机网络进一步关注和发展了这个问题。由于环境不同,涉及一个组织的威胁的本质也不同。但是,有一些通用工具可以嵌入支持各种保护和安全机制的计算机和操作系统内部。总之,我们关心对计算机系统的控制访问和其中保存的信息。

大多数与操作系统相关的安全和保护问题可以分为 4 类。

(1)可用性:保护系统不被打断。

(2)保密性:保证用户不能读到未授权访问的数据。

(3)数据完整性:保护数据不被未授权修改。

(4)认证:涉及用户身份的正确认证和消息或数据的合法性。

2.4.4　调度与资源管理

操作系统的一个关键任务是管理各种可用资源(内存空间、I/O 设备、处理器),并调度各种活动进程使用这些资源。任何资源分配和调度策略都必须考虑 3 个因素。

(1)公平性:通常希望给竞争使用某一特定资源的所有进程提供几乎相等和公平的访问机会。对同一类作业,也就是说有类似请求的作业,更是需要如此。

(2)有差别的响应性:操作系统可能需要区分有不同服务要求的不同作业类。操作系统将试图做出满足所有要求的分配和调度决策,并且动态地做出决策。例如,如果一个进程正在等待使用一个 I/O 设备,操作系统会尽可能迅速地调度这个进程,从而释放这个设备以方便其他进程使用。

（3）有效性：操作系统希望获得最大的吞吐量和最小的响应时间，并且在分时的情况下，能够容纳尽可能多的用户。这些标准互相矛盾，在给定状态下寻找适当的平衡是操作系统中一个正在进行研究的问题。

调度和资源管理任务是一个基本的操作系统研究问题，并且可以应用数学研究成果。此外，系统活动的度量对监视性能并进行调节是非常重要的。

操作系统中维护着多个队列，每个队列代表等待某些资源的进程的简单列表。短期队列由在内存中（或至少最基本的一小部分在内存中）并等待处理器可用时随时准备运行的进程组成。任何一个这样的进程都可以在下一步使用处理器，究竟选择哪一个取决于短期调度器（或者称为分派器，即 dispatcher）。一个常用的策略是依次给队列中的每个进程一定的时间，这称为时间片轮转（Round - Robin）技术，时间片轮转技术使用了一个环形队列。另一种策略是给不同的进程分配不同的优先级，根据优先级进行调度。

长期队列是等待使用处理器的新作业的列表。操作系统通过把长期队列中的作业转移到短期队列中，实现往系统中添加作业，这时内存的一部分必须分配给新到来的作业。因此，操作系统要避免由于允许太多的进程进入系统而过量使用内存或处理时间。每个 I/O 设备都有一个 I/O 队列，可能有多个进程请求使用同一个 I/O 设备。所有等待使用一个设备的进程在该设备的队列中排队，同时操作系统必须决定把可用的 I/O 设备分配给哪一个进程。

如果发生了一个中断，则操作系统在中断处理程序入口得到处理器的控制权。进程可以通过服务调用明确地请求某些操作系统的服务，如 I/O 设备处理服务。在这种情况下，服务调用处理程序是操作系统的入口点。在任何情况下，只要处理中断或服务调用，就会请求短期调度器选择一个进程执行。

前面所述的是一个功能描述，关于操作系统这部分的细节和模块化的设计，在各种系统中各不相同。操作系统中这方面的研究大多针对选择算法和数据结构，其目的是提供公平性、有差别的响应性和有效性。

2.4.5 系统结构

随着操作系统中增加了越来越多的功能，并且底层硬件变得更强大、更加通用，导致操作系统的大小和复杂性也随着增加。MIT 在 1963 年投入使用的 CTSS，大约包含 32 000 个36 位字；一年后，IBM 开发的 OS/360 有超过 100 万条的机器指令；1975 年 MT 和 Bell 实验室开发的 Multics 系统增长到了 2 000 万条机器指令。近年来，确实也针对一些小型系统引入过比较简单的操作系统，但是随着底层硬件和用户需求的增长，它们也不可避免地变得越来越复杂。因此，当今的 UNIX 系统要比那些天才的程序员在 20 世纪 70 年代早期开发的那个小系统复杂得多，而简单的 ms - dos 让位于具有更多更复杂能力的 OS/2 和 Windows操作系统。例如，Windows NT 4.0 包含 1 600 万行代码，而 Windows 2000 的代码量则超过这个数目的两倍。

对于运行数百万到数千万条代码的大型操作系统，仅仅有模块化程序设计是不够的，软件体系结构和信息抽象的概念正得到越来越广泛的使用。现代操作系统的层次结构按照复杂性、时间刻度、抽象级进行功能划分。我们可以把系统看作是一系列的层。每一层执行操作系统所需功能的相关子集。它依赖于下一个较低层，较低层执行更为原始的功能并隐藏这些功能的细节。它还给相邻的较高层提供服务。在理想情况下,可以通过定义层使得改变一层时不需要改变其他层。因此我们把一个问题分解成几个更易于处理的子问题。

通常情况下,较低层的处理时间很短。操作系统的某些部分必须直接与计算机硬件交互,在这里事件的时间刻度仅为几十亿分之一秒。而另一端,操作系统的某些功能直接与用户交互,用户发出命令的频率则要小得多,可能每隔几秒钟发一次命令。使用层次结构可以很好地与这种频率差别场景保持一致。

这些原理的应用方式在不同的操作系统中有很大的不同。但是为了获得操作系统的一个概观,这里给出一个层次操作系统模型是很有用的。让我们来看一下模型,尽管该模型没有对应于特定的操作系统,但它提供了一个从高层来看待操作系统结构的视角,包含如下的层次:

第 1 层:由电路组成,处理的对象是寄存器、存储单元和逻辑门。定义在这些对象上的操作是动作,如清空寄存器或读取存储单元。

第 2 层:处理器指令集合。该层定义的操作是机器语言指令集合允许的操作,如加、减、加载和保存。

第 3 层:增加了过程或子程序的概念,以及调用返回操作。

第 4 层:引入了中断,能导致处理器保存当前环境、调用中断处理程序。

前面这 4 层并不是操作系统的一部分,而是构成了处理器的硬件。但是操作系统的一些元素开始在这些层出现,如中断处理程序。从第 5 层开始,才真正到达了操作系统,并开始出现和多道程序设计相关的概念。

第 5 层:在这一层引入了进程的概念,用来表示程序的执行。操作系统运行多个进程的基本要求包括挂起和恢复进程的能力,这就要求保存硬件寄存器,使得可以从一个进程切换到另一个。此外,如果进程需要合作,则需要一些同步方法。操作系统设计中一个最简单的技术和重要的概念是信号量。

第 6 层:处理计算机的辅助存储设备。在这一层出现了定位读/写头和实际传送数据块的功能。第 6 层依赖于第 5 层对操作的调度和当一个操作完成后通知等待进程该操作已完成的能力。更高层涉及对磁盘中所需数据的寻址、并向第 5 层中的设备驱动程序请求相应的块。

第 7 层:为进程创建一个逻辑地址空间。这一层把虚地址空间组织成块,可以在内存和外存之间移动。比较常用的有 3 个方案:使用固定大小的页、使用可变长度的段或两者都用。当所需要的块不在内存中时,这一层的逻辑将请求第 6 层的传送。

至此,操作系统处理的都是单处理器的资源。从第 8 层开始,操作系统处理外部对象,如外围设备、网络和网络中的计算机。这些位于高层的对象都是逻辑对象,命名对象可以在同一台计算机或在多台计算机间共享。

第 8 层:处理进程间的信息和消息通信。尽管第 5 层提供了一个原始的信号机制,用于进程间的同步,但这一层处理更丰富的信息共享。用于此目的的最强大的工具之一是管道(pipe),它是为进程间的数据流提供的一个逻辑通道。一个管道定义成它的输出来自一个进程,而它的输入是到另一个进程中去。它还可用于把外部设备或文件链接到进程。

第 9 层:支持称为文件的长期存储。在这一层,辅助存储器中的数据可以看作是一个抽象的可变长度的实体。这与第 6 层辅助存储器中面向硬件的磁道、簇和固定大小的块形成对比。

第 10 层:提供访问外部设备的标准接口。

第 11 层:负责维护系统资源和对象的外部标识符与内部标识符间的关联。外部标识符是应用程序和用户使用的名字;内部标识符是一个地址或可被操作系统低层使用、用于定位和控制一个对象的其他指示符。这些关联在目录中维护,目录项不仅包括外部/内部映射,而且包括诸如访问权之类的特性。

第 12 层:提供了一个支持进程的功能完善的软件设施,这和第 5 层中所提供的大不相同。第 5 层只维护与进程相关的处理器寄存器内容和用于调度进程的逻辑,而第 12 层支持进程管理所需的全部信息,这包括进程的虚地址空间、可能与进程发生交互的对象和进程的列表以及对交互的约束、在进程创建后传递给进程的参数和操作系统在控制进程时可能用到的其他特性。

第 13 层:为用户提供操作系统的一个界面。它之所以被称作命令行解释器(Shell),是因为它将用户和操作系统细节分离开,而简单地把操作系统作为一组服务的集合提供给用户。命令行解释器接受用户命令或作业控制语句,对它们进行解释,并在需要时创建和控制进程。例如,这一层的界面可以用图形方式实现,即通过菜单提供用户可以使用的命令,并输出结果到一个特殊设备(如显示器)来显示。

2.5　操作系统的典型结构

在下面的小节中,为了对各种可能的方式有所了解,我们将考察已经尝试过的五种不同的结构设计。这样做并没有穷尽各种结构方式,但是至少给出了在实践中已经试验过的一些设计思想。这五种设计是单体系统、层次系统、客户机－服务器系统、虚拟机和外核等。

2.5.1　单体系统结构

到目前为止,在多数常见的组织形式的处理方式中,全部操作系统在内核态中以单一程序的方式运行。整个操作系统以过程集合的方式编写,链接成一个大型可执行二进制程序。使用这种技术,系统中每个过程可以自由调用其他过程,只要后者提供了前者所需要的一些有用的计算工作。这些可以不受限制彼此调用的成千个过程,常常导致出现一个笨拙和难于理解的系统。

在使用这种处理方式构造实际的目标程序时,首先编译所有单个的过程,或者编译包含过程的文件,然后通过系统链接程序将它们链接成单一的目标文件。依靠对信息的隐藏处理,不过在这里实际上是不存在的,每个过程对其他过程都是可见的(相反的构造中有模块或包,其中多数信息隐藏在模块之中,而且只能通过正式设计的入口点实现模块的外部调用)。

但是,即使在单体系统中,也可能有一些结构存在。可以将参数放置在良好定义的位置(如栈)。通过这种方式,向操作系统请求所能提供的服务(系统调用),然后执行一个陷阱指令。这个指令将机器从用户态切换到内核态并把控制传递给操作系统。然后,操作系统取出参数并且确定应该执行哪一个系统调用。

对于这类操作系统的基本结构,有着如下结构上的建议。

(1)需要一个主程序,用来处理服务过程请求。

(2)需要一套服务过程,用来执行系统调用。

(3)需要一套实用过程,用来辅助服务过程。

在该模型中,每一个系统调用都通过一个服务过程为其工作并运行。要有一组实用程序来完成一些服务过程所需要用到的功能,如从用户程序取数据等。可将各种过程划分为一个三服务过程层的模型,如图 2 -9 所示。

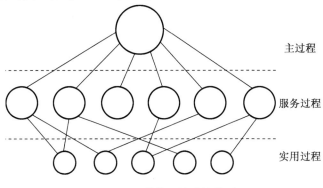

主过程

服务过程

实用过程

图 2 -9　单体系统结构模型

除了在计算机初启时所装载的核心操作系统外,许多操作系统支持可装载的扩展,如 I/O 设备驱动和文件系统。这些部件可以按照图 2 -9 的单体系统结构模型需要载入。

2.5.2　层次系统结构

把图 2 -9 中的系统进一步通用化,就变成一个层次式结构的操作系统,它的上层软件都是在下一层软件的基础之上构建的。E. W. Dijkstra 和他的学生在荷兰的 Eindhoven 技术学院所开发的 THE 系统,是按此模型构造的第一个操作系统。THE 系统是为荷兰的一种计算机——Electrologica X8 配备的一个简单的批处理系统,其内存只有 32 K 个字,每字 27 位(二进制位在那时是很昂贵的)。

该系统共分为六层,如表 2 -2 所示。

表 2 -2　THE 操作系统的层次系统结构

层号	功能
5	操作员
4	用户程序
3	输入/输出管理
2	操作员 - 进程通信
1	存储器和磁鼓管理
0	处理器分配和多道程序设计

处理器分配在第 0 层中进行,当中断发生或定时器处理器分配和多道程序设计到期时,由该层进行进程切换。在第 0 层之上,系统由一些连续的进程组成,编写这些进程时不用再

考虑在单处理器上多进程运行的细节。也就是说,在第 0 层中提供了基本的 CPU 多道程序功能。内存管理在第 1 层中进行,它分配进程的主存空间,当内存用完时则在一个 512 K 字的磁鼓上保留进程的一部分(页面)。在第 1 层上,进程不用考虑它是在磁鼓上还是在内存中运行。第 1 层软件保证一旦需要访问某一页面时,该页面必定已在内存中。第 2 层处理进程与操作员控制台(即用户)之间的通信。在这层的上部,可以认为每个进程都有自己的操作员控制台。第 3 层管理 I/O 设备和相关的信息流缓冲区。在第 3 层上,每个进程都与有良好特性的抽象 I/O 设备打交道,而不必考虑外部设备的物理细节。第 4 层是用户程序层。用户程序不用考虑进程、内存、控制台或 I/O 设备管理等细节。系统操作员进程位于第 5 层中。

在 MULTICS 系统中采用了更进一步的通用层次化概念。MULTICS 由许多的同心环构造而成,而不是采用层次化构造,内层环比外层环有更高的级别(它们值实际上是一样的)。当外环的过程欲调用内环的过程时,它必须执行一条等价于系统调用的 TRAP 指令。在执行该 TRAP 指令前,要进行严格的参数合法性检查。在 MULTICS 中,尽管整个操作系统是各个用户进程的地址空间的一部分,但是硬件仍能对单个过程(实际是内存中的一个段)的读、写和执行进行保护。

实际上,THE 分层方案只是为设计提供了些方便,因为该系统的各个部分最终仍然被链接成了完整的单个目标程序。而在 MULTICS 里,环形机制在运行中是实际存在的,而且是由硬件实现的。环形机制的一个优点是很容易扩展,可用以构造用户子系统。例如,在一个 MULTICS 系统中,教授可以用程序检查学生们编写的程序并给他们打分,在第 n 个环中运行教授的程序,而在第 $n+1$ 个环中运行学生的程序,这样学生们就无法篡改教授所给出的成绩。

2.5.3 客户机－服务器结构

一个微内核思想的略微变体是将进程划分为两类:服务器,每个服务器提供某种服务;客户端,使用这些服务。这个模式就是所谓的客户机－服务器模式。通常,在系统最底层是微内核,但并不是必须这样的。这个模式的本质是存在客户端进程和服务器进程。

一般地,在客户端和服务器之间的通信是消息传递。为了获得一个服务,客户端进程构造一段消息,说明所需要的服务,并将其发给合适的服务器。该服务完成工作,发送回应。如果客户端和服务器运行在同一个机器上,则有可能进行某种优化,但是从概念上看,在这里讨论的是消息传递。

这个思想的一个明显的、普遍方式是,客户端和服务器运行在不同的计算机上,它们通过局域或广域网连接。由于客户端通过发送消息与服务器通信,客户端并不需要知道这些消息是在它们的本地机器上处理,还是通过网络被送到远程机器上处理。对于客户端而言,这两种情形是同样的:都是发送请求并得到回应。所以,客户机－服务器模式是一种可以应用在单机或者网络机器上的抽象。

越来越多的系统,包括用户家里的 PC 机,都成了客户端,而在某地运行的大型机器则成为服务器。事实上,许多 Web 就是以这个方式运行的。一台 PC 机向某个服务器请求一个 Web 页面,而后该 Web 页面回送。这就是网络中客户机－服务器的典型应用方式。

2.5.4　虚拟机系统结构

OS/360 的最早版本是纯粹的批处理系统。然而,有许多 360 用户希望能够在终端上交工作,于是在 IBM 公司内外的一些研究小组决定为它编写一个分时系统。在后来推出了正式的 IBM 分时系统 TSS/360。但是它非常庞大,运行缓慢,于是在花费了约五千万美元的研制费用后,该系统最后被弃之不用。但是在麻省理工学院的一个 IBM 研究中心开发了另一个完全不同的系统,这个系统被 IBM 最终用作为产品。它的直接后续,称为 z/VM。目前在 IBM 的现有大型机上广泛使用,z-series 则在大型公司的数据中心中广泛应用,例如,作为 e-commerce 服务器,它们每秒可以处理成百上千个事务,并使用达数百万 G 字节的数据库。

2.5.5　外核系统结构

与虚拟机克隆真实机器不同,另一种策略是对机器进行分区,换句话说,给每个用户整个资源的一个子集。这样,某一个虚拟机可能得到磁盘的 0 至 1023 盘块,而另一台虚拟机会得到 1024 至 2047 盘块。

在底层中,一种称为外核的程序在内核态中运行。它的任务是为虚拟机分配资源,并检查试图使用这些资源的企图,以确保没有机器使用他人的资源。每个用户层的虚拟机可以运行自己的操作系统,如 VM370 和 Pentium 虚拟 8086 等,但限制在只能使用已经申请并且获得分配的那部分资源。

外核机制的优点是减少映像层。在其他的设计中,每个虚拟机都认为它有自己的磁盘,其盘块号从 0 到最大编号,这样虚拟机监控程序必须维护表格用以重映像磁盘地址(以及其他资源)。有了外核,这个重映像处理就不需要了。外核只需要记录已经分配给各个虚拟机的有关资源即可。这个方法还有一个优点,它将多道程序(在外核内)与用户操作系统代码(在用户空间内)加以分离,而且相应负载并不重,这是因为外核所做的一切只是保持多个虚拟机彼此不发生冲突。

2.6　操作系统接口

操作系统是用户与计算机硬件系统之间的接口,用户通过操作系统的帮助,可以快速、有效、安全、可靠地操纵计算机系统中的各类资源,以处理自己的程序。为使用户能方便地使用操作系统,OS 又向用户提供了如下两类接口。

(1)用户接口:操作系统专门为用户提供了"用户与操作系统的接口",通常称为用户接口。该接口支持用户与 OS 之间进行交互,即由用户向 OS 请求提供特定的服务,而系统则把服务的结果返回给用户。

(2)程序接口:操作系统向编程人员提供了"程序与操作系统的接口",简称程序接口,又称应用程序接口(Application Programming Interface,API)。该接口是为程序员在编程时使用的,系统和应用程序通过这个接口,可在执行中访问系统中的资源和取得 OS 的服务,它也是程序能取得操作系统服务的唯一途径。大多数操作系统的程序接口是由一组系统调用(system call)组成的,每一个系统调用都是一个能完成特定功能的子程序。

值得说明的是,在计算机网络中,特别是在 Internet 广为流行的今天,又出现了一种面向网络的网络用户接口。

2.6.1 联机用户接口

当今,几乎所有的计算机(从大、中型机到微型机)操作系统中,都向用户提供了用户接口,允许用户在终端上键入命令,或向操作系统提交作业书,来取得 OS 的服务,并控制自己程序的运行。一般地,用户接口又可进一步分为如下两类。

(1)联机用户接口:终端用户利用该接口可以调用操作系统的功能,取得操作系统的服务。用户可以使用联机控制命令来对自己的作业进行控制。联机用户接口可以实现用户与计算机间的交互。

(2)脱机用户接口:该接口是专为批处理作业的用户提供的,也称批处理用户接口。操作系统提供了一个作业控制语言(Job Control Language,JCL),用户使用 JCL 语言预先写好作业说明书,将它和作业的程序与数据一起提交给计算机,当该作业运行时,OS 将逐条按照用户作业说明书的控制语句,自动控制作业的执行。应当指出,脱机用户接口是不能实现用户与计算机间的交互的。

1.联机用户接口

联机用户接口也称为联机命令接口。不同操作系统的联机命令接口有所不同,这不仅指命令的种类、数量及功能方面,也可能体现在命令的形式、用法等方面。不同的用法和形式构成了不同的用户界面,可分成以下两种:

(1)字符显示式用户界面;

(2)图形化用户界面。

本节主要介绍字符显示用户界面式的联机用户接口,而图形化用户界面的联机用户接口将在本章最后一节中介绍。

所谓"字符显示式用户界面",即用户在利用该用户界面的联机用户接口实现与机器的交互时,先在终端的键盘上键入所需的命令,由终端处理程序接收该命令,并在用户终端屏幕上,以字符显示方式反馈用户输入的命令信息、命令执行及执行结果信息。用户主要通过命令语言来实现对作业的控制和取得操作系统的服务。

用户在终端键盘上键入的命令称为命令语言,它是由一组命令动词和参数组成的,以命令行的形式输入并提交给系统。命令语言具有规定的词法、语法、语义和表达形式。该命令语言是以命令为基本单位指示操作系统完成特定的功能。完整的命令集反映了系统提供给用户可使用的全部功能。不同操作系统所提供的命令语言的词法、语法、语义及表达形式是不一样的。命令语言一般又可分成两种方式:命令行方式和批命令方式。

(1)命令行方式。

该方式是指以行为单位输入和显示不同的命令。每行长度一般不超过 256 个字符,命令的结束通常以回车符为标记。命令的执行是串行、间断的,后一个命令的输入一般需等到前一个命令执行结束,如用户键入的一条命令处理完成后,系统发出新的命令输入提示符,用户才可以继续输入下一条命令。

也有许多操作系统提供了命令的并行执行方式,例如一条命令的执行需要耗费较长时间,并且用户也不急需其结果时(即两条命令执行是不相关的),则可以在一个命令的结尾输入特定的标记,将该命令作为后台命令处理,用户接着即可继续输入下一条命令,系统便可对两条命令进行并行处理。一般而言,对新用户来说,命令行方式十分烦琐,难以记忆,但对有经验的用户而言,命令行方式用起来快捷便当、十分灵活,所以至今许多操作员仍常使用这种命令方式。

简单命令的一般形式为:Command arg1 arg2 …… arg*n*

其中,Command 是命令名,又称命令动词,其余为该命令所带的执行参数,有些命令可以没有参数。

(2)批命令方式。

在操作命令的实际使用过程中,经常遇到需要对多条命令的连续使用,或若干条命令的重复使用,或对不同命令进行选择性使用的情况。如果用户每次都采用命令行方式,将命令一条条由键盘输入,既浪费时间,又容易出错。因此,操作系统都支持一种称为批命令的特别命令方式,允许用户预先把一系列命令组织在一种称为批命令文件的文件中,一次建立,多次执行。使用这种方式可减少用户输入命令的次数,既节省了时间、减少了出错概率,又方便了用户。通常批命令文件都有特殊的文件扩展名,如 MS – DOS 系统的. BAT 文件。

同时,操作系统还提供了一套控制子命令,增强对命令文件使用的支持。用户可以使用这些子命令和形式参数书写批命令文件,使得这样的批命令文件可以执行不同的命令序列,从而增强了命令接口的处理能力。如 UNIX 和 Linux 中的 Shell 不仅是一种交互型命令解释程序,也是一种命令级程序设计语言解释系统,它允许用户使用 Shell 简单命令、位置参数和控制流语句编制带形式参数的批命令文件,称作 Shell 文件或 Shell 过程,Shell 可以自动解释和执行该文件或过程中的命令。

2. 联机命令类型

为了能向用户提供多方面的服务,通常 OS 都向用户提供了几十条甚至上百条的联机命令。根据这些命令所完成功能的不同,可把它们分成以下几类:

(1)系统访问类。

在单用户微型机中,一般没有设置系统访问命令。然而在多用户系统中,为了保证系统的安全性,都毫无例外地设置了系统访问命令,即注册命令 Login。用户在每次开始使用某终端时,都须使用该命令,使系统能识别该用户。凡要在多用户系统的终端上机的用户,都必须先在系统管理员处获得一合法的注册名和口令。以后,每当用户在接通其所用终端的电源后,便由系统直接调用,并在屏幕上显示出以下的注册命令:

Login:/提示用户键入自己的注册名

当用户键入正确的注册名,并按下回车键后,屏幕上又会出现:

Password:/提示用户键入自己的口令

用户在键入口令时,系统将关闭掉回送显示,以使口令不在屏幕上显示出来。如果键入的口令正确而使注册成功,屏幕上会立即出现系统提示符(所用符号随系统而异),表示用户可以开始键入命令。如果用户多次(通常不超过三次)键入的注册名或口令都有错,系统将解除与用户的联接。

(2)磁盘操作命令。

在微机操作系统中,通常都提供了若干条磁盘操作命令。

(a)磁盘格式化命令 Format。它被用于对指定驱动器上的软盘进行格式化。每张新盘在使用前都必须先格式化,其目的是使磁盘记录格式能为操作系统所接受。可见,不同操作系统将磁盘初始化后的格式各异。此外，在格式化过程中，还将对有缺陷的磁道和扇区加保留记号，以防止将它分配给数据文件。

（b）复制整个软盘命令 Diskcopy。该命令用于复制整个磁盘，另外它还有附加的格式化功能。如果目标盘片是尚未格式化的，则该命令在执行时，首先将未格式化的软盘格式化，然后再进行复制。

（c）软盘比较命令 Diskcomp。该命令用于将源盘与目标盘的各磁道及各扇区中的数据逐一进行比较。

（d）备份命令 Backup。该命令用于把硬盘上的文件复制到软盘上，而 RESTORE 命令则完成相反的操作。

（3）文件操作命令。

每个操作系统都提供了一组文件操作命令。在微机 OS 中的文件操作命令有下述几种。

（a）显示文件命令 type：用于将指定文件内容显示在屏幕上。

（b）拷贝文件命令 copy：用于实现文件的拷贝。

（c）文件比较命令 comp：用于对两个指定文件进行比较。两文件可以在同一个或不同的驱动器上。

（d）重新命名命令 Rename：用于将以第一参数命名的文件改成用第二参数给定的名字。

（e）删除文件命令 erase：用于删除一个或一组文件，当参数路径名为 *.BAK 时，表示删除指定目录下的所有其扩展名为.Bak 的文件。

（4）目录操作命令。

目录操作命令包括下述几个命令。

（a）建立子目录命令 mkdir：用于建立指定名字的新目录。

（b）显示目录命令 dir：用于显示指定磁盘中的目录项。

（c）删除子目录命令 rmdir：用于删除指定的子目录文件，但不能删除普通文件，而且一次只能删除一个空目录（其中仅含"."和".."两个文件），不能删除根及当前目录。

（e）显示目录结构命令 tree：用于显示指定盘上的所有目录路径及其层次关系。

（f）改变当前目录命令 chdir：用于将当前目录改变为由路径名参数给定的目录。用".."做参数时，表示应返回到上一级目录下。

（5）其他命令。

（a）输入输出重定向命令。在有的 OS 中定义了两个标准 I/O 设备。通常，命令的输入取自标准输入设备，即键盘；而命令的输出通常是送往标准输出设备，即显示终端。如果在命令中设置输出重定向" > "符，其后接文件名或设备名，表示将命令的输出改向，送到指定文件或设备上。类似地，若在命令中设置输入重定向" < "符，则不再是从键盘而是从重定向符左边参数所指定的文件或设备上，取得输入信息。

（b）管道连接。这是指把第一条命令的输出信息作为第二条命令的输入信息；类似地，又可把第二条命令的输出信息作为第三条命令的输入信息。这样，由两个（含两条）以上的命令可形成一条管道。在 MS－DOS 和 UNIX 中，都用"|"作为管道符号，其一般格式为

Command1 | Command2 | …… | Command$n$

（c）过滤命令。在 UNIX 及 MS－DOS 中都有过滤命令，用于读取指定文件或标准输入，

从中找出由参数指定的模式,然后把所有包含该模式的行都打印出来。例如,MS – DOS 中用命令:

find/N"erase"(路径名)

可对由路径名指定的输入文件逐行检索,把含有字符串"erase"的行输出。其中,/N 是选择开关,表示输出含有指定字串的行;如果不用 N 而用 C,则表示只输出含有指定字串的行数;若用 V,则表示输出不含指定字串的行。

(d)批命令。为了能连续地使用多条键盘命令,或多次反复地执行指定的若干条命令,而又免去每次重新录入这些命令的麻烦,可以提供一种特定文件。在 MS – DOS 中提供了一种特殊文件,其后缀名用".BAT",在 UNIX 系统中称为命令文件。它们都是利用一些键盘命令构成一个程序,一次建立供多次使用。在 MS – DOS 中用 batch 命令去执行由指定或默认驱动器的工作目录上指定文件中所包含的一些命令。

3. 键盘终端处理程序

为了实现人机交互,还须在微机或终端上配置相应的键盘终端处理程序,它应具有下述几方面的功能:

第一,接收用户从终端上打入的字符。

第二,字符缓冲,用于暂存所接收的字符。

第三,回送显示。

第四,屏幕编辑。

第五,特殊字符处理。

(1)字符接收功能。

为了实现人机交互,键盘终端处理程序必须能够接收从终端输入的字符,并将之传送给用户程序。有以下两种方式来实现字符接收功能:

(a)面向字符方式。驱动程序只接收从终端打入的字符,并且不加修改地将它传送给用户程序。这通常是一串未加工的 ASCII 码。但大多数用户并不喜欢这种方式。

(b)面向行方式。终端处理程序将所接收的字符暂存在行缓冲中,并可对行内字符进行编辑。仅在收到行结束符后,才将一行正确的信息送命令解释程序。在有的计算机中,从键盘硬件送出的是键的编码(简称键码),而不是 ASCII 码。例如,当打入 a 键时,是将键码"30"放入 I/O 寄存器,此时,终端处理程序必须参照某种表格,将键码转换成 ASCII 码。应当注意,某些 IBM 的兼容机使用的不是标准键码。此时,处理程序还须选用相应的表格将其转换成标准键码。

(2)字符缓冲功能。

为了能暂存从终端键入的字符,以降低中断处理器的频率,在终端处理程序中,还必须具有字符缓冲功能。字符缓冲可采用以下两种方式之一:

(a)专用缓冲区方式。这是指系统为每个终端设置一个缓冲区,暂存用户键入的一批字符,缓冲区的典型长度为 200 个字符左右。这种方式较适合于单用户微机或终端很少的多用户机。当终端数目较多时,需要的缓冲区数目可能很大,且每个缓冲区的利用率也很低。例如,当有 100 个终端时,要求有 20 KB 的缓冲区。但专用缓冲区方式可使终端处理程序简化。

(b)公用缓冲池方式。系统不必为每个终端设置专用缓冲区,只需设置一个由多个缓冲区构成的公用缓冲池(其中的每个缓冲区大小相同,如为 20 个字符),再将所有的空缓区链接成一个空缓冲区链。当终端有数据输入时,可先向空缓冲区链申请一空缓冲区来接收输入字符;当该缓冲区装满后,再申请一个空缓冲区。这样,直至全部输入完毕,并利用链接指针将这些装有输入数据的缓冲区链接成一条输入链。每当该输入链中一个缓冲区内的字符被全部传送给用户程序后,便将该缓冲区从输入链中移出,再重新链入空缓冲区链中。显然,利用公用缓冲池方式可有效地提高缓冲的利用率。

（3）回送显示。

回送显示(回显)是指每当用户从键盘输入一个字符,终端处理程序便将该字符送往屏幕显示。有些终端的回显由硬件实现,其速度较快,但往往会引起麻烦。如当用户键入口令时,为防止口令被盗用,显然不该有回显。此外,用硬件实现回显也缺乏灵活性,因而近年来多改用软件来实现回显,这样可以做到在用户需要时才回显。用软件实现回显,还可方便地进行字符变换,如将键盘输入的小写英文字母变成大写,或相反。驱动程序在将输入的字符送往屏幕回显时,应打印在正确的位置上;当光标走到一行的最后一个位置时,便应返回到下一行的开始位置。例如,当所键入的字符数目超过一行(80 个字符)时,应自动地将下一个字符打印到下一行的开始位置。

（4）屏幕编辑。

用户经常希望能对从键盘打入的数据(字符)进行修改,如删除(插入)一个或多个字符。为此,在终端处理程序中,还应能实现屏幕编辑功能,包括能提供若干个编辑键。常用的编辑键有:

（a）删除字符键。它允许将用户刚键入的字符删除。在有的系统中是利用退格键即 Backspace（Ctrl + H）。当用户敲该键时,处理程序并不将刚键入的字符送入字符队列,而是从字符队列中移出其前的一个字符。

（b）删除一行键。该键用于将刚输入的一行删去。

（c）插入键。利用该键在光标处可插入一个字符或一行正文。

（d）移动光标键。在键盘上有用于对光标进行上、下、左、右移动的键。

（e）屏幕上卷或下移键等。

（5）特殊字符处理。

终端处理程序必须能对若干特殊字符进行及时处理,这些字符是:

（a）中断字符。当程序在运行中出现异常情况时,用户可通过键入中断字符的办法来中止当前程序的运行。在许多系统中是利用 Break、Delete 或 Ctrl + C 键作为中断字符。对中断字符的处理比较复杂。当终端处理程序收到用户键入的中断字符后,将向该终端上的所有进程发送一个要求进程终止的软中断信号,这些进程收到该软中断信号后,便进行自我终止。

（b）停止上卷字符。用户键入此字符后,终端处理程序应使正在上卷的屏幕暂停上卷,以便用户仔细观察屏幕内容。在有的系统中,是利用 Ctrl + S 键来停止屏幕上卷的。

（c）恢复上卷字符。有的系统利用 Ctrl + Q 键使停止上卷的屏幕恢复上卷。终端处理程序收到该字符后,便恢复屏幕的上卷功能。

上述的 Ctrl + S 与 Ctrl + Q 两字符并不被存储,而是被用去设置终端数据结构中的某个标志。每当终端试图输出时,都须先检查该标志。若该标志已被设置,便不再把字符送至屏幕。

4.命令解释程序

在所有的 OS 中，都是把命令解释程序放在 OS 的最高层，以便能直接与用户交互。该程序的主要功能是先对用户输入的命令进行解释，然后转入相应命令的处理程序去执行。在 MS - DOS 中的命令解释程序是 COMMAND.COM，在 UNIX 中是 Shell。本小节主要介绍 MS - DOS 的命令解释程序，下一节再介绍 Shell。

(1)命令解释程序的作用。

在联机操作方式下，终端处理程序把用户键入的信息送键盘缓冲区中保存。一旦用户键入回车符，便立即把控制权交给命令处理程序。显然，对于不同的命令，应有能完成特定功能的命令处理程序与之对应。可见，命令解释程序的主要作用是在屏幕上给出提示符，请用户键入命令，然后读入该命令，识别命令，再转到相应命令处理程序的入口地址，把控制权交给该处理程序去执行，并将处理结果送屏幕上显示。若用户键入的命令有错，而命令解释程序未能予以识别，或在执行中间出现问题时，则显示出某一出错信息。

(2)命令解释程序的组成。

MS - DOS 是 1981 年由 Microsoft 公司开发的、配置在微机上的 OS。随着微机的发展，MS - DOS 的版本也在不断升级，由开始时的 1.0 版本升级到 1994 年的 6.X 版本。在此期间，它已是事实上的 16 位微机 OS 的标准。我们以 MS - DOS 操作系统中的 COMMAND.COM 处理程序为例，来说明命令解释程序的组成。它包括以下三部分：

(a)常驻部分。这部分包括一些中断服务子程序。例如，正常退出中断 INT20，它用于在用户程序执行完毕后，退回操作系统；驻留退出中断 INT 27，用这种方式，退出程序可驻留在内存中；还有用于处理和显示标准错误信息的 INT 24 等。常驻部分还包括这样的程序：当用户程序终止后，它检查暂存部分是否已被用户程序覆盖，若已被覆盖，便重新将暂存部分调入内存。

(b)初始化部分。它跟随在常驻内存部分之后，在启动时获得控制权。这部分还包括对 AUTOEXEC.BAT 文件的处理程序，并决定应用程序装入的基地址。每当系统接电或重新启动后，由处理程序找到并执行 AUTOEXEC.BAT 文件。由于该文件在用完后不再被需要，因而它将被第一个由 COMMAND.COM 装入的文件所覆盖。

(c)暂存部分。这部分主要是命令解释程序，并包含了所有的内部命令处理程序、批文件处理程序，以及装入和执行外部命令的程序。它们都驻留在内存中，但用户程序可以使用并覆盖这部分内存，在用户程序结束时，常驻程序又会将它们重新从磁盘调入内存，恢复暂存部分。

(3)命令解释程序的工作流程。

系统在接通电源或复位后，初始化部分获得控制权，对整个系统完成初始化工作，并自动执行 AUTOEXEC.BAT 文件，之后便把控制权交给暂存部分。暂存部分首先读入键盘缓冲区中的命令，判别其文件名、扩展名及驱动器名是否正确。若发现有错，在给出出错信息后返回；若无错，再识别该命令。一种简单的识别命令的方法是基于一张表格，其中的每一表目都是由命令名及其处理程序的入口地址两项所组成的。如果暂存部分在该表中能找到键入的命令，且是内部命令，便可以直接从对应表项中获得该命令处理程序的入口地址，然后把控制权交给该处理程序去执行该命令。如果发现键入的命令不属于内部命令而是外部命令，则暂存部分还须为之建立命令行；再通过执行系统调用 exec 来装入该命令的处理程序，并得到其基地址；然后把控制权交给该程序去执行相应的命令。

2.6.2 系统调用接口

程序接口是 OS 专门为用户程序设置的,也是用户程序取得 OS 服务的唯一途径。程序接口通常是由各种类型的系统调用所组成的,因而也可以说系统调用提供了用户程序和操作系统之间的接口,应用程序通过系统调用实现其与 OS 的通信,并可取得它的服务。系统调用不仅可供所有的应用程序使用,而且也可供 OS 自身的其他部分,尤其是命令处理程序使用。在每个系统中,通常都有几十条甚至上百条的系统调用,并可根据其功能把它们划分成若干类。例如,有用于进程控制(类)的系统调用和用于文件管理(类)、设备管理(类)及进程通信等类的系统调用。

1. 系统调用的基本概念

通常,在 OS 的核心中都设置了一组用于实现各种系统功能的子程序(过程),并将它们提供给应用程序调用。由于这些程序或过程是 OS 系统本身程序模块中的一部分,为了保护操作系统程序不被用户程序破坏,一般都不允许用户程序访问操作系统的程序和数据,所以也不允许应用程序采用一般的过程调用方式来直接调用这些过程,而是向应用程序提供了一系列的系统调用命令,让应用程序通过系统调用去调用所需的系统过程。

(1)系统态和用户态。

在计算机系统中,通常运行着两类程序:系统程序和应用程序。为了保证系统程序不被应用程序有意或无意地破坏,为计算机设置了两种状态:系统态(也称为管态或核心态)和用户态(也称为目态)。操作系统在系统态运行,而应用程序只能在用户态运行。在实际运行过程中,处理机会在系统态和用户态间切换。相应地,现代多数操作系统将 CPU 的指令集分为特权指令和非特权指令两类。

(a)特权指令。特权指令是在系统态时运行的指令,是关系到系统全局的指令。其对内存空间的访问范围基本不受限制,不仅能访问用户存储空间,也能访问系统存储空间,如启动各种外部设备、设置系统时钟时间、关中断处理器、清主存、修改存储器管理寄存器、执行停机指令、转换执行状态等。特权指令只允许操作系统使用,不允许应用程序使用,否则会引起系统混乱。

(b)非特权指令。非特权指令是在用户态时运行的指令。一般应用程序所使用的都是非特权指令,它只能完成一般性的操作和任务,不能对系统中的硬件和软件直接进行访问,其对内存的访问范围也局限于用户空间。这样,可以防止应用程序的运行异常对系统造成的破坏。

这种限制是由硬件实现的,如果在应用程序中使用了特权指令,就会发出权限出错信号,操作系统捕获到这个信号后,将转入相应的错误处理程序,并将停止该应用程序的运行,重新调度。

(2)系统调用。

如上所述,一方面由于系统提供了保护机制,防止应用程序直接调用操作系统的过程,从而避免了系统的不安全性。但另一方面,应用程序又必须取得操作系统所提供的服务,否则,应用程序几乎无法做任何有价值的事情,甚至无法运行。为此,在操作系统中提供了系统调用,使应用程序可以通过系统调用的方法,间接调用操作系统的相关过程,取得相应的服务。

当应用程序中需要操作系统提供服务时,如请求 I/O 资源或执行 I/O 操作,应用程序必须使用系统调用命令。由操作系统捕获到该命令后，便将 CPU 的状态从用户态转换到系统态，然后执行操作系统中相应的子程序（例程），完成所需的功能。执行完成后，系统又将 CPU 状态从系统态转换到用户态，再继续执行应用程序。

可见，系统调用在本质上是应用程序请求 OS 内核完成某功能时的一种过程调用，但它是一种特殊的过程调用，它与一般的过程调用有下述几方面的明显差别：

（a）运行在不同的系统状态。一般的过程调用，其调用程序和被调用程序都运行在相同的状态——系统态或用户态；而系统调用与一般调用的最大区别就在于：调用程序是运行在用户态，而被调用程序是运行在系统态。

（b）状态的转换通过软中断进入。由于一般的过程调用并不涉及系统状态的转换，可直接由调用过程转向被调用过程。但在运行系统调用时，由于调用和被调用过程是工作在不同的系统状态，因而不允许由调用过程直接转向被调用过程。通常都是通过软中断机制，先由用户态转换为系统态，经核心分析后，才能转向相应的系统调用处理子程序。

（c）返回问题。在采用了抢占式（剥夺）调度方式的系统中，在被调用过程执行完后，要对系统中所有要求运行的进程做优先权分析。当调用进程仍具有最高优先级时，才返回到调用进程继续执行；否则，将引起重新调度，以便让优先权最高的进程优先执行。此时，将把调用进程放入就绪队列。

（d）嵌套调用。像一般过程一样，系统调用也可以嵌套进行，即在一个被调用过程的执行期间，还可以利用系统调用命令去调用另一个系统调用。当然，每个系统对嵌套调用的深度都有一定的限制，例如最大深度为 6，但一般的过程对嵌套的深度则没有什么限制。

我们可以通过一个简单的例子来说明在用户程序中是如何使用系统调用的。例如，要写一个简单的程序，用于从一个文件中读出数据，再将该数据拷贝到另一文件中。为此，首先须输入该程序的输入文件名和输出文件名。文件名可用多种方式指定，一种方式是由程序询问用户两个文件的名字。在交互式系统中，该方式要使用一系列的系统调用，先在屏幕上打印出一系列的提示信息，然后从键盘终端读入定义两个文件名的字符串。

一旦获得两个文件名后，程序又必须利用系统调用 open 去打开输入文件，并用系统调用 creat 去创建指定的输出文件；在执行 open 系统调用时，又可能发生错误。例如，程序试图去打开一个不存在的文件；或者，该文件虽然存在，但并不允许被访问。此时，程序又须利用一系列系统调用去显示出错信息，继而再利用一系统调用去实现程序的异常终止。类似地，在执行系统调用 creat 时，同样可能出现错误。例如，系统中早已有了与输出文件同名的另一文件，这时又须利用一系统调用来结束程序；或者利用一系统调用来删除已存在的那个同名文件，然后，再利用 creat 来创建输出文件。

在打开输入文件和创建输出文件都获得成功后，还须利用申请内存的系统调用 alloc，根据文件的大小申请一个缓冲区。成功后，再利用 read 系统调用，从输入文件中把数据读到缓冲区内，读完后，又用系统调用 close 去关闭输入文件。然后再利用 write 系统调用，把缓冲区内的数据写到输出文件中。在读或写操作中，也都可能需要回送各种出错信息。比如，在输入时可能发现已到达文件末尾（指定的字符数尚未读够）；在读过程中可能发现硬件故障（如奇、偶错）；在写操作中可能遇见各种与输出设备类型有关的错误，比如，已无磁盘空间、打印机缺纸等。在将整个文件拷贝完后，程序又须调用 close 去关闭输出文件，并向控制台写出一消息以指示拷贝完毕。最后，再利用一系统调用 exit 使程序正常结束。由上所述可见，一个用户程序将频繁地利用各种系统调用以取得 OS 所提供的多种服务。

（3）中断机制。

系统调用是通过中断机制实现的，并且一个操作系统的所有系统调用都通过同一个中断入口来实现。如 MS－DOS 提供了 INT 21H，应用程序通过该中断获取操作系统的服务。

对于拥有保护机制的操作系统来说，中断机制本身也是受保护的，在 IBM PC 上，Intel 提供了多达 255 个中断号，但只有授权给应用程序保护等级的中断号，才是可以被应用程序调用的。对于未被授权的中断号，如果应用程序进行调用，同样会引起保护异常，而导致自己被操作系统停止。如 Linux 仅仅给应用程序授权了 4 个中断号：3、4、5，以及 80h，前三个中断号是提供给应用程序调试所使用的，而 80h 正是系统调用（System Call）的中断号。

2. 系统调用的类型

通常，一个 OS 所具有的许多功能，可以从其所提供的系统调用上表现出来。显然，由于各 OS 的性质不同，在不同的 OS 中所提供的系统调用之间也会有一定的差异。对于一般通用的 OS 而言，可将其所提供的系统调用分为：进程控制、文件操纵、通信管理和系统维护等几大类。

（1）进程控制类系统调用。

这类系统调用主要用于对进程的控制，如创建一个新的进程和终止一个进程的运行，获得和设置进程属性等。

（a）创建和终止进程的系统调用。在多道程序环境下，为使多道程序能并发执行，必须先利用创建进程的系统调用来为欲参加并发执行的各程序分别创建一个进程。当进程已经执行结束时，或因发生异常情况而不能继续执行时，可利用终止进程的系统调用来结束该进程的运行。

（b）获得和设置进程属性的系统调用。当我们创建了一个（些）新进程后，为了能控制它（们）的运行，应当能了解、确定和重新设置它（们）的属性。这些属性包括：进程标识符、进程优先级、最大允许执行时间等。此时，我们可利用获得进程属性的系统调用来了解某进程的属性，利用设置进程属性的系统调用来确定和重新设置进程的属性。

（c）等待某事件出现的系统调用。进程在运行过程中，有时需要等待某事件（条件）出现后方可继续执行。例如，一进程在创建了一个（些）新进程后，需要等待它（们）运行结束后，才能继续执行，此时可利用等待子进程结束的系统调用进行等待；又如，在客户/服务器模式中，若无任何客户向服务器发出消息，则服务器接收进程便无事可做，此时该进程就可利用等待（事件）的系统调用，使自己处于等待状态，一旦有客户发来消息，接收进程便被唤醒，进行消息接收的处理。

（2）文件操纵类系统调用。

对文件进行操纵的系统调用数量较多，有创建文件、删除文件、打开文件、关闭文件、读文件、写文件、建立目录、移动文件的读/写指针、改变文件的属性等。

（a）创建和删除文件。当用户需要在系统中存放程序或数据时，可利用创建文件的系统调用 creat，由系统根据用户提供的文件名和存取方式来创建一个新文件；当用户已不再需要某文件时，可利用删除文件的系统调用 unlink 将指名文件删除。

（b）打开和关闭文件。用户在第一次访问某个文件之前，应先利用打开文件的系统调用 open，将指名文件打开，即系统将在用户（程序）与该文件之间建立一条快捷通路。在文件被打开后，系统将给用户返回一个该文件的句柄或描述符；当用户不再访问某文件时，又可利用关闭文件的系统调用 close，将此文件关闭，即断开该用户程序与该文件之间的快捷通路。

（c）读和写文件。用户可利用读系统调用 read,从已打开的文件中读出给定数目的字符,并送至指定的缓冲区中;同样,用户也可利用写系统调用 write,从指定的缓冲区中将给定数目的字符写入指定文件中。read 和 write 两个系统调用是文件操纵类系统调用中使用最频繁的。

（3）进程通信类系统调用。

在 OS 中经常采用两种进程通信方式,即消息传递方式和共享存储区方式。当系统中采用消息传递方式时,在通信前必须先打开一个连接。为此,应由源进程发出一条打开连接的系统调用 Open Connection,而目标进程则应利用接受连接的系统调用 Accept Connection 表示同意进行通信;然后,在源和目标进程之间便可开始通信。可以利用发送消息的系统调用 Send Message 或者用接收消息的系统调用 Receive Message 来交换信息。通信结束后,还须再利用关闭连接的系统调用 Close Connection 结束通信。

用户在利用共享存储区进行通信之前,须先利用建立共享存储区的系统调用来建立一个共享存储区,再利用建立连接的系统调用将该共享存储区连接到进程自身的虚地址空间上,然后便可利用读和写共享存储区的系统调用实现相互通信。

除上述的三类外,常用的系统调用还包括设备管理类系统调用和信息维护类系统调用,前者主要用于实现申请设备、释放设备、设备 I/O 和重定向、获得和设置设备属性、逻辑上连接和释放设备等功能,后者主要用来获得包括有关系统和文件的时间、日期信息、操作系统版本、当前用户以及有关空闲内存和磁盘空间大小等多方面的信息。

3. POSIX 标准

目前许多操作系统都提供了上面所介绍的各种类型的系统调用,实现的功能也类似,但在实现的细节和形式方面却相差很大,这种差异给实现应用程序与操作系统平台的无关性带来了很大的困难。为解决这一问题,国际标准化组织 ISO 给出了有关系统调用的国际标准 POSIX 1003.1（Portable Operating System IX）,也称为“基于 UNIX 的可移植操作系统接口”。

POSIX 定义了标准应用程序接口（API）,用于保证编制的应用程序可以在源代码一级上在多种操作系统上移植运行。只有符合这一标准的应用程序,才有可能完全兼容多种操作系统,即在多种操作系统下都能够运行。

POSIX 标准定义了一组过程,这组过程是构造系统调用所必需的。通过调用这些过程所提供的服务,确定了一系列系统调用的功能。一般而言,在 POSIX 标准中,大多数的系统调用是一个系统调用直接映射一个过程,但也有一个系统调用对应若干个过程的情形,如一个系统调用所需要的过程是其他系统调用的组合或变形时,则往往会对应多个过程。

需要明确的是,POSIX 标准所定义的一组过程虽然指定了系统调用的功能,但并没有明确规定系统调用是以什么形式实现的,是库函数还是其他形式。如早期操作系统的系统调用使用汇编语言编写,这时的系统调用可看成是扩展的机器指令,因而能在汇编语言编程中直接使用。而在一些高级语言或 C 语言中,尤其是最新推出的一些操作系统,如 UNIX 新版本、Linux、Windows 和 OS/2 等,其系统调用干脆用 C 语言编写,并以库函数形式提供,所以在用 C 语言编制的应用程序中,可直接通过使用对应的库函数来使用系统调用,库函数的目的是隐藏访管指令的细节,使系统调用更像过程调用。但一般地说,库函数属于用户程序而非系统调用程序。

4. 系统调用的实现

系统调用的实现与一般过程调用的实现相比,两者间有很大差异。对于系统调用,控制是由原来的用户态转换为系统态,这是借助于中断和陷入机制来完成的,在该机制中包括中断和陷入硬件机构及中断与陷入处理程序两部分。当应用程序使用 OS 的系统调用时,产生一条相应的指令,CPU 在执行这条指令时发生中断,并将有关信号送给中断和陷入硬件机构,该机构收到信号后,启动相关的中断与陷入处理程序进行处理,实现该系统调用所需要的功能。

(1)中断和陷入硬件机构。

(a)中断和陷入的概念。中断是指 CPU 对系统发生某事件时的这样一种响应:CPU 暂停正在执行的程序,在保留现场后自动地转去执行该事件的中断处理程序;执行完后,再返回到原程序的断点处继续执行。还可进一步把中断分为外中断和内中断。所谓外中断,是指由于外部设备事件所引起的中断,如通常的磁盘中断、打印机中断等;而内中断则是指由于 CPU 内部事件所引起的中断,如程序出错(非法指令、地址越界)、电源故障等。内中断(Trap)也被译为"捕获"或"陷入"。通常,陷入是由于执行了现行指令所引起的;而中断则是由于系统中某事件引起的,该事件与现行指令无关。由于系统调用引起的中断属于内中断,因此把由于系统调用引起中断的指令称为陷入指令。

(b)中断和陷入向量。为了处理上的方便,通常都是针对不同的设备编制不同的中断处理程序,并把该程序的入口地址放在某特定的内存单元中。此外,不同的设备也对应着不同的处理机状态字 PSW,且把它放在与中断处理程序入口指针相邻接的特定单元中。在进行中断处理时,只要有了这样两个字,便可转入相应设备的中断处理程序,重新装配处理机的状态字和优先级,进行对该设备的处理。因此,我们把这两个字称为中断向量。相应地,把存放这两个字的单元称为中断向量单元。类似地,对于陷入,也有陷入向量,不同的系统调用对应不同的陷入向量,在进行陷入处理时,根据陷入指令中的陷入向量,转入实现相应的系统调用功能的子程序,即陷入处理程序。

(2)系统调用号和参数的设置。

往往在一个系统中设置了许多条系统调用,并赋予每条系统调用一个唯一的系统调用号。在系统调用命令(陷入指令)中把相应的系统调用号传递给中断和陷入机制的方法有很多种,在有的系统中,直接把系统调用号放在系统调用命令(陷入指令)中;如 IBM 370 和早期的 UNIX 系统,是把系统调用命令的低 8 位用于存放系统调用号;在另一些系统中,则将系统调用号装入某指定寄存器或内存单元中,如 MS－DOS 是将系统调用号放在 AH 寄存器中,Linux 则是利用 EAX 寄存器来存放应用程序传递的系统调用号。

每一条系统调用都含有若干个参数,在执行系统调用时,如何设置系统调用所需的参数,即如何将这些参数传递给陷入处理机构和系统内部的子程序(过程),常用的实现方式有以下几种:

(a)陷入指令自带方式。陷入指令除了携带一个系统调用号外,还要自带几个参数进入系统内部,由于一条陷入指令的长度是有限的,因此自带的只能是少量的、有限的参数。

(b)直接将参数送入相应的寄存器中。MS－DOS 便是采用的这种方式,即用 MOV 指令将各个参数送入相应的寄存器中。系统程序和应用程序显然应是都可以访问这种寄存器的。这种方式的主要问题是这种寄存器数量有限,因而限制了所设置参数的数目。

(c)参数表方式。将系统调用所需的参数放入一张参数表中,再将指向该参数表的指针放在某个指定的寄存器中。当前大多数的 OS 中,如 UNIX 系统和 Linux 系统便是采用了这种方式。在直接参数方式中,所有的参数值和参数的个数 N 都放入一张参数表中;而在间接参数方式中,则在参数表中仅存放参数个数和指向真正参数数据表的指针。

(3)系统调用的处理步骤。

在设置了系统调用号和参数后,便可执行一条系统调用命令。不同的系统可采用不同的执行方式。在 UNIX 系统中,是执行 CHMK 命令;而在 MS – DOS 中则是执行 INT 21 软中断。

系统调用的处理过程可分成以下三步:

①将处理机状态由用户态转为系统态;之后,由硬件和内核程序进行系统调用的一般性处理,即首先保护被中断进程的 CPU 环境,将处理机状态字 PSW、程序计数器 PC、系统调用号、用户栈指针以及通用寄存器内容等,压入堆栈;最后,将用户定义的参数传送到指定的地址保存起来。

②分析系统调用类型,转入相应的系统调用处理子程序。为使不同的系统调用能方便地转向相应的系统调用处理子程序,在系统中配置了一张系统调用入口表。表中的每个表目都对应一条系统调用,其中包含该系统调用自带参数的数目、系统调用处理子程序的入口地址等。因此,核心可利用系统调用号去查找该表,即可找到相应处理子程序的入口地址而转去执行它。

③在系统调用处理子程序执行完后,应恢复被中断的或设置新进程的 CPU 现场,然后返回被中断进程或新进程,继续往下执行。

(4)系统调用处理子程序的处理过程。

系统调用的功能主要是由系统调用子程序来完成的。对于不同的系统调用,其处理程序将执行不同的功能,我们以一条在文件操纵中常用的 Creat 命令为例来说明。

进入 Creat 的处理子程序后,核心将根据用户给定的文件路径名 Path,利用目录检索过程去查找指定文件的目录项。查找目录的方式可以用顺序查找法,也可用 Hash 查找法。如果在文件目录中找到了指定文件的目录项,表示用户要利用一个已有文件来建立一个新文件。但如果在该已有(存)文件的属性中有不允许写属性,或者创建者不具有对该文件进行修改的权限,便认为是出错而做出错处理;若不存在访问权限问题,便将已存文件的数据盘块释放掉,准备写入新的数据文件。如未找到指名文件,则表示要创建一个新文件,核心便从其目录文件中找出一个空目录项,并初始化该目录项,包括填写文件名、文件属性、文件建立日期等,然后将新建文件打开。

2.7 UNIX 系统接口

2.7.1 UNIX 系统调用

之前,对系统调用做了一般性的描述。为使读者能对系统调用有较具体的了解,在本节中将对 UNIX 系统中的系统调用做扼要的阐述。

1. UNIX 系统调用的类型

在 UNIX 系统最早的版本中,提供了 56 条系统调用;后来,随着版本的不断更新,其所提供的系统调用也不断增加,其数量已增至数百条,其中较常用的系统调用有 30 多条。根据其功能的不同,我们同样可将它们分为进程控制、文件操纵、进程间通信和信息维护等几大类。

(1)进程控制。

该类系统调用包括:创建进程的系统调用 fork、终止进程的系统调用 exit、等待子进程结束的系统调用 wait 等十多条。

①创建进程(fork)。一个进程可以利用 fork 系统调用来创建一个新进程。新进程是作为调用者的子进程,它继承了其父进程的环境、已打开的所有文件、根目录和当前目录等,即它继承了父进程几乎所有的属性,并具有与其父进程基本上相同的进程映像。

②终止进程(exit)。一个进程可以利用 exit 实现自我终止。通常,在父进程创建子进程时,便在子进程的末尾安排一条 exit 系统调用。这样,子进程在完成规定的任务后,便可进行自我终止。子进程终止后,留下一记账信息 status,其中包含了子进程运行时记录下来的各种统计信息。

③等待子进程结束(wait)。wait 用于将调用者进程自身挂起,直至它的某一子进程终止为止。这样,父进程可以利用 wait 使自身的执行与子进程的终止同步。

④执行一个文件(exec)。exec 可使调用者进程的进程映像(包括用户程序和数据等)被一个可执行的文件覆盖,此即改变调用者进程的进程映像。该系统调用是 UNIX 系统中最复杂的系统调用之一。

⑤获得进程 ID。UNIX 系统提供了一组用于获得进程标识符的系统调用,比如,可利用 getpid 系统调用来获得调用进程的标识符,利用 getpgrp 系统调用来获得调用进程的进程组 ID,以及利用 getppid 系统调用来获得调用进程的父进程 ID 等。

⑥获得用户 ID。UNIX 系统提供了一组用于获得用户 ID 的系统调用,如 getuid 可用于获得真正的用户 ID,geteuid 用于获得有效用户 ID,getgid 用于获得真正用户组 ID 等。

⑦进程暂停(pause)。可用此系统调用将调用进程挂起,直至它收到一个信号为止。

(2)文件操纵。

用于对文件进行操纵的系统调用是数量最多的一类系统调用,其中包括创建文件、打开文件、关闭文件、读文件及写文件等二十多条。

①创建文件(creat)。系统调用 creat 的功能是根据用户提供的文件名和许可权方式来创建一个新文件或重写一个已存文件。如果系统中不存在指名文件,核心便以给定的文件名和许可权方式来创建一个新文件;如果系统中已有同名文件,核心便释放其已有的数据块。创建后的文件随即被打开,并返回其文件描述符 fd。若 creat 执行失败,便返回"-1"。

②打开文件(open)。设置系统调用 open 的目的,是方便用户及简化系统的处理。open 的功能是把有关的文件属性从磁盘拷贝到内存中,以及在用户和指名文件之间建立一条快捷的通路,并给用户返回一个文件描述符 fd。文件被打开后,用户对文件的任何操作都只需使用 fd 而非路径名。

③关闭文件(close)。当把一个文件用毕且暂不访问时,可调用 close 将文件关闭,即断开用户程序与该文件之间已经建立的快捷通路。在 UNIX 系统中,由于允许一个文件被多个进程所共享,故只有在无其他任何进程需要此文件时,或者说,在对其索引结点中的访问计数 i - count 执行减 1 操作后其值为 0,表示已无进程再访问该文件时,才能真正关闭该文件。

④读和写文件(read 和 write)。仅当用户利用 open 打开指定文件后,方可调用 read 或

write 对文件执行读或写操作。两个系统调用都要求用户提供三个输入参数:(a)文件描述符 fd。(b)buf 缓冲区首址。对读而言,这是用户所要求的信息传送的目标地址;对写而言,这则是信息传送的源地址。(c)用户要求传送的字节数 n byte。

系统调用 read 的功能是试图从 fd 所指示的文件中去读入 n byte 个字节的数据,并将它们送至由指针 buf 所指示的缓冲区中;系统调用 write 是试图把 n byte 个字节数据,从指针 buf 所指示的缓冲区中写到由 fd 所指向的文件中。

⑤连接和去连接(link 和 unlink)。为了实现文件共享,必须记住所有共享该文件的用户数目。为此,在该文件的索引结点中设置了一个连接计数 i.link。每当有一用户要共享某文件时,须利用系统调用 link 来建立该用户(进程)与此文件之间的连接,并对 i.link 做加 1 操作。当用户不再使用此文件时,应利用系统调用 unlink 去断开此连接,亦即做 i.link 的减 1 操作。当 i.link 减 1 后结果为 0 时,表示已无用户需要此文件,此时才能将该文件从文件系统中删除。故在 UNIX 系统中并无一条删除文件的系统调用。

(3)进程间的通信。

为了实现进程间的通信,在 UNIX 系统中提供了一个用于进程间通信的软件包,简称 IPC。它由消息机制、共享存储器机制和信号量机制三部分组成。在每一种通信机制中,都提供了相应的系统调用供用户程序进行进程间的同步与通信之用。

①消息机制。用户(进程)在利用消息机制进行通信时,必须先利用 msgget 系统调用来建立一个消息队列。若成功,便返回消息队列描述符 msgid,以后用户便可利用 msgid 去访问该消息队列。用户(进程)可利用发送消息的系统调用 msgsend 向用户指定的消息队列发送消息;利用 msgrcv 系统调用从指定的消息队列中接收指定类型的消息。

②共享存储器机制。当用户(进程)要利用共享存储器机制进行通信时,必须先利用 shmget 系统调用来建立一个共享存储区,若成功,便返回该共享存储区描述符 shmid。以后,用户便可利用 shmid 去访问该共享存储区。进程在建立了共享存储区之后,还必须再利用 shmat 将该共享存储区连接到本进程的虚地址空间上。以后,在进程之间便可利用该共享存储区进行通信。当进程不再需要该共享存储区时,可利用 shmdt 系统调用来拆除进程与共享存储区间的连接。

③信号量机制。在 UNIX 系统中所采用的信号量机制,与第二章中所介绍的一般信号量集机制相似,允许将一组信号量形成一个信号量集,并对这组信号量施以原子操作。

(4)信息维护。

在 UNIX 系统中,设置了许多条用于系统维护的系统调用。

①设置和获得时间。超级用户可利用设置时间的系统调用(stime),来设置系统的日期和时间。如果调用进程并非超级用户,则 stime 失败。一般用户可利用获得时间的系统调用 time 来获得当前的日期和时间。

②获得进程和子进程时间(times)。利用该系统调用可获得进程及其子进程所使用的 CPU 时间,其中包括调用进程在用户空间执行指令所花费的时间,系统为调用进程所花费的 CPU 时间、子进程在用户空间所用的 CPU 时间、系统为各子进程所花费的 CPU 时间等,并可将这些时间填写到一个指定的缓冲区。

③设置文件访问和修改时间(utime)。该系统调用用于设置指名文件被访问和修改的时间。如果该系统调用的参数 times 为 NULL 时,文件主和对该文件具有写权限的用户,可将对该文件的访问和修改时间设置为当前时间;如果 times 不为 NULL,则把 times 解释为指

向 utim buf 结构的指针,此时,文件主和超级用户能将访问时间和修改时间置入 utim buf 结构中。

④获得当前 UNIX 系统的名称(uname)。利用该系统调用可将有关 UNIX 系统的信息存储在 utsname 结构中。这些信息包括 UNIX 系统名称的字符串、系统在网络中的名称、硬件的标准名称等。

2. 被中断进程的环境保护

在 UNIX 系统 V 的内核程序中,有一个 trap. S 文件,它是中断和陷入总控程序。该程序用于中断和陷入的一般性处理。为提高运行效率,该文件采用汇编语言编写。由于在 trap. S 中包含了绝大部分的中断和陷入向量的入口地址,因此,每当系统发生了中断和陷入情况时,通常都是先进入 trap. S 程序。

(1)CPU 环境保护。

当用户程序处在用户态,且在执行系统调用命令(即 CHMK 命令)之前,应在用户空间提供系统调用所需的参数表,并将该参数表的地址送入 R0 寄存器。在执行 CHMK 命令后,处理机将由用户态转为核心态,并由硬件自动地将处理机状态长字(PSL)、程序计数器(PC)和代码操作数(code)压入用户核心栈,继而从中断和陷入向量表中取出 trap. S 的入口地址,然后便转入中断和陷入总控程序 trap. S 中执行。

trap. S 程序执行后,继续将陷入类型 type 和用户栈指针 usp 压入用户核心栈,接着还要将被中断进程的 CPU 环境中的一系列寄存器如 R0 ~ R11 的部分或全部内容压入栈中。至于哪些寄存器的内容要压入栈中,这取决于特定寄存器中的屏蔽码,该屏蔽码的每一位都与 R0 ~ R11 中的一个寄存器相对应。当某一位置成 1 时,表示对应寄存器的内容应压入栈中。

(2)AP 和 FP 指针。

为了实现系统调用的嵌套使用,在系统中还设置了两个指针,其一是系统调用参数表指针 AP,用于指示正在执行的系统调用所需参数表的地址,通常是把该地址放在某个寄存器中,例如放在 R12 中;再者,还须设置一个调用栈帧指针。所谓调用栈帧(简称栈帧),是指每个系统调用需要保存而被压入用户核心栈的所有数据项;而栈帧指针 FP,则是用于指示本次系统调用所保存的数据项。每当出现新的系统调用时,还须将 AP 和 FP 压入栈中。

当 trap. S 完成被中断进程的 CPU 环境和 AP 及 FP 指针的保存后,将会调用由 C 语言书写的公共处理程序 trap. C,以继续处理本次的系统调用所要完成的公共处理部分。

3. 系统调用陷入后需处理的公共问题

trap. C 程序是一个处理各种陷入情况的 C 语言文件,共有 12 种陷入的处理要调用 trap. C 程序(如因系统调用、进程调度中断、跟踪自陷非法指令、访问违章、算术自陷等)用于处理在中断和陷入发生后需要处理的若干公共问题。如果因为系统调用而进入 trap. C,它所要进行的处理将包括:确定系统调用号、实现参数传送、转入相应的系统调用处理子程序。在由系统调用处理子程序返回到 trap. C 后,重新计算进程的优先级,对收到的信号进行处理等。

(1)确定系统调用号。

由上所述得知,在中断和陷入发生后,是先经硬件陷入机构予以处理,再进入 trap. S,然后再调用 trap. C 继续处理。其调用形式为:

trap(usp,type,code,PC,PSL)

其中,参数 PSL 为陷入时处理机状态字长,PC 为程序计数器,code 为代码操作数,type 为陷入类型号,usp 为用户栈指针。

对陷入的处理可分为多种情况,如果陷入是由于系统调用所引起的,则对此陷入的第一步处理,便是确定系统调用号。通常,系统调用号是包含在代码操作数中,故可利用 code 来确定系统调用号 i。其方法是令

i = code & 0377

若 0 < i < 64,此 i 便是系统调用号,可根据系统调用号 i 和系统调用定义表,转向相应的处理子程序。若 i = 0,则表示系统调用号并未包含在代码操作数中,此时应采用间接参数方式,利用间接参数指针来找到系统调用号。

(2)参数传送。

这是对因系统调用引起陷入的第二步处理。参数传送是指由 trap.C 程序将系统调用参数表中的内容,从用户区传送到 User 结构的 U.U-arg 中,供系统调用处理程序使用。由于用户程序在执行系统调用命令之前,已将参数表的首址放入 R0 寄存器中,在进入 trap.C 程序后,该程序便将该首址赋予 U.U-arg 指针,因此,trap.C 在处理参数传送时,可读取该指针的内容,以获得用户所提供的参数表,并将之送至 U.U-arg 中。应当注意,对于不同的系统调用,所需传送参数的个数并不相同,trap.C 程序应根据在系统调用定义表中所规定的参数个数来进行传送,最多允许 10 个参数。

(3)利用系统调用定义表转入相应的处理子程序。

在 UNIX 系统中,对于不同(编号)的系统调用,都设置了与之相应的处理子程序。为使不同的系统调用能方便地转入其相应的处理子程序,也将各处理子程序的入口地址放入了系统调用定义表即 Sysent[ ] 中。该表实际上是一个结构数组,在每个结构中包含三个元素,其中第一个元素是相应系统调用所需参数的个数;第二个元素是系统调用经寄存器传送的参数个数;第三个元素是相应系统调用处理子程序的入口地址。在系统中设置了该表之后,便可根据系统调用号 i 从系统调用定义表中找出相应的表目,再按照表目中的入口地址转入相应的处理子程序,由该程序去完成相应系统调用的特定功能。在该子程序执行完后,仍返回到中断和陷入总控程序中的 trap.C 程序中,去完成返回到断点前的公共处理部分。

(4)系统调用返回前的公共处理。

在 UNIX 系统中,进程调度的主要依据是进程的动态优先级。随着进程执行时间的加长,其优先级将逐步降低。每当执行了系统调用命令,并由系统调用处理子程序返回到 trap.C 后,都将重新计算该进程的优先级。另外,在系统调用执行过程中,若发生了错误使进程无法继续运行,系统会设置再调度标志。处理子程序在计算了进程的优先级后,便去检查该再调度标志是否又被设置。若已设置,便调用 switch 调度程序,再去从所有的就绪进程中选择优先级最高的进程,把处理机让给该进程去运行。

UNIX 系统规定,当进程的运行是处于系统态时,即使再有其他进程又发来了信号,也不予理睬;仅当进程已从系统态返回到用户态时,内核才检查该进程是否已收到了由其他进程发来的信号。若有信号,便立即按该信号的规定执行相应的动作。在从信号处理程序返回后,还将执行一条返回指令 RET,该指令将把已被压入用户核心栈中的所有数据(如 PSL、PC、FP 及 AP 等)都退还到相应的寄存器中,这样,控制就将从系统调用返回到被中断进程,后者继续执行下去。

2.7.2 Shell 命令

UNIX 的 Shell 作为操作系统的最外层,也称为外壳。它可以作为命令语言,为用户提供使用操作系统的接口,用户利用该接口与机器交互。Shell 也是一种程序设计语言,用户可利用多条 Shell 命令构成一个文件,或称为 Shell 过程。Shell 还包括了 Shell 命令解释程序,用于对从标准输入或文件中读入的命令进行解释执行。由于篇幅所限,本节主要对 Shell 命令语言进行详细的介绍,关于 Shell 过程和 Shell 命令解释程序可参考其他书籍。

1. 简单命令

所谓简单命令,实际上是一个能完成某种功能的目标程序的名字。UNIX 系统规定的命令由小写字母构成(仅前 8 个字母有效)。命令可带有参数表,用于给出执行命令时的附加信息。命令名与参数表之间还可使用一种称为选项的自变量,用破折号开始,后跟一个或多个字母、数字。选项是对命令的正常操作加以修改,一条命令可有多个选项,命令的格式如下:

$ Command – option argument list

例如:

$ LS file1 file2 ✓

这是一条不带选项的列目录命令, $ 是系统提示符。该命令用于列出 file1 和 file2 两个目录文件中所包含的目录项,并隐含地指出按英文字母顺序列表。若给出 – tr 选项,该命令可表示成:

$ LS – tr file1 file 2 ✓

其中,选项 t 和 r 分别表示按最近修改次序及按反字母顺序列表。通常,命令名与该程序的功能紧密相关,以便于记忆。命令参数可多可少,也可缺省。

例如:

$ LS ✓

表示自动以当前工作目录为缺省参数,打印出当前工作目录所包含的目录项。简单命令的格式比较自由,包括命令名字符的个数及用于分隔命令名、选项、各参数间的空格数等。简单命令的数量易于扩充。系统管理员与用户自行定义的命令,其执行方式与系统标准命令的执行方式相同。除少数标准命令作为内部命令常驻内存外,其余命令均存于盘上,以节省内存空间。下面按其功能的不同,将它们分成五大类加以简单介绍。

(1)进入与退出系统。

(a)进入系统(也称为注册)。事先,用户须与系统管理员商定一个唯一的用户名。管理员用该名字在系统文件树上,为用户建立一个子目录树的根结点。当用户打开自己的终端时,屏幕上会出现"Login:"提示,这时用户便可键入自己的注册名,并用回车符结束。然后,系统又询问用户口令,用户可用回车符或事先约定的口令键入。这两步均须正确通过检查,才能出现系统提示符(随系统而异),以提示用户自己已通过检查,可以使用系统。若任一步骤有错,系统均通过提示要求用户重新键入。

(b)退出系统。每当用户用完系统后,应向系统报告自己不再往系统装入任何处理要求。系统得知后,便马上为用户记账,清除用户的使用环境。若用户使用系统是免费的,退出操作仅仅是一种礼貌。如果用户使用的是多终端中的一个终端,为了退出,用户只需按下 Control – D 键即可,系统会重新给出提示符即 Login,以表明该终端可供另一新用户使用。

用户的进入与退出过程,实际上是由系统直接调用 Login 及 Logout 程序完成的。

(2)文件操作命令。

(a)显示文件内容命令 cat。如果用户想了解自己在当前目录中的某个或某几个指定文件的内容时,便可使用下述格式的 cat 命令:

$ cat filename1 filename2 ↙

执行上述命令后,将按参数指定的顺序,依次把所列名字的文件内容送屏幕显示。若键入文件名有错,或该文件不在当前目录下,则该命令执行结果将显示指定文件不能打开的信息。

(b)复制文件副本的命令 cp。其格式为

cp source target

该命令用于对已存在的文件 source 建立一个名为 target 的副本。

(c)对已有文件改名的命令 mv。其格式为

mv oldname newname

该命令用于把原来的老名字改成指定的新名字。

(d)撤销文件的命令 rm。它给出一个参数表,是要撤销的文件名清单。

(e)确定文件类型的命令 file。该命令带有一个参数表,用于给出想了解其(文件)类型的文件名清单。命令执行的结果将在屏幕上显示出各个文件的类型。

(3)目录操作命令。

(a)建立目录的命令 mkdir(简称 md)。当用户要创建或保存较多的文件时,应该以自己的注册名作为根结点,建立一棵子目录树,子树中的各结点(除树叶外)都是目录文件。可用 md 命令来构建一个目录,参数是新创建目录的名字。但应注意该命令的使用,必须在其父目录中有写许可时,才允许为其创建子目录。

(b)撤销目录的命令 rmdir(简称 rd)。它实际上是 rm 命令的一个特例,用于删除一个或多个指定的下级空目录。若目录下仍有文件,该命令将被认为是一个错误操作,这样可以防止因不慎而消除一个想保留的文件。命令的参数表用于给出要撤销的目录文件清单。

(c)改变工作目录的命令 cd。不带参数的 cd 命令将使用户从任何其他目录回到自己的注册目录上;若用全路径名作为参数,cd 命令将使用户来到由该路径名确定的结点上;若用当前目录的子目录名作参数,将把用户移到当前目录指定的下一级目录上(即用其下一级目录作为新的当前目录);用“.”号或“＊”号将使当前目录上移一级,即移到其父结点上。

(d)改变对文件的存取方式的命令 chmod。其格式为

chmod op – code permission filename

其中,用于指明访问者的身份,可以是用户自己、用户组、所有其他用户及全部,分别用 u、g、o 和 a 表示;op – code 是操作码,分别用 +、– 及 = 表示增加、消除及赋予访问者以某种权利;而 permission 则是分别用 r、w 及 x 表示读、写及执行许可。例如,命令 chmod go – w temp 表示消除用户组及所有其他用户对文件 temp 的写许可。

(4)系统询问命令。

(a)访问当前日期和时间命令 date。例如,用命令

$ date ↙

屏幕上将给出当前的日期和时间,如为

Wed Ang 14 09:27:20 PDT 1991

表示当前日期是 1991 年 9 月 14 日,星期三,还有时间信息。若在命令名后给出参数,则 date 程序把参数作为重置系统时钟的时间。

(b)询问系统当前用户的命令 who。who 命令可列出当前每一个处在系统中的用户的注册名、终端名和注册进入时间,并按终端标志的字母顺序排序。例如,报告有下列三用户:

Veronica bxo66 Aug 27 13:28

Rathomas dz24 Aug 28 07:42

Jlyates tty5 Aug 28 07:39

用户可用 who 命令了解系统的当前负荷情况;也可在与其他用户通信之前,用此命令去核实一下当前进入系统的用户及其所使用终端名和所用的正确的注册名。例如,用户在使用系统的过程中,有时会发现在打入一个请求后,系统响应很慢,这时用户可用"who|we－L"命令,使系统打印出当前的用户数目而不显示系统用户名等的完整清单,以得知当前用户数目。

(c)显示当前目录路径名的命令 pwd。当前目录的路径名是从根结点开始,通过分支上的所有结点到达当前目录结点为止的路径上的所有结点的名字拼起来构成的。用户的当前目录可能经常在树上移动。如果用户忘记了自己在哪里,便可用 pwd 确定自己的位置。

2. 重定向与管道命令

(1)重定向命令。

在 UNIX 系统中,由系统定义了三个文件。其中,有两个分别称为标准输入和标准输出的文件,各对应于终端键盘输入和终端屏幕输出。它们是在用户注册时,由 Login 程序打开的。这样,在用户程序执行时,隐含的标准输入是键盘输入,标准输出即屏幕(输出)显示。但用户程序中可能不要求从键盘输入,而是从某个指定文件上读取信息供程序使用;同样,用户可能希望把程序执行时所产生的结果数据,写到某个指定文件中而非屏幕上。这就使用户必须去改变输入与输出文件,即不使用标准输入、标准输出,而是把另外的某个指定文件或设备,作为输入或输出文件。

Shell 向用户提供了这种用于改变输入、输出设备的手段,此即标准输入与标准输出的重新定向。用重定向符"＜"和"＞"分别表示输入转向与输出转向。例如,对于命令

 $ cat file1 ↙

表示将文件 file1 的内容在标准输出上打印出来。若改变其输出,用命令

 $ cat file1 > file2 ↙

表示把文件 file1 的内容打印输出到文件 file2 上。同理,对于命令

 $ wc ↙

表示对标准输入中的行中字和字符进行计数。若改变其输入,用命令

 $ wc < file3 ↙

则表示把从文件 file3 中读出的行中的字和字符进行计数。

须指明的是,在做输出转向时,若上述的文件 file2 并不存在,则先创建它;若已存在,则认为它是空白的,执行上述输出转向命令时,是用命令的输出数据去重写该文件;如果文件 file2 事先已有内容,则命令执行结果将用文件 file1 的内容去更新文件 file2 的原有内容。现在,如果又要求把 file4 的内容附加到现有的文件 file2 的末尾,则应使用另一个输出转向符

"＞＞",即此时应再用命令

　　$ cat file4 ＞ ＞file2 ✓

　　便可在文件 file2 中,除了上次复制的 file1 内容外,后面又附加了 file4 的内容。当然,若想一次把两个文件 file1 和 file4 全部复制到 file2 中,则可用命令

　　$ cat file1 file4 ＞ ＞file2 ✓

　　此外,也可在一个命令行中,同时改变输入与输出。例如,命令行

　　a. out ＜file1 ＞file0 ✓

　　表示在可执行文件 a. out 执行时,将从文件 file1 中提取数据,而把 a. out 的执行结果数据输出到文件 file0 中。

　　(2)管道命令。

　　在有了上述的重定向思想后,为了进一步增强功能,人们又进一步把这种思想加以扩充,用符号"|"来连接两条命令,使其前一条命令的输出作为后一条命令的输入。即

　　$ command 1| command 2 ✓

　　例如,对于下述输入

cat file|wc ✓

　　将使命令 cat 把文件 file 中的数据作为 wc 命令的计数用输入。

　　从概念上说,系统执行上述输入时,将为管道建立一个作为通信通道的 pipe 文件。这时,cat 命令的输出既不出现在终端(屏幕)上,也不存入某中间文件,而是由 UNIX 系统来"缓冲"第一条命令的输出,并作为第二条命令的输入。在用管道线所连接的命令之间,实现单向、同步运行。其单向性表现在:只把管道线前面的命令的输出送入管道,而管道的输出数据仅供管道线后面的命令去读取。管道的同步特性则表现为:当一条管道满时,其前一条命令停止执行;而当管道空时,则其后一条命令停止运行。除此两种情况外,用管道所连接的两条命令"同时"运行。可见,利用管道功能,可以流水线方式实现命令的流水线化,即在单一命令行下,同时运行多条命令,以加速复杂任务的完成。

　　3.通信命令

　　为实现源进程与目标进程(或用户)之间的通信,一种办法是系统为每一进程(或用户)设置一个信箱,源用户把信件投入到目标用户的信箱中去;目标用户则可在此后的任一时间从自己的信箱中读取信件。在这种通信方式中,源和目标用户之间进行的是非交互式通信,因而也是非实时通信。但在有些办公自动化系统中,经常要求在两用户之间进行交互式会话,即源与目标用户双方必须同时联机操作。在源用户发出信息后,要求目标用户能立即收到信息并给予回答。

　　UNIX 系统为用户提供了实时和非实时两种通信方式,分别用 write 及 mail 命令。此外,联机用户还可根据自己的当前情况,决定是否接受其他用户与他进行通信的要求。

　　(1)信箱通信命令 mail。

　　mail 命令被作为在 UNIX 的各用户之间进行非交互式通信的工具。mail 采用信箱通信方式。发信者把要发送的消息写成信件,"邮寄"到对方的信箱中。通常各用户的私有信箱采用各自的注册名命名,即它是目录/usr/spool/mail 中的一个文件,而文件名又是用接收者的注册名来命名的。信箱中的信件可以一直保留到被信箱所有者消除为止。因而,用 mail 进行通信时,不要求接收者利用终端与发送者会话。亦即,在发送者发送信息时,虽然接收者已在系统中注册过,但允许他此时没有使用系统;也可以是虽在使用系统,但拒绝接收任

何信息。mail 命令在用于发信时,把接收者的注册名当作参数打入后,便可在新行开始键入信件正文,最后仍在一个新行上用"."来结束信件或用"^D"退出 mail 程序(也可带选项,此处从略)。

接收者也用 mail 命令读取信件,可使用可选项 r、q 或 p 等。其命令格式为

mail［-r］［-q］［-p］［-file］［-F persons］

由于信箱中可存放所接收的多个信件,这就存在一个选取信件的问题。上述几个选项分别表示:按先进先出顺序显示各信件的内容;在输入中断字符(Del 或 Return)后,退出 mail 程序而不改变信箱的内容;一次性地显示信箱全部内容而不带询问;把指定文件当作信件来显示。在不使用 -p 选项时,表示在显示完一个信件后,便出现"?",以询问用户是否继续显示下一条消息,或选读完最后一条消息后退出 mail。此外,还可使用一些其他选项,以指示对消息的各种处理方式,在此不予赘述。

(2)对话通信命令 write。

用这条命令可以使用户与当前在系统中的其他用户直接进行联机通信。由于 UNIX 系统允许一个用户同时在几个终端上注册,故在用此命令前,要用 who 命令去查看目标用户当前是否联机,或确定接收者所使用的终端名。命令格式为

write user［ttyname］

当接收者只有一个终端时,终端名可缺省。当接收者的终端被允许接收消息时,屏幕提示会通知接收者源用户名及其所用终端名。

(3)允许或拒绝接收消息命令 mesg。

mesg 命令的格式为

mesg［-n］［-y］

选项 n 表示拒绝对方的写许可(即拒绝接收消息);选项 y 指示恢复对方的写许可,仅在此时,双方才可联机通信。当用户正在联机编写一份资料而不愿被别人干扰时,常选用 n 选项来拒绝对方的写许可。编辑完毕,再用带有 y 选项的 mesg 命令来恢复对方的写许可,不带自变量的 mesg 命令只报告当前状态而不改变它。

4. 后台命令

有些命令需要执行很长的时间,这样,当用户键入该命令后,便会发现自己已无事可做,要一直等到该命令执行完毕,方可再键入下一条命令。这时用户自然会想到应该利用这段时间去做些别的事。UNIX 系统提供了这种机制,用户可以在这种命令后面再加上"&"号,以告诉 Shell 将该命令放在后台执行,以便用户在前台继续键入其他命令。

在后台运行的程序仍然把终端作为它的标准输出和标准错误文件,除非对它们进行重新定向。其标准输入文件是自动地被从终端定向到一个被称为"/dev/null"的空文件中。若 shell 未重定向标准输入,则 shell 和后台进程将会同时从终端进行读入。这时,用户从终端键入的字符可能被发送到一个进程或另一个进程,并不能预测哪个进程将得到该字符。因此,对所有在后台运行的命令的标准输入都必须加以重定向,从而使从终端键入的所有字符都被送到 Shell 进程。用户可使用 ps、wait 及 kill 命令去了解和控制后台进程的运行。

第3章　处理器管理

3.1　进程的概念

3.1.1　进程的引入

进程是现代操作系统的核心概念之一。计算机系统在早期的单道程序阶段,以程序为单位来组织任务的执行,而到了多道程序阶段,任务的执行则是以进程为单位进行组织和管理的。之所以在程序之外又引入进程的概念,是因为在单道程序阶段,内存一次只允许一个程序运行,因此程序是顺序运行的。而多道程序阶段,内存中同时允许多个程序运行,从宏观上讲,程序是并发运行的。程序的顺序执行和并发执行的不同特点,决定了必须引入一个新的概念来解决并发所带来的一些关键问题。为了让读者对进程概念产生的原因和存在的必要性以及能解决的问题有所了解,我们先对程序的顺序执行和并发执行做简单的介绍。

1. 程序的顺序执行

使用单道程序设计技术的计算机系统,在内存中一次只能存储一个程序,只允许这一个程序运行,在这次程序运行结束前,其他程序不允许使用内存。多个程序的运行只能采用依次顺序执行的方式。在采用单道程序设计技术的计算机系统中,程序的运行具有以下特点:

(1)顺序执行。

内存中一次只有一个程序,多个程序需要执行时,只能按照顺序一个接一个执行,等上一个程序执行完毕,再开始执行下一个程序。

(2)独占资源。

由于程序是顺序执行的,在每个程序执行期间,系统所有的资源由该程序独占,因此不存在资源共享和竞争的情况,也不会因为资源共享和竞争而影响程序的运行结果。

(3)程序结果可再现。

程序的顺序执行以及运行时独占资源的特点,使得程序在运行过程中不受其他程序的影响,所以运行结果具备可再现性,也就是说只要初始条件和执行环境确定、结果就是确定的可重复再现的。

2. 程序的并发执行

现在的计算机系统多采用的是多道程序设计技术,多道程序技术允许内存中同时存在多道程序,在一段时间里多道程序并发执行。这里再强调一下并发和并行概念的区别。所谓并发是指多个程序在同一时间段内,从开始到结束完成了程序的运行,这是从宏观上来看的,如果单看某个时间点,多个程序并不是同时在运行,而是交替执行的。而并行指的是任一时间点上多个程序都在同时运行。

如图 3-1 所示,ABCD 四个任务在 0 到 T 时刻都得到了完成。但 AB 两任务虽然都在 0 到 T 之间完成,但任意时刻 T_0 只有一个任务在执行,AB 在 $(0, T)$ 时间段是交替执行的。而 CD 两任务在任意时刻 T_0 都在同时执行。所以 AB 之间为并发,CD 之间为并行。

程序的并发执行和顺序执行(图 3-2)相比,其有以下几个特点:

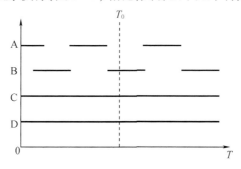

图 3-1　并发和并行的区别

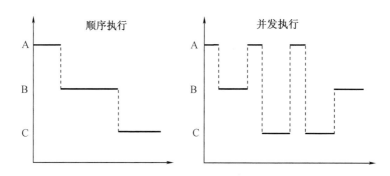

图 3-2　程序的顺序执行和并发执行

(1)间断执行。

从宏观上看,内存中同时存在着多个程序,都处于已开始执行,但未执行完毕的状态。从微观上看,如果系统只有一个处理机,那么一次只能运行一个程序,多个程序通过轮流使用处理机来完成程序的运行。即便系统是多处理机系统,处理机的个数也小于内存中程序数目,程序依然需要通过共享的方式轮流使用处理机。也就是说,多个程序是交替执行的。对于每个程序而言,它的执行是间断性的。

(2)相互制约。

由于多个程序是在同一段时间内并存于系统交替运行的,因此系统中的各项资源是由多个程序共享使用的。资源的共享使得程序之间相互制约,程序的运行不仅受到初始条件的影响还会受到其他程序的影响。资源使用上引发的相互制约关系,会直接影响程序的运行结果。

(3)运行结果不确定。

由于多个程序是交替执行的,所以程序的运行结果就失去了可再现性,例如,在两个程序 A 和 B 中都有对公共变量 I 的操作,A 中执行"I = I + 1, I = 0"操作,B 中执行 I = I - 1 操作,令每次初始值都为 2,两个程序并发执行,则多次运行结果可能不同。这两个程序间断交替运行时,如果是"I = I + 1,I = 0,I = I − 1"序列执行,执行结果是 I 的值 − 1。如果是"I = I + 1,I = I − 1,I = 0"序列执行,执行结果是 I 的值 0。虽然初始条件相同,但是执行结果不确定。

程序并发的特点使得程序在并发执行过程要解决这些问题:①多个程序交替执行,那么在程序转换时,要能够保存现运行程序的现场,以便下一次运行时能够接着上次停止的地方继续执行;②系统中的资源由多个程序共享,则要能够确保资源的合理分配;③程序的执行结果要能够再现,也就是确定的初始条件能够得到确定的结果。

这些问题靠程序这个静态的概念是无法解决的,因此需要引入进程的概念,利用进程来进行程序执行过程中的动态控制有效管理和调度进入计算机系统中的程序,确保程序的并发执行。

3.1.2　进程及其结构

进程的概念最先是 20 世纪 60 年代初由麻省理工学院的 MULTICS 系统和 IBM 公司的 CISS/360 系统引入的。进程概念的提出就是为了解决在程序并发过程中所出现的问题。进程和并发成了现代操作系统中最重要的两个概念。

1. 进程的定义

进程的概念虽然很早就提出了,但关于进程的定义,却始终没有统一。人们从不同的角度对进程进行了概括,从而得到了不同的一些定义。其中有一些比较典型的定义,可以让我们很好地理解进程的含义。

人们比较认可的多种进程的定义有以下几方面:

(1)进程是程序的一次执行,进程是可以和别的计算机程序并发执行的计算。这种定义是从动态性方面和并发性方面对进程的定性。进程是程序的一次动态执行,并且进程可以正确地并发执行。

(2)进程是一个数据结构及能在其上操作的一个程序。这种定义是从结构方面对进程进行了定性。进程其实就是一个数据结构,在这个数据结构之上,可以实现对程序并发执行的控制。

(3)进程是系统进行资源分配和调度的一个独立单位。这个定义是从资源共享和处理机分配角度给进程的一个定性。在系统进行资源分配和处理机调度时,是以进程作为基本单位的本书把进程定义描述为:进程是程序在进程控制块的管理下在某一个数据集合上的一次执行,是系统进行资源分配和调度的基本单位。

2. 进程的结构

进程与程序相比,之所以能够并发执行,是因为进程的特殊结构。进程是由三部分组成的一个结构实体,这三部分分别为:程序段、数据段、进程控制块。程序段存放进程要执行的代码。

数据段存放着程序运行中所需要的数据,包括全局变量、常量、静态变量。

进程控制块是系统为了管理进程设置的一个专门的数据结构,里面记录了描述进程情况及控制进程运行所需的全部信息。系统利用进程控制块来控制和管理进程,进程控制块是系统感知进程存在的唯一标志,进程与进程控制块是一一对应的。进程控制块使程序变成了一个能与其他进程并发执行的进程。

为了突出进程结构的静态性和进程运行的动态性,我们把这三部分组成的结构实体称作进程实体,而进程其实就是进程实体的运行过程。

3.1.3　进程和程序

进程和程序是一对相互联系的概念,但两者之间又有着很大的区别。它们之间的关系主要体现如下:

(1)进程是一个动态的概念,程序是个静态的概念。程序是一组指令的有序集合,它定义了要执行的操作以及顺序。进程是程序在某个数据集上的一次执行过程。用一个比喻来形容两者的关系,程序就相当于一个菜谱,详细记录了做菜的步骤,而进程就相当于按照菜谱步骤做菜的过程。

(2)进程的存在期是在其运行期间,而程序却可以长久保存。进程是在程序进入内存开始被创建,在运行期间一直存在,当运行结束时由系统撤销,所以它的生命周期是有限的。而程序作为一个静态文件,却可以一直存储在存储介质上。

(3)进程可以并发执行,而程序却不可以。我们在前面讨论过,如果系统以程序为单位并发执行,则存在无法解决程序之间的交替转换、资源共享以及结果不确定等问题。而这些问题使用进程则可以解决,这是因为进程结构中包括进程控制块,进程控制块中可以存放进程运行的各项管理控制信息,保证进程的并发执行。

(4)一个程序也可以对应多个进程。同一程序同时运行于若干个数据集合上,它将属于若干个不同的进程。也就是说同一程序可以对应多个进程。

3.2　进程的描述

3.2.1　进程的特征

从进程的定义和进程与程序的关系,我们可以总结出进程具备以下特征:

(1)并发性:系统中的进程都可以和其他进程一起并发执行。并发性是进程存在的意义所在。进程之所以能并发执行,是因为进程控制块中可以存放程序运行所需的管理控制信息,当需要将一个进程暂停去运行另一个进程时,可以把当前进程的执行情况保存下来,以便下次再执行时,可以接着往下执行。

(2)动态性:进程的实质是程序的一次执行过程,进程是有生命周期的,它是动态产生、动态消亡的。当程序进入内存时,进程被创建,运行过程中进程一直存在于系统当中,当运行结束时,进程被撤销。动态性是进程的基本特征。

(3)独立性:在现代的多道程序系统中,进程是一个能独立运行的基本单位。系统以进程为单位进行资源的分配和处理机的调度。

(4)异步性:由于资源共享导致进程间的相互制约关系,使进程的执行具有间断性。而每个进程在何时执行,何时暂停,以怎样的速度向前推进,每道程序总共需要多少时间才能完成,都是不可预知的。并且进程完成的顺序与开始的顺序并不完全一致,因而我们说进程具有异步性。但在有关进程控制及同步机制等技术的支持下,只要运行环境相同,程序经多次运行,都会获得完全相同的结果,因而异步方式是容许的。

3.2.2　进程控制块

1. 进程控制块中的内容

为了使进程能够并发执行,系统设置了一个专门的数据结构——进程控制块(Process Control Block,PCB),用它来记录和管理进程的运动变化过程。PCB 是进程实体的一部分,它记录了操作系统所需的、用于描述进程的当前情况以及控制进程运行的全部信息。系统利用 PCB 来控制和管理进程,所以 PCB 是进程存在的唯一标志。进程与 PCB 存在一一对应的关系。

进程控制块中的内容主要包括以下几方面:

(1)进程标识符:系统在进程创建时会为进程分配一个标识符,这个标识符是唯一的,可以用于识别进程。

(2)进程当前状态:说明进程当前所处的状态。系统在进行进程调度时会参考进程的状态。

(3)进程的地址和大小信息:包括相应的程序和数据地址,以便把 PCB 与其程序和数据联系起来。

(4)资源信息:列出所拥有的除 CPU 外的资源记录,如拥有的 I/O 设备、打开的文件列表等。

(5)进程优先级:由用户指定和系统设置的一个整数,可以反映进程的紧迫程度,通常优先级高者获得处理机。

(6)CPU 现场保护区:主要是由 CPU 的各种寄存器中的内容组成。当进程因某种原因不能继续执行需要释放 CPU 时,就要将 CPU 目前的各种状态信息保护起来,当将来再次得到处理机时就可以恢复 CPU 的各种状态,继续运行。

(7)进程同步与通信机制:用于实现进程间互斥、同步和通信所需的信号量等。

(8)进程所在队列 PCB 的链接字:系统为了管理 PCB,采用一定的组织方式把进程的 PCB 组织到不同队列中。PCB 链接字指出该进程所在队列中下一个进程 PCB 的首地址。

(9)与进程有关的其他信息:如进程记账信息、进程占用 CPU 的时间等。

2. 进程控制块的组织方式

因为现在计算机系统多为多道程序环境,因此系统中存在有多个进程,对应的也就存在多个 PCB,为了有效地管理这些 PCB,就需要用一定的方法把它们组织起来。比较常用的方法有三种:

第一种是线性表方式,就是把所有进程的 PCB 组织成为一个队列。这种组织形式适用于进程数目不多的系统。

第二种是索引表方式,该方式是线性表方式的改进,系统按照进程的状态分别建立就绪索引表、阻塞索引表等。这种 PCB 队列如图 3-3 所示。

第三种是链接表方式,系统按照进程的状态将进程的 PCB 组成队列,从而形成就绪队列、阻塞队列、运行队列等。这种 PCB 队列如图 3-4 所示。

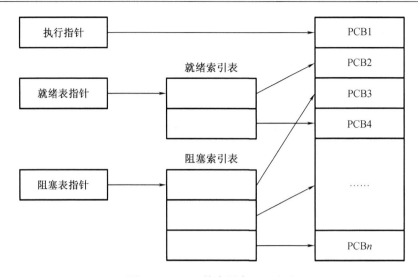

图 3 - 3　PCB 的索引表组织方式

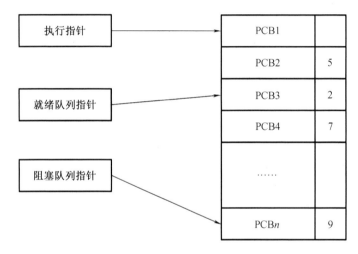

图 3 - 4　PCB 的链接表组织方式

3.2.3　进程基本状态

进程作为一个动态的概念,从创建到撤销经历了一个生命周期,在这个生命周期中,进程并不是一直占用处理机处于运行状态,而是处于执行—等待的交替状态。因为等待的原因不同,又可以把等待分为一切准备就绪的等待和因为某件事情尚未完成无法继续的等待。前一种等待我们称为就绪,后一种等待我们称为阻塞。运行、就绪、阻塞是进程在整个生命周期里所要经历的三种基本状态。

1. 运行

当一个进程占有处理机运行时,则称该进程处于运行状态。对于单处理机系统,处于运行状态的进程只有一个。对于多处理机,处于此状态的进程的数目小于等于处理机的数目。

2. 就绪

当一个进程获得了除处理机以外的一切所需资源,一旦得到处理机即可运行,则称此进程处于就绪状态。系统中可能存在多个处于就绪状态的进程,这些进程可以排成一个队列,这个队列我们称作就绪队列。就绪进程可以按多个优先级排列成不同的就绪队列。

3. 阻塞

也称为等待或睡眠状态,一个进程正在等待某一事件发生(例如请求 I/O 而等待 I/O 完成等)而暂时停止运行,这时即使把处理机分配给进程也无法运行,故称该进程处于阻塞状态。系统中可能存在多个处于阻塞状态的进程。这些进程可以排成一个队列,这个队列我们称作阻塞队列。阻塞进程也可以根据不同的阻塞原因排列成不同的阻塞队列。

进程在某一时刻会处于一种状态,但状态不是一成不变的,在一定条件下,进程状态会发生变化,由一种状态转换为另一种状态。进程状态的转换是有条件和方向性的。三种基本状态的转化如图 3-5 所示。

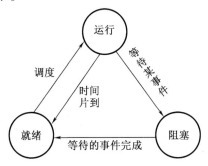

图 3-5 进程的基本状态转换

就绪到运行:处于就绪状态的进程,在获得处理机调度时,会由就绪态转化为运行态。

运行到就绪:正在运行的进程,因为分得的时间片到而放弃处理机,转为就绪状态。

运行到阻塞:正在运行的进程,因为发生某件事情无法继续执行,必须等待事件完成时就由运行转为阻塞,如等待 I/O 的进程。

阻塞到就绪:阻塞的进程,当所等待的事件完成时,就由阻塞转化为就绪。

进程各个状态及状态之间的转换,用一个比喻可以清楚地解释。我们把一个人 TOM 比作执行任务的 CPU。有一天,TOM 在家准备给妻子做一个大蛋糕,他按照蛋糕制作说明书的要求,开始了他做蛋糕的工程。当他把蛋糕坯子做好,放到烤箱里烘烤的时候,正好有时间,就去把衣服放到洗衣机里。当他把衣服处理完回来之后,发现蛋糕坯子已经烤好了,他就接着去给蛋糕涂抹奶油,完成了蛋糕的制作。在整个过程中,涉及几个概念。首先,蛋糕的制作说明书相当于程序的概念,蛋糕的制作过程则相当于进程。TOM 在蛋糕制作中间,因为等待蛋糕坯子的烤焙而转去洗衣服,相当于蛋糕制作进程由于自身原因无法继续执行,而放弃处理机,它的状态由运行到阻塞。当 TOM 在处理衣服的时候,蛋糕模子已经烘烤完毕,相当于蛋糕制作进程由阻塞转换为就绪。当 TOM 继续去涂抹奶油时,相当于蛋糕制作进程获得调度由就绪转换为执行。

3.3　进程的控制

3.3.1　进程创建

为了对进程进行有效的管理和控制,系统通过一些原话来实现对进程的创建、撤销、阻塞和唤醒。所谓原语就是由若干多机器指令构成的完成某种特定功能的一段程序,具有不可分割性。即原语的执行必须是连续的,在执行过程中不允许被中断,在操作系统中,它是不可分割的基本单位。

需要时,可以通过创建进程原语来创建新的进程。一般以下四种情况会引发新进程的创建:

(1)系统初始化。启动操作系统时,通常会创建若干个进程,其中一些是同用户交互的前台进程,其他的则是运行在后台,具有特定功能的守护进程。

(2)执行了正在运行的进程所调用的进程创建系统调用。当一个正在运行的进程需要创建一个或多个新进程协助其工作时,会发出系统调用创建新的进程。

(3)用户请求创建一个新进程。在交互式系统中,用户通过鼠标、键盘或者命令行发出请求,这些请求会引发一个新进程的创建。

(4)一个批处理作业的初始化。大型机的批处理系统中,用户提交批处理作业后,在操作系统认为有资源可运行另一个作业时,它创建一个新的进程,并运行其输入队列中的下一个作业。

系统一旦发现有创建新进程的需求后,通过调用进程创建原语 create( )创建新的进程。create( )创建新进程的步骤如下所述:

(1)扫描 PCB 总表,申请空白的 PCB。

(2)给子进程一个唯一的进程标识符。

(3)为进程分配内存空间。

(4)初始化 PCB 信息。

(5)将进程插入就绪队列。

3.3.2　进程撤销

如果说进程创建是进程生命周期的开始,那么进程撤销就是进程生命周期的终结。进程撤销通常由下列条件引起。

(1)正常退出,多数进程是由于完成了它们的工作而终止的。

(2)出错退出,进程发现了执行中出现的错误而自动退出。

(3)严重错误被迫退出,例如执行了一条非法指令、引用不存在的内存或除数是零等。在这类错误中,进程会收到信号(被中断),而不是在这类错误出现时终止。

(4)被其他进程杀死。某个进程可以执行一个系统调用通知操作系统杀死某个其他进程。

撤销要使用撤销原语,撤销原语的执行流程是首先检查 PCB 进程链或进程家族,寻找所要撤销的进程是否存在。如果找到了所要撤销的进程的 PCB 结构,则撤销原语释放该进程所占有的资源之后,把对应的 PCB 结构从进程链或进程家族中摘下并返回给 PCB 空队列。如果被撤销的进程有自己的子进程,则撤销原语先撤销其子进程的 PCB 结构并释放子进程所占用的资源之后,再撤销当前进程的 PCB 结构和释放其资源。

3.3.3　进程阻塞与唤醒

1.引起进程阻塞和唤醒的事件

会引起进程阻塞或被唤醒的几类事件有以下几方面:

(1)请求系统服务,当进程请求系统服务而暂时不能得到响应时,该进程就会阻塞。例如一进程请求使用某类 I/O 设备,但系统中该类 I/O 设备已分配完毕,此时申请进程只能阻塞以等待其他进程在使用完毕后释放出该设备并将唤醒申请者。

(2)启动某种操作,当进程启动某种操作后,如果只能等待操作完成后进程才能继续,那么在等待过程中,进程就需要阻塞。例如进程启动输入设备进行数据的输入,如果只有在数据输入完成后进程才能继续执行,则进程启动了 I/O 设备后自动进入阻塞状态去等待,在 I/O 操作完成后由中断处理程序将该进程唤醒。

(3)新数据尚未到达,如果两个进程存在相互合作关系,一个进程所处理的数据是另一个进程的输出数据,则在新数据未到达前该进程只有阻塞。

(4)无新工作可做,系统中有一些进程,具有某制定功能,在新任务没有到达之前都处于阻塞状态,只有当新任务到来时才将该进程唤醒。

2.进程阻塞过程

实现进程阻塞的是 block 原语,当一个进程无法继续执行时,就可以调用 block 原语把自己阻塞,因此说进程的阻塞是一种主动行为。block 原语的处理流程为如下所述:

(1)立即停止执行。

(2)将 PCB 中的现行状态由"执行"改为"阻塞",并将 PCB 插入相应阻塞队列。

(3)转调度程序进行重新调度,将处理机分配给另一就绪进程并进行切换。

(4)将被阻塞进程的处理机状态保留在 PCB 中,再按新进程的 PCB 中的处理机状态设置 CPU 的环境。

3.进程唤醒过程

当被阻塞进程所期待的事件出现时,由有关进程将等待该事件的进程唤醒。

唤醒原语执行的过程如下所述:

(1)把被阻塞的进程移出阻塞队列。

(2)将 PCB 中的现行状态由阻塞改为就绪。

(3)将该 PCB 插入到就绪队列中。

需要特别指出的是,block 原语和 wakeup 原语作为一对作用刚好相反的原语,是应该成对出现。如果在某进程中调用了阻塞原语,那么在与之相合作的另一进程中或其他相关的进程中必须安排唤醒原语,以能唤醒阻塞进程,不能使其长久地处于阻塞状态。

3.4　UNIX 进程管理

UNIX 系统 V 使用了一种简单但是功能强大的进程机制,且对用户可见。UNIX 中大部分操作系统在用户进程环境中执行。UNIX 使用两类进程,即系统进程和用户进程系统进程在内核态下运行,执行操作系统代码以实现管理功能和内部处理,如内存空间的分配和进程交换;用户进程在用户态下运行以执行用户程序和实用程序,在内核态下运行以执行属于内核的指令。当产生异常(错误)或发生中断或用户进程发出系统调用时,用户进程可进入内核态。

3.4.1 UNIX 进程状态

UNIX 操作系统中共有 9 种进程状态,如表 3 – 1 所示,有两个 UNIX 睡眠状态对应两个阻塞状态,其区别可简单概括如下:

(1)UNIX 采用两个运行态表示进程在用户态下执行还是在内核态下执行。

(2)UNIX 区分内存中就绪态和被抢占态这两个状态。从本质上看,它们是同一个状态,区分这两个状态是为了强调进入被抢占状态的方式。当一个进程正在内核态下运行时(系统调用、时钟中断或 I/O 中断的结果),内核已经完成了其任务并准备把控制权返回给用户程序时,就可能会出现抢占的时机。这时,内核可能决定抢占当前进程,支持另一个已经就绪并具有较高优先级的进程。在这种情况下,当前进程转换到被抢占态,但是为了分派处理,处于被抢占态的进程和处于内存中就绪态的进程构成了一条队列。

只有当进程准备从内核态移到用户态时才可能发生抢占,进程在内核态下运行时是不会被抢占的,这使得 UNIX 不适用于实时处理。UNIX 中有两个独特的进程。进程 0 是一个特殊的进程,是在系统启动时创建的。实际上,这是预定义的一个数据结构,在启动时刻被加载,是交换进程。此外,进程 0 产生进程 1,称作初始进程,进程 1 是系统中的所有其他进程的祖先。当新的交互用户登录到系统时,由进程 1 为该用户创建一个用户进程。随后,用户进程可以创建子进程,从而构成一棵分支树,因此,任何应用程序都是由一组相关进程组成的。

表 3 – 1　UNIX 进程状态

进程状态	说明
用户运行	在用户态下执行
内核运行	在内核态下执行
就绪,并驻留在内存中	只要内核调度到就立即准备运行
睡眠,并驻留在内存中	在某事件发生前不能执行,且进程在内存中(一种阻塞态)
就绪,被交换	进程已经就绪,但交换程序必须把它换入内存,内核才能调度它去执行
睡眠,被交换	进程正在等待一个事件,并且被交换到外存中(一种阻塞态)
被强占	进程从内核态返回到用户态,但是内核抢占它,并做了进程切换,以调度另一个进程
创建	进程刚被创建,还没有做好运行的准备
僵死	进程不再存在,但是它留下一个记录,该记录可由其父进程收集

3.4.2 UNIX 进程描述

UNIX 中的进程是一组相当复杂的数据结构,它给操作系统提供管理进程和分派进程所需要的所有信息。表 3 - 2 概括了进程映像中的元素,它们被组织成三部分:用户上下文、寄存器上。

表 3 - 2 UNIX 进程映像

项目	说明
	用户级上下文
进程正文	程序中可执行的机器指令
进程数据	由于这个进程的程序可访问的数据
用户栈	包含参数、局部变量和用户态下运行的函数指针
共享内存区	与其他进程共享的内存区,用于进程间的通信
	寄存器上下文环境
程序计数器	将要执行的下一条指令地址,该地址是内核中或用户内存空间中的内存地址
处理器状态寄存器	包含在抢占时的硬件状态,其内容和格式取决于硬件
栈指针	指向内核栈或用户的栈顶,取决于当前的运行模式
通用寄存器	与硬件相关
	系统级上下文环境
进程表项	定义了进程的状态,操作系统总是可以取到这个信息
U 用户区	含有进程控制信息,这些信息只需要在该进程的上下文环境中存取
本进程区表	定义了从虚地址到物理地址的映射,还包含一个权限域,用于指明进程允许的访问类型:只读、读写或读 - 执行
内核栈	当进程在内核态下执行时,它含有内核过程的栈帧

用户级上下文包括用户程序的基本成分,可以由已编译的目标文件直接产生。用户程序被分成正文和数据两个区域,正文区是只读的,用于保存程序指令。当进程正在执行时,处理器使用用户栈进行过程调用、返回以及参数传递。共享内存区是与其他进程共享的数据区域,它只有个物理副本,但是通过使用虚拟内存,对每个共享进程来说,共享内存区看上去好像在它们各自的地址空间中一样。当进程没有运行时,处理器状态信息保存在寄存器上下文中。

系统级上下文包含操作系统管理进程所需要的其余信息,它由静态部分和动态部分组成,静态部分的大小是固定的,贯穿于进程的生命周期;动态部分在进程的生命周期中大小可变。静态部分的一个成分是进程表项,这实际上是由操作系统维护的进程表的一部分,每个进程对应于表中的一项。进程表项包含对内核来说总是可以访问到的进程控制信息。因此,在虚拟内存系统中,所有的进程表项都在内存中,表 3 - 3 中列出了进程表项的内容。用户区,即 U 区,包含内核在进程的上下文环境中执行时所需要的额外的进程控制信息,当进程调入或调出内存时也会用到它,如表 3 - 4 所示。

表 3 – 3   UNIX 进程表项

项目	说明
进程状态	进程的当前状态
指针	指向 U 区和进程内存区(文本、数据和栈)
进程大小	使操作系统知道给进程分配多少空间
用户标识符	实用户 ID 标识负责止在运行的进程的用户,有效用户 ID 标识可被进程使用,以获得与特定程序相关的临时特权,当该程序作为进程的一部分执行时,进程以有效用户 ID 的权限进行操作
进程标识符	该进程的 ID 和父进程的 ID。这一项是在系统调用 fork 期间,当进程进入新建态时设置的
事件描述符	当进程处于睡眠态时有效。当事件发生时,该进程转换到就绪态
优先级	用于进程调度
信号	列举发送到进程但还没有处理的信号
定时器	包括进程执行时间、内核资源使用和用户设置的用于给进程发送警告信号的计时器
p_link	指向就绪队列中的下一个链接(进程就绪时有效)
内存状态	指明进程映像是在内存中还是已被换出。如果在内存中,该域还指出它是否可能被换出,或者是临时锁定在内存中

表 3 – 4   UNIX 的 U 区

项目	说明
进程表指针	指明对应于 U 区的表项
用户标识符	实用户 ID 和有效用户 ID,用于确定用户的权限
定时器	记录进程(以及它的后代)在用户态下执行的时间和在内核态下执行的时间
信号处理程序数组	对系统中定义的每类信号,指出进程收到信号后将做出什么反应(退出、忽略执行特定的用户函数)
控制终端	如果有该进程的登录终端时,则指明它
错误域	记录在系统调用时遇到的错误
返回值	包含系统调用的结果
I/O 参数	描述传送的数据量、源(或目标)数据数组在用户空间中的地址和用于 I/O 的文件偏移量
文件参数	描述进程的文件系统环境的当前目录和当前根
用户文件描述符表	记录进程已打开的文件
限度域	限制进程的大小和可以写入的文件大小
容许模式域	屏蔽在由进程创建的文件中设置的模式

　　进程表项和 U 区的区别反映出 UNIX 内核总是在某些进程的上下文环境中执行,大多

数时候,内核都在处理与该进程相关的部分,但是,某些时候,如当内核正在执行一个调度算法,准备分派另一个进程时,它需要访问其他进程的相关信息。当给定进程不是当前进程时,可以访问进程控制表中的信息。

系统级上下文静态部分的第三项是本进程区表,它由内存管理系统使用。最后,内核栈是系统级上下文环境的动态部分,当进程正在内核态下执行时需要使用这个栈,它包含当发生过程调用或中断时必须保存和恢复的信息。

3.4.3　UNIX 进程控制

UNIX 中的进程创建是通过内核系统调用 fork( )实现的。当一个进程产生一个 fork 请求时,操作系统执行以下功能:

(1)为新进程在进程表中分配一个空项。

(2)为子进程赋一个唯一的进程标识符。

(3)做一个父进程上下文的逻辑副本,不包括共享内存区。

(4)增加父进程拥有的所有文件的计数器,以表示有一个另外的进程现在也拥有这些文件。

(5)把子进程置为就绪态。

(6)向父进程返回子进程的进程号,对子进程返回零。

所有这些操作都在父进程的内核态下完成。为当内核完成这些功能后可以继续下面三种操作之一,它们可以认为是分派器例程的一个部分。

(1)在父进程中继续执行。控制返回用户态下父进程进行 fork 调用处。

(2)处理器控制权交给子进程。子进程开始执行代码,执行点与父进程相同,也就是说在 fork 调用的返回处。

(3)控制转交给另一个进程。父进程和子进程都置于就绪状态。

很难想象这种创建进程的方法中父进程和子进程都执行相同的代码。其区别在于:当从 fork 中返回时,测试返回参数,如果值为零,则它是子进程,可以转移到相应的用户程序中继续执行;如果值不为零,则它是父进程,继续执行主程序。

3.5　处理器调度

3.5.1　处理器调度概述

操作系统必须为多个进程之间可能有竞争关系的请求分配计算机资源。对处理器而言,可分配的资源是处理器上的执行时间,分配途径是调度。调度功能必须设计成可以满足多个目标,包括公平、任何进程都不会产生饥饿、有效地使用处理器时间以及较低的开销。此外,在启动或结束某些进程时,调度功能可能需要考虑不同优先级和实时的期限。这些年来,调度已经成为深入研究的焦点,并且已经实现了许多不同的算法。如今,调度研究的重点是开发多处理器系统,特别是用于多线程应用的调度和实时调度。

在多道程序设计系统中,内存中有多个进程。每个进程或者正在处理器上运行,或者正在等待某些事件的发生,比如 I/O 完成。处理器(或处理器组)通过执行某个进程而保持忙状态,而此时其他进程处于等待状态。

多道程序设计的关键是调度。实际上比较典型的有四种类型的调度(表3-5)。其中,除 I/O 调度外,剩下的三种调度类型属于处理器调度。

表 3 - 5　调度的类型

项目	说明
长程调度	决定加入待执行的进程池中
中程调度	决定加入部分或全部在内存中的进程集合中
短程调度	决定哪一个可运行的进程将被处理器执行
I/O 调度	决定哪一个进程挂起的 I/O 请求将被可用的 I/O 设备处理

这里首先分析三种类型的处理器调度,并给出了它们之间是如何关联的。我们知道长程调度和中程调度主要是由与系统并发度相关的性能来驱动的,因此这里只考虑单处理器系统中的调度情况。

处理器调度的目标是以满足系统目标(如响应时间、吞吐率、处理器效率)的方式,把进程分配到一个或多个处理器中执行。在许多系统中,这个调度活动分成三个独立的功能:长程、中程和短程调度。它们的名字表明了在执行这些功能时的相对时间比例。

创建新进程时,执行长程调度,它决定是否把进程添加到当前活跃的进程集合中。中程调度是交换功能的一部分,它决定是否把进程添加到那些至少部分在内存中并且可以被执行的进程集合中。短程调度真正决定下一次执行哪一个就绪进程。

由于调度决定了哪个进程必须等待、哪个进程可以继续运行,因此它影响着系统的性能。从根本上说,调度属于队列管理(Managing Queues)方面的问题,用来在排队环境中减少延迟和优化性能。

3.5.2　长程调度

长程调度程序决定哪一个程序可以进入到系统中处理,因此,它控制系统并发度。一旦允许进入,一个作业或用户程序就成为一个进程,并被添加到供短程调度程序使用的队列中等待调度。在某些系统中,一个新创建的进程开始处于被换出状态。在这种情况下,它被添加到供中程调度程序使用的队列中等待调度。

在批处理系统或通用的操作系统中的批处理部分中,新提交的作业被发送到磁盘,并保存在一个批处理队列中。在长程调度程序运行的时候,从队列中创建相应的进程。这里涉及两个决策。首先,调度程序必须决定什么时候操作系统能够接纳一个进程或多个进程;其次,调度程序必须决定接受哪个作业或哪些作业,并将其转变成进程。下面简单地考虑一下这两个决策。

关于何时创建一个新进程的决策通常由要求的系统并发度来驱动。创建的进程越多,每个进程可以执行的时间所占百分比就越小(即更多进程竞争同样数量的处理器时间)。因此,为了给当前的进程集提供满意的服务,长程调度程序可能限制系统并发度。每当一个作业终止时,调度程序可决定增加一个或多个新作业。此外,如果处理器的空闲时间片超过了一定的阈值,也可能会启动长程调度程序。

关于下一次允许哪一个作业进入的决策可以基于简单的先来先服务原则,或者基于管理系统性能的工具,其使用的原则可以包括优先级、期待执行时间和 I/O 需求。例如,如果信息是可以得到的,则调度程序可以试图混合处理处理器密集型的(processor – bound)和 I/O 密集型的(I/O – bound)进程。同样,可以根据请求的 I/O 资源来做出决策,以达到 I/O 使用的平衡。

对于分时系统中的交互程序,用户试图连接到系统的动作可能产生一个进程创建的请求。分时用户并不是仅仅排队等待,直到系统接受它们。相反,操作系统将接受所有的授权用户,直到系统饱和为止。这时,连接请求将会得到系统已经饱和并要求用户重新尝试的消息。

3.5.3　中程调度

中程调度是交换功能的一部分。在典型情况下,换入(swapping – in)决定取决于管理系统并发度需求。在不使用虚拟内存的系统,存储管理也是一个问题。因此,换入决定将考虑换出(swapped – out)进程的存储需求。

3.5.4　短程调度

考虑执行的频繁程度,长程调度程序执行的频率相对较低,并且仅仅是粗略地决定是否接受新进程以及接受哪一个。为进行交换决定,中程调度程序执行得略微频繁一些。短程调度程序也称作分派程序(Dispatcher),执行得最频繁,并且精确地决定下一次执行哪一个进程。

当可能导致当前进程阻塞或可能抢占当前运行进程的事件发生时,调用短程调度程序。这类事件包括:时钟中断、I/O 中断、操作系统调用、信号(如信号量)。

3.6　调　度　算　法

3.6.1　短程调度准则

短程调度的主要目标是按照优化系统一个或多个方面行为的方式来分配处理器时间。通常需要对可能被评估的各种调度策略建立一系列规则。

通常使用的准则可以按两维来分类。首先可以区分为面向用户的准则和面向系统的准则。面向用户的准则与单个用户或进程感知到的系统行为相关。例如交互式系统中的响应时间。响应时间是指从提交一条请求到输出响应所经历的时间间隔,这个时间数量对用户是可见的,自然也是用户关心的。我们希望调度策略能给各种用户提供“好”的服务。对于响应时间,可以定义一个阈值,如 2 s。那么调度机制的目标是使平均响应时间为 2 s 或小于 2 s 的用户数目达到最大。

另一个准则是面向系统的,即其重点是处理器使用的效果和效率。关于这类准则的一个例子是吞吐量,也就是进程完成的速度。吞吐量是关于系统性能的一个非常有意义的度量,我们总希望系统的吞吐量能达到最大。但是,该准则的重点是系统的性能,而不是提供给用户的服务。因此吞吐量是系统管理员所关注的,而不是普通用户所关注的。

面向用户的准则在所有系统中都是非常重要的,而面向系统的原则在单用户系统中的重要性就低一些。在单用户系统中,只要系统对用户应用程序的响应时间是可以接受的,则实现处理器高利用率或高吞吐量可能并不是很重要。

另一维的划分是根据这些准则是否与性能直接相关。与性能直接相关的准则是定量的,通常可以很容易地度量,例如响应时间和吞吐量。与性能无关的准则或者本质上是定性的,或者不容易测量和分析。这类准则的一个例子是可预测性。我们希望提供给用户的服务能够随着时间的流逝展现给用户一贯相同的特性,而与系统执行的其他工作无关。在某种程度上,该准则也是可以通过计算负载函数的变化量来度量的,但是,这并不像度量吞吐率或响应时间关于工作量的函数那么直接。

表 3-6 总结了几种重要的调度准则。它们是互相依赖的,不可能同时使它们都达到最优。例如,提供较好的响应时间可能需要调度算法在进程间频繁地切换,这就增加了系统开销,降低了吞吐量。因此,设计一个调度策略涉及在互相竞争的各种要求之间进行折中,根据系统的本质和使用情况,给各种要求设定相应的权值。

表 3-6 调度准则

项目	说明
	面向用户,与性能相关
周转时间	指一个进程从提交到完成之间的时间间隔、包括实际执行时间加上等待资源(包括处理器资源)的时间。对批处理作业而言,这是一种很适宜的度量
响应时间	对一个交互进程,这是指从提交一个请求到开始接收响应之间的时间间隔。通常进程在处理该请求的同时,就开始给用户产生一些输出。因此从用户的角度来看,相对于周转时间,这是一种更好的度量。该调度原则应该试图达到较低的响应时间,并且在响应时间可接受的范围内,使得可以交互的用户的数目达到最大
最后期限	当可以指定进程完成的最后期限时,调度原则将降低其他目标,使得满足最后期限的作业数目的百分比达到最大
	面向用户,其他
可预测性	无论系统的负载如何,一个给定的工作运行的总时间量和总代价是相同的。用户不希望响应时间或周转时间的变化太大。这可能需要在系统工作负载大范围抖动时发出信号或者需要系统处理不稳定性
	面向系统,与性能相关
吞吐量	调度策略应该试图使得每个时间单位完成的进程数目达到最大。这是对可以执行多少工作的一种度量。它明显取决于一个进程的平均执行长度,也受调度策略的影响,调度策略会影响利用率
处理器利用率	这是处理器忙的时间百分比。对昂贵的共享系统来说,这是一个重要的准则。在单用户系统和一些其他的系统(如实时系统)中,该准则与其他准则相比显得不太重要
	面向系统,其他
公平性	在没有来自用户的指导或其他系统提供的指导时,进程应该被平等地对待,没有一个进程会处于饥饿状态
强制优先级	当进程被指定了优先级后,调度策略应该优先选择高优先级的进程
平衡资源	调度策略将保持系统中所有资源处于繁忙状态,较少使用紧缺资源的进程应该受到照顾。该准则也可用于中程调度和长程调度

在大多数交互式操作系统中,不论是单用户系统还是分时系统,适当的响应时间是关键的需求。

3.6.2　优先级的使用

在许多系统中,每个进程都被指定一个优先级,调度程序总是选择具有较高优先级的进程。图3-6说明了优先级的使用。

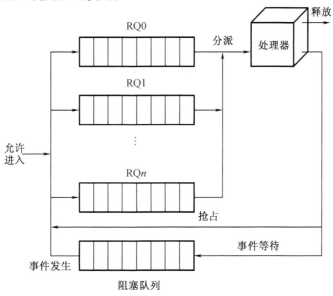

图3-6　优先级队列

为了清楚起见,队列图被简化了,忽略了多个阻塞队列和挂起状态的存在。不是提供一个就绪队列,而是提供了一组队列,按优先级递减的顺序排列:RQ0、RQ1、……、RQn,其中对所有的 i、j,有优先级[RQi]>优先级[RQj]。当进行一次调度选择时,调度程序从优先级最高的队列(RQ0)开始。如果该队列中有一个或多个进程,则使用某种调度策略选择其中一个;如果 RQ0 为空,则检查 RQ1,接下来的处理类似。

纯粹的优先级调度方案的一个问题是低优先级的进程可能会长时间处于饥饿状态。如果一直有高优先级的就绪进程,就会发生这种情况。如果不希望这样,一个进程的优先级应该随着它的时间或执行历史而变化。

3.6.3　调度选择策略

选择函数(Selection Function)确定在就绪进程中选择哪一个进程在下一次执行。这个函数可以基于优先级、资源需求或者该进程的执行特性。对于最后一种情况,下面的三个量是非常重要的:

w:到现在为止,在系统中停留的时间。

e:到现在为止,花费的执行时间。

s:进程所需要的总服务时间,包括 e;通常,该数量必须进行估计或由用户提供。

例如,选择函数 $\max[w]$ 表示先来先服务(First-Come-First-Served,FCFS)的原则。

各种调度策略的特点如表3-7所示。

表 3－7　各种调度策略的特点

类别	选择函数	决策模式	吞吐量	响应时间	开销	对进程的影响	饥饿
FCFS	$\max[w]$	非抢占	不强调	可能很高,特别是当进程的执行时间差别很大时	最小	对短时间进程不利;对 I/O 密集型的进程不利	无
轮转	常数	抢占 (时间片内)	时间片小,吞吐量低	为短进程提供好的响应时间	最小	公平对待	无
SPN	$\min[s]$	非抢占	高	为短进程提供好的响应时间	较高	对长时间进程不利	可能
SRT	$\min[s-e]$	抢占 (在到达时)	高	提供好的响应时间	较高	对长时间进程不利	可能
HRRN	$\max((w+s)/s)$	非抢占	高	提供好的响应时间	较高	很好的平衡	无
反馈		抢占 (时间片内)	不强调	不强调	较高	可能对 I/O 密集型的进程有利	可能

决策模式(Decision Mode)说明选择函数在被执行的瞬间的处理方式,通常可分为以下两类:

(1)非抢占:在这种情况下,一旦进程处于运行状态,它就不断执行直到终止,或者因为等待 I/O 或请求某些操作系统服务而阻塞自己。

(2)抢占:当前正在运行的进程可能被操作系统中断,并转移到就绪状态。关于抢占的决策可能是在一个新进程到达时,或者在一个中断发生后把一个被阻塞的进程置为就绪状态时,或者基于周期性的时间中断。

与非抢占策略相比,抢占策略可能会导致较大的开销,但是可能对所有进程提供较好的服务,因为它们避免了任何一个进程独占处理器太长的时间。此外,通过使用有效的进程切换机制(尽可能地获得硬件的帮助),以及提供比较大的内存,使得大部分程序都在内存中,可使抢占的代价比较低。

在描述各种调度策略时,可以把它们想象成批处理作业,服务时间是所需要的整个执行时间。另外,我们也可以把这些看作是正在进行的进程需要以重复的方式轮流使用处理器和 I/O。对后一种情况,服务时间表示一个周期所需要的处理器时间。在任何一种情况下,根据排队模型,该数量对应于服务时间。

每个进程的结束时间是确定的。根据这一点,可以确定周转时间。根据排队模型,周转时间就是驻留时间 T_r,或这一项在系统中花费的总时间(等待时间 + 服务时间)。一个更有用的数字是归一化周转时间(turnaround time),它是周转时间与服务时间的比,该值表明一个进程的相对延迟。在典型情况下,进程的执行时间越长,可以容忍的延迟时间就越长。该比率可能的最小值为 1.0,值的增加对应于服务级别的减少。

1. 先来先服务

最简单的策略是先来先服务(FCFS),也称作先进先出(First － In － First － Out,FIFO)或严格排队方案。当每个进程就绪后,它加入就绪队列。当前正在运行的进程停止执行时,选择在就绪队列中存在时间最长的进程运行,FCFS 执行长进程比执行短进程更好。考虑下面的例子：

进程 Y 的归一化周转时间与其他进程相比显得不协调：它在系统中的总时间是所需要的处理时间的 100 倍。当一个短进程紧随着一个长进程之后到达时会发生这种情况。另一方面，即使在这个极端的例子中，长进程也没有遭到冷遇。进程 Z 的周转时间几乎是 Y 的两倍，但是它的归一化等待时间低于 2.0。

FCFS 的另一个难点是相对于 I/O 密集型的进程，它更有利于处理器密集型的进程。考虑有组进程，其中有一个进程大多数时候都使用处理器（处理器密集型），还有许多进程大多数时候进行 I/O 操作（I/O 密集型）。如果一个处理器密集型的进程正在运行，则所有 I/O 密集型的进程都必须等待。有一些进程可能在 I/O 队列中（阻塞态），但是当处理器密集型的进程正在执行时，它们可能移回就绪队列。这时，大多数或所有 I/O 设备都可能是空闲的，即使它们可能还有工作要做。在当前正在运行的进程离开运行状态时，就绪的 I/O 密集型的进程迅速地通过运行态又阻塞在 I/O 事件上。如果处理器密集型的进程也被阻塞了，则处理器空闲。因此，FCFS 可能导致处理器和 I/O 设备都没有得到充分利用。

FCFS 自身对于单处理器系统并不是很有吸引力的选择。但是，它通常与优先级策略相结以提供一种更有效的调度方法。因此，调度程序可以维护许多队列，每个优先级一个队列，每个队列中的调度基于先来先服务原则。在后面讨论反馈调度时，可以看到这类系统的一个例子。

2. 轮转

为了减少在 FCFS 策略下短作业的不利情况，一种简单的方法是采用基于时钟的抢占策略。这类方法中，最简单的是轮转算法。以一个周期性间隔产生时钟中断，当中断发生时，当前正在运行的进程被置于就绪队列中，然后基于 FCFS 策略选择下一个就绪作业运行。这种技术也称作时间片（Time Slicing），因此每个进程在被抢占前都给定一片时间。

对于轮转法，最主要的设计问题是使用的时间段（片）的长度。如果这个长度非常短，则短作业会相对比较快地通过系统。另一方面，处理时钟中断、执行调度和分派函数都需要处理器开销。因此，应该避免使用过短的时间片。一个有用的思想是时间片最好略大于一次典型的交互所需要的时间。如果小于这个时间，大多数进程都需要至少两个时间片。

轮转法在通用的分时系统或事务处理系统中都特别有效。它的一个缺点是依赖于处理器密集型的进程和 I/O 密集型的进程的不同。通常，I/O 密集型的进程比处理器密集型的进程使用处理器的时间（花费在 I/O 操作之间的执行时间）短。如果既有处理器密集型的进程又有 I/O 密集型的进程，就有可能发生如下情况：一个 I/O 密集型的进程只使用处理器很短的一段时间，然后因为 I/O 而被阻塞，等待 I/O 操作的完成，然后加入就绪队列；另一方面，一个处理器密集型的进程在执行过程中通常使用一个完整的时间片并立即返回到就绪队列中。因此，处理器密集型的进程不公平地使用了大部分处理器时间，从而导致 I/O 密集型的进程性能降低、使用 I/O 设备低效、响应时间的变化大。

虚拟轮转法（Virtual Round Robin，VRR）是一种改进了的轮转法，可以避免这种不公平性。新进程到达并加入就绪队列，是基于 FCFS 管理的。当一个正在运行的进程的时间片用完了，它返回到就绪队列。当一个进程为 I/O 而被阻塞时，它加入一个 I/O 队列。到此为止，一切都没有什么不同之处。它的新特点是解除了 I/O 阻塞的进程都被转移到一个 FCFS 辅助队列中。当进行一次调度决策时，辅助队列中的进程优先于就绪队列中的进程。当一个进程从辅助队列中调度时，它的运行时间不会长于基本时间段减去它上一次从就绪队列中被选择运行的总时间。

3. 最短进程优先

减少 FCFS 固有的对长进程的偏向的另一种方法是最短进程优先(Shortest Process Next,SPN)策略。这是一个非抢占的策略,其原则是下一次选择预计处理时间最短的进程。因此,短进程将会越过长作业,跳到队列头。

如果关注响应时间,整体性能也有显著的提高。但是,响应时间的波动也增加了,特别是对长进程的情况。因此,可预测性降低了。

SPN 策略的难点在于需要知道或至少需要估计每个进程所需要的处理时间。对于批处理作业,系统要求程序员估计该值,并提供给操作系统。如果程序员的估计远低于实际运行时间,系统就可能终止该作业。在生产环境中,相同的作业频繁地运行,可以收集关于它们的统计值。对交互进程,操作系统可以为每个进程保留一个运行平均值,最简单的计算方法如下:

$$S_{n+1} = \frac{1}{n}\sum_{i=1}^{n} T_i \qquad (3-1)$$

其中:T_i 代表了该进程的第 i 个实例的处理器执行时间(对批作业而言指总的执行时间;对交互作业而言指处理器一次短促的执行时间);S_i 代表了第 i 个实例的预测值;S_1 代表了第一个实例的预测值,非计算所得。

为了避免每次重新计算总和,可以把上式重写为

$$S_{n+1} = \frac{1}{n}T_n + \frac{n-1}{n}S_n \qquad (3-2)$$

注意,该公式每个实例的权值相同。在典型情况下,我们希望给较近的实例较大的权值,因为它们更能反映出将来的行为基于过去值的时间序列。预测将来值的一种更常用的技术是指数平均法:

$$S_{n+1} = \alpha T_n + (1-\alpha)S_n \qquad (3-3)$$

其中,α 是一个常数加权因子($0 < \alpha < 1$),用于确定距现在比较近或比较远的观测数据的相对权值。与公式(3-2)比较,通过使用一个与过去的观测数据量无关的常数值 α,我们考虑了过去所有的值,观测值越远,具有的权值越小。为了更清楚地看到这一点,下面是公式(3-3)的展开:

$$S_{n+1} = \alpha T_n + (1-\alpha)\alpha T_{n-1} + \cdots + (1-\alpha^i)\alpha T_{n-i} + \cdots + (1-\alpha)^n S_1 \qquad (3-4)$$

由于 α 和 $(1-\alpha)$ 都小于1,因而公式中越靠后的项越小。例如,对 $\alpha=0.8$,公式(3-4)变成

$$S_{n+1} = 0.8T_n + 0.16T_{n-1} + \cdots$$

观测值越大,它计算入平均值的部分越小。

4. 最短剩余时间

最短剩余时间(Shortest Remaining Time,SRT)是针对 SPN 增加了抢占机制的版本。在这种情况下,调度程序总是选择预期剩余时间最短的进程。当一个新进程加入就绪队列时,它可能比当前运行的进程具有更短的剩余时间,因此,只要新进程就绪,调度程序就可能抢占当前正在运行的进程。和 SPN 一样,调度程序在执行选择函数时必须有关于处理时间的估计,并且存在长进程饥饿的危险。

SRT 不像 FCFS 那样偏向长进程,也不像轮转那样会产生额外的中断,从而减少了开

销。另一方面,它必须记录过去的服务时间,从而增加了开销。从周转时间来看,SRT 比 SPN 有更好的性能,因为相对于一个正在运行的长作业,短作业可以立即被选择运行。

5. 最高响应比优先

归一化周转时间,它是周转时间和实际服务时间的比率,可作为性能度量。对每个单独的进程,我们都希望该值最小,并且希望所有进程的平均值也最小。一般而言,我们事先并不知道服务时间是多少,但可以基于过去的历史或用户和配置管理员的某些输入值近似地估计它。考虑下面的比:

$$R = \frac{w + s}{s} \qquad\qquad (3-5)$$

这里,R 为响应比,w 为等待处理器的时间,s 为预计的服务时间。

如果该进程被立即调度,则 R 等于归一化周转时间。注意,R 的最小值为 10,只有第一个进入系统的进程才能达到这个值。

因此,调度规则为在当前进程完成或被阻塞时,选择 R 值最大的就绪进程。该方法非常具有吸引力,因为它说明进程的年龄。当偏向短作业时(因为小分母产生大比值),长进程由于得不到服务的时间不断地增加,从而增大了比值,最终在竞争中胜了短进程。

和 SRT、SPN 一样,使用最高响应比(Highest Response Ratio Next,HRRN)策略需要估计的服务时间。

6. 反馈

如果没有关于各个进程相对长度的任何信息,则 SPN、SRT 和 HRRN 都不能使用。另一种导致偏向短作业的方法是处罚运行时间较长的作业,换句话说,如果不能获得剩余的执行时间,那就关注已经执行了的时间。

方法如下:调度基于抢占原则(按时间片)并且使用动态优先级机制。当一个进程第一次进入系统中时,它被放置在 RQ0。当它第一次被抢占后并返回就绪状态时,它被放置在 RQ1。在随后的时间里,每当它被抢占时,它被降级到下一个低优先级队列中。一个短进程很快会执行完,不会在就绪队列中降很多级。一个长进程会逐级下降。因此,新到的进程和短进程优先于老进程和长进程。在每个队列中,除了在优先级最低的队列中之外,都使用简单的 FCFS 机制。一旦一个进程处于优先级最低的队列中,它就不可能再降低,但是会重复地返回该队列,直到运行结束。因此,该队列可按照轮转方式调度。

一个进程经过各种队列的路径来说明反馈调度机制,这种方法称作多级反馈,表示操作系统把处理器分配给一个进程,当这个进程阻塞或被抢占时,就反馈到多个优先级队列中的一个队列中。

事实上,如果频繁地有新作业进入系统,就有可能出现饥饿的情况。为补偿这一点,可以按照队列改变抢占次数:从 RQ0 中调度的进程允许执行一个时间单位,然后被抢占;从 RQ1 中调度的进程允许执行两个时间单位等。一般而言,从 RQi 中调度的进程允许执行 2^i 的时间,然后才被抢占。

即使给较低的优先级分配较长的时间,长进程仍然有可能饥饿。一种可能的补救方法是当个进程在它的当前队列中等待服务的时间超过一定的时间量后,把它提升到一个优先级较高的队列中。

3.6.4　公平共享调度

到此为止,讲述的所有调度算法都是把就绪进程集合看作是单一的进程池,从这个进程池中选择下一个要运行的进程。虽然该池可以按优先级划分成几个,但它们都是同构的。

但是,在多用户系统中,如果单个用户的应用程序或作业可以组成多个进程(或线程),就会出现传统的调度程序不认识的进程集合结构。从用户的角度看,他所关心的不是某个特定的进程如何执行,而是构成应用程序的一组进程如何执行。因此,基于进程组的调度策略是非常具有吸引力的,该方法通常称作公平共享调度(fair-share scheduling)。此外,即使每个用户用一个进程表示,这个概念可以扩展到用户组。例如,在分时系统中,可能希望把某个部门的所有用户看作是同一个组中的成员,然后进行调度决策,并给每个组中的用户提供相同的服务。因此,如果同一个部门中的大量用户登录到系统,则希望响应时间效果的降低主要影响到该部门的成员,而不会影响其他部门的用户。

术语"公平共享"表明了这类调度程序的基本原则。每个用户被指定了某种类型的权值,该权值定义了该用户对系统资源的共享,而且是作为在所有使用的资源中所占的比例来体现。特别地,每个用户被分配了处理器的共享。这种方案或多或少以线性的方式操作,如果用户 A 的权值是用户 B 的 2 倍,那么从长期运行的结果来看,用户 A 可以完成的工作应该是用户 B 的 2 倍。公平共享调度程序的目标是监视使用情况,对那些相对于公平共享的用户占有较多资源的用户,调度程序分配以较少的资源,相对于公平共享的用户占有较少资源的用户,调度程序分配以较多的资源。

公平共享调度程序在许多 UNIX 系统中的方案,被简单地称为公平共享调度程序(Fair-Share Scheduler,FSS)。FSS 在进行调度决策时,需要考虑相关进程组的执行历史以及每个进程的单个执行历史。系统把用户团体划分成一些公平共享组,并给每个组分配一部分处理器资源。因此可能会有 4 个组,每个组可以使用 25% 的处理器。实际上是给每个公平共享组提供了一个虚拟系统,虚拟系统的运行速度按照比例慢于整个系统。

调度是基于优先级的,它考虑了进程的基础优先级、近期使用处理器的情况以及进程所在的组近期使用处理器的情况。优先级的数字值越大,表示的优先级越低。

每个进程被分配了一个基本的优先级。该进程的优先级随着进程使用处理器以及当该进程所在的组使用处理器而降低。对于进程组使用的情况,通过用平均值除以该组的权值进行平均值的归一化。分配给某个组的权值越大,那么该组使用处理器对其优先级的影响就越小。

3.7　UNIX 调度

本节将分析传统的 UNIX 调度,SVR3 和 4.3 BSD UNIX 使用的都是这种调度方案。这些系统主要用于分时交互环境中。调度算法设计的为交互用户提供好的响应时间,同时保证低优先级的后台作业不会饥饿。尽管在现代 UNIX 系统中,该算法已经被取代,但是这种方法很值得研究,因为它是分时调度算法的代表。

传统的 UNIX 调度程序采用了多级反馈,而在每个优先级队列中采用了轮转的方法。该系统使用 1 秒抢占方式,也就是说,如果一个正在运行的进程在 1 秒内没有被阻塞或完成,它将被抢占。优先级基于进程类型和执行历史,可应用下面的公式:

$$\mathrm{CPU}_j(i) = \frac{\mathrm{CPU}_j(i-1)}{2} \tag{3-6}$$

$$P_j(i) = \mathrm{Base}_j + \frac{\mathrm{CPU}_j(i-1)}{2} + \mathrm{nice}_j \tag{3-7}$$

这里，$\mathrm{CPU}_j(i)$代表了进程j在区间i中处理器使用情况的度量；$P_j(i)$代表了进程j在区间i开始处的优先级，值越小表示的优先级越高；Base_j代表了进程j的基本优先级；nice_j代表了用户可控制的调节因子。

每秒都重新计算每个进程的优先级，并且进行一次新的调度决策。给每个进程赋予基本优先级的目的是把所有的进程划分成固定的优先级区。CPU 和 nice 组件是被限制的，以防止进程迁移出指定的区（由基本优先级指定）。这些区用于优化对块设备（如磁盘）的访问并且允许操作系统迅速响应系统调用。按优先级递减的顺序，这些区包括：交换程序、块 I/O 设备控制、文件操作、字符 I/O 设备控制、用户进程。

这个层次结构提供对 I/O 设备最有效的使用。在用户进程区，使用执行历史可以用 I/O 密集型的进程来处罚处理器密集型的进程。同样，这会提高效率。这个调度策略和轮转抢占策略结合使用，来满足通用的分时要求。

第4章 存储器管理

4.1 存储器管理概述

存储器是计算机系统的重要组成部分,程序都必须进入内存方可运行。存储器的管理不仅涉及存储空间的分配与回收、存储器资源利用率的提高,还影响着程序的链接、装入和运行过程,因此,存储器管理是操作系统内核的重要组成部分。

4.1.1 存储器概述

存储器通常包括外存、内存、Cache、寄存器为四个级别的设备。外存存储容量相对较大,通常有几百 GB 到几 TB,可以永久地保存程序和数据,但存取速度相对较慢,常见设备如磁盘。内存用于存储运行中的程序及数据,容量相对较小,通常为 2 ~ 4 GB,存储空间采用一维地址编码,按照从低到高的顺序编排,掉电后其中的信息会全部丢失。寄存器位于 CPU 芯片内部,通常包含的个数不是太多,例如,Intel8086 微处理器包含 14 个 16 位寄存器,用于存放 CPU 当前执行指令相关的数据。Cache 介于内存和寄存器之间,通过硬件以块为单位缓存内存中的数据,此过程对程序员来说是透明的,例如 Intel 酷睿 i5 微处理器包含三级高速缓存,容量为 8 MB。本章所讲的存储器管理主要指的是内存管理。

4.1.2 存储管理功能

存储器管理是操作系统内核的重要组成部分,就多任务系统而言,其目标在于程序编译时地址独立,多道程序共享内存、互不干扰,充分提高内存的利用率,功能主要包括内存分配、地址映射、内存扩充和内存保护等。

1. 内存分配

多任务系统环境中,进程创建需要向操作系统提出内存分配申请,用于存储程序指令和数据。作为操作系统,必须实时记录内存的使用情况,包含空闲空间和占用空间使用情况。内存分配就是操作系统从空闲空间中划分出适当的空间给进程的过程,该过程决定了多道程序如何共享内存。根据程序占用内存空间是否连续,可以将内存分配分为连续内存分配(给程序分配一块连续的内存空间以存储程序的所有指令和数据)和离散内存分配(以页或段为单位给程序分配内存空间,页或段不必是连续的)。

2. 地址映射

内存由顺序编址的存储单元(通常为字或字节)组成,每个存储单元都有一个与之对应的地址,通常将该地址称为内存物理地址或者物理地址。内存物理地址与计算机体系结构息息相关,由处理器地址引脚与存储器地址信号线的连接方式决定,对于 32 位计算机来说,由 32 位无符号整数表示。高级语言源程序或汇编语言源程序经过编译,转变为 CPU 可以识别的指令或数据,这些指令或数据参照于一个假想的地址空间,程序中的数据传送、转移等指令均使用这个假想的地址,通常将该假想地址称为程序逻辑地址或者逻辑地址。内存物理地址和程序逻辑地址是两个不同的概念,若要程序在具体的计算机上运行,必须将程序逻辑地址转换为内存物理地址,CPU 才可以依次正确执行程序中的指令。

3. 内存扩充

尽管现代计算机内存空间已经有了很大发展,以 GB 为单位,但相对于更加庞大复杂的系统和应用程序而言,内存仍显得非常珍贵。当有一个比内存容量还要大的程序要运行时,或者同时在内存要运行更多的程序时,就需要操作系统利用外存对内存容量进行伪扩充,将内存中暂时不用的程序临时转移到外存上,利用软件技术使外存作为内存的后备存储空间。这个过程与硬件上扩充内存容量不同,对用户来说,应该是透明的。

4. 内存保护

在多任务系统环境中,多个进程共享内存,为了避免进程间侵犯领地,尤其是为了防止用户进程侵犯系统进程占用的内存空间,必须采用内存保护措施。内存保护功能一般由硬件和软件配合实现,例如,Intel80x86 微处理器,当 CPU 的当前特权级(Current Privilege Level,CPL)为 0 时,即在内核态,才可以访问段描述符特权级(Descriptor Privilege Level,DPL)为 0 的段;同样,当 CPU 处于内核态时,才能对 User/Supervisor 标志为 0 的页面或页表进行访问。当要访问内存某一单元时,首先由硬件检查是否允许访问,若允许则执行;否则,产生中断,转由操作系统进行相应的处理。另外,不同内存区域访问权限也不相同,例如,Intel80x86 微处理器,段的访问权限可以是读、写、执行,页的访问权限只可以是读或写。

4.1.3 程序的链接

用户源程序从编辑到在内存中执行需要经历编译、链接和装入三个过程。编译就是将高级语言书写的源程序转换成目标计算机所能识别的指令,即生成目标模块。目标模块常常由于不完整而不可以独立运行。链接是将目标模块及所需要的库函数组装在一起,形成一个装入模块,通常指可执行程序。装入是将存储于外存的装入模块写入内存,准备执行现代操作系统中,程序的生成和运行大多是在集成开发环境中完成的,例如 Visual C++6.0,用户可以使用它完成程序源代码的编辑、编译(Compile)、链接(Build)和运行(Run)。而装入过程包含在用户运行可执行程序的操作中,用户对此过程感受并不是很明显。

用户源程序经过编译,将得到一个或多个目标模块,其中有些目标模块并不依赖于任何其他目标模块,独自构成完整的程序,可以直接装入内存运行;有些目标模块依赖于其他目标模块,这些目标模块合在一起构成一个完整程序;有些模块除了依赖于其他目标模块外还依赖于函数库,这些目标模块和函数库合在一起才能构成一个完整程序。目标模块的组合过程就是链接过程。根据目标模块的链接时机,可以把链接分成静态链接、装入时动态链接和运行时动态链接。

1. 静态链接

程序运行之前,多个目标模块及所需的库函数链接成一个完整的装入模块存储于外存,以后不再拆分,我们把这种链接方式称为静态链接。很多集成开发环境都支持这种链接方式。例如,使用 VC++6.0 创建 MFC AppWizard[exe]工程日时,若要静态链接 MFC库,可以在工程设置对话框的常规标签,Microsoft 基础类下拉列表中选择"使用 MFC 作为静态链接库"。使用 MFC 作为静态链接库生成的可执行文件容量较大,但可以在任何 Windows 操作系统上运行(即使系统不包含 MFC 共享 DLL 库)。

实现静态链接时,须解决一些问题。源程序经过编译得到三个目标模块 A、B、C,它们的长度分别为 0x20、0x50 和 0x30。目标模块 A 和目标模块 B 中分别定义了函数 A( )和函数 B( ),目标模块 C 中定义了一个全局变量 m。函数 A( )调用函数 B( )通过跳转指令"jump B"实现,函数 B( )通过"store m,3"指令向全局变量 m 中存放了一个数值 3。

目标模块 A、B、C 链接时,由于函数名 B 及变量 m 都是外部调用符号,编译时地址处于待定,链接时必须解决两个问题。

(1)修改目标模块的相对地址。

编译程序所产生的目标模块都有一个起始地址,一般为 0,目标模块中的指令和数据地址都参照于这个起始地址计算。链接目标模块 A、B、C 时,目标模块 B、C 的起始地址不再是 0,而分别是 0x20 和 0x70。

(2)变换外部调用符号。

函数名及全局变量名均为外部调用符号,目标模块指令中的外部调用符号地址均处于待定状态。链接时,待修改完目标模块的相对地址,外部调用符号地址确定下来后,需要对程序指令中的所有外部调用符号地址修正,即将目标模块 A 中的转移指令修正为"jump 0x20",目标模块 B 中对全局变量 m 的数据存储指令修正为"store 0x80,3"。

2. 装入时动态链接

目标模块在装入内存时,边装入边链接,即在装入一个目标模块时,如果发生其他模块调用,将引起装入程序查找相应的目标模块,并将此目标模块装入内存并进行链接。装入时动态链接方式有两个优点。

(1)便于目标模块的修改和更新。

由于目标模块是独立存放,单个目标模块的修改和更新不会引起其他目标模块的改动,程序装入内存时仅需链接新的目标模块即可。而静态链接方式,单个目标模块的修改和更新会影响到装入模块,需要目标模块重新链接生成新的装入模块。

(2)有利于实现目标模块的共享。

静态链接方式生成的装入模块各自独立,自成一体,不存在目标模块共享。而对于装入时动态链接方式,装入模块可以在装入时共享相同的目标模块,实现多个程序对目标模块的共享。

3. 运行时动态链接

运行时动态链接是在程序执行中,当发现某个被调用目标模块尚未链接,立即由操作系统去找到该目标模块并将之装入内存,再把它链接到调用者模块上。运行时动态链接是对装入时动态链接的进一步改进,因为程序运行过程中无法预期目标模块的执行情况,在运行前就将所有的目标模块进行链接并装入内存,这样做显然是低效的。有些目标模块在本次运行根本不会被用到,例如,错误处理模块,还有程序中的大量分支结构注定有些目标模块是运行不到的。

综合考虑这三种链接方式,静态链接在程序运行前将其所依赖的所有目标模块组装在一起,外存上存放时会占用较多的存储空间,但是静态链接的程序相对独立,运行时不受约束。

装入时动态链接是将链接过程推迟到程序装入内存时刻,因此,程序在外存上存放时会占用较少的外存空间。运行时动态链接是当前最流行的链接方式,进一步推迟链接时机,该种方式下凡未被用到的目标模块都不会被调入内存和被链接到装入模块上,除了可以节省外存空间外,还可以减少不必要的链接工作,同时节省大量的内存空间。

4.1.4　程序的装入

程序的装入是由装入程序将程序从外存装入内存,等待运行。程序的装入分为绝对装入方式、可重定位装入方式和动态运行时装入方式。

1. 绝对装入方式

绝对装入方式根据程序在内存中将要驻留的起始地址,选择该地址作为目标模块的链接起始地址,产生与驻留内存物理地址一致的装入模块,即程序逻辑地址与内存物理地址完全相同。程序每次装入内存,需要装入内存固定位置,运行时不再需要对逻辑地址进行转换。绝对地址装入方式对程序员有较高的要求,需要程序员熟悉计算机内存的使用情况。若程序装入到内存起始地址为 0x30008000 的一片连续内存空间,则在链接目标模块时起始地址即参考 0x30008000,程序中转移指令、数据传送指令中的地址也参考于此起始地址。

2. 可重定位装入方式

绝对装入方式必须将程序装入内存固定位置,因此,绝对装入方式只适用于单任务操作系统。而在多任务系统环境,程序链接时均参考统一的逻辑起始地址,例如 0x0。若链接产生的装入模块不加修正,随机装入内存指定位置,则会发生程序逻辑地址与内存物理地址不一致问题,例如,程序不加修正装入内存起始地址为 0x308000 的一片连续内存空间,"jump0x20"指令会跳转到程序所占内存空间以外的地址,导致程序执行异常。可重定位装入方式就是在装入程序时,根据操作系统为其分配的内存空间起始地址,将程序指令中的逻辑地址转换为与之对应的内存物理地址。链接生成的程序装入内存起始地址为 0x30008000 的一片连续内存空间后,"jump0x20"指令会被修正为"jump 0x30008020",通常把装入程序时对程序指令中的地址修正过程称为重定位。又因为可重定位装入方式是在程序装入时一次完成,以后不再改变,故又称为静态重定位。

3. 动态运行时装入方式

可重定位装入方式可以将程序装入内存的任何位置,但不允许在内存中移动位置。因为,程序若在内存中移动,意味着程序在内存的起始物理地址发生了改动,必须再次修正程序指令中的逻辑地址。然而,多任务环境往往出于某种原因需要程序在内存中移动位置,此时就应该采用动态运行时装入方式。

动态运行时装入方式在把装入模块装入内存时,并不立即把装入模块中的逻辑地址转换为绝对地址,而是把这种地址转换推迟到程序真正运行时才进行。链接生成的程序采用动态运行时装入方式装入内存后,指令中的逻辑地址不做修正。

采用动态运行时装入方式,程序运行时逻辑地址到内存物理地址的转换靠硬件地址转换机构来实现,硬件系统中通常是设置一个重定位寄存器,加载操作系统为程序分配的内存空间起始物理地址。程序在执行时,真正访问的内存物理地址是程序逻辑地址与重定位寄存器相加的和。由于地址变换是在程序执行期间,随着对每条指令或数据的访问自动进行,故称为动态重定位。程序若要在内存中移动,程序本身并不需要做任何改动,仅需要修改重定位寄存器中的内容即可。

4.2 连续分配方式

所谓连续分配方式就是给每一个程序分配一片连续的存储空间,其容量为程序运行时所需的最大空间。连续分配方式包含单一连续分配、固定分区分配、动态分区分配以及可重定位分区分配四种方式,其中固定分区分配、动态分区分配及可重定位分区分配都属于分低地址区分配方式,即多任务系统环境下的内存分配策略。

4.2.1 单一连续分配管理

单一连续分配管理方式是将内存分为系统区和用户区两个区域,如图4-1所示。系统区提供给操作系统使用,用户区提供给用户程序使用,一次只能装入一个程序运行。单一连续分配管理方式是最简单的一种存储器管理方式,适用于单任务操作系统,例如 MS - DOS 操作系统。

图4-1 单一连续分配管理模式

4.2.2 固定分区分配管理

固定分区分配管理方式是将内存划分成固定数目的区域,每一个这样的区域称为一个分区。操作系统在运行时,每一个分区容纳一个程序,内存中可以同时驻留多个程序运行。按照内存分区的划分策略,可以将固定分区分配管理方式分为等分和差分两种方式,如图4-2所示。等分方式就是每个内存分区大小相等,这种方式简单,但是未考虑程序本身的尺寸,程序太小则浪费空间,程序太大则无法运行。差分方式就将内存划分成大小不同的分区,程序装入时,根据程序的大小给其分配最适当的分区。

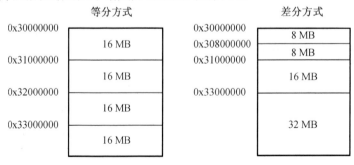

图4-2 固定分区分配方式

为了能管理内存分区,实现分区的分配和回收,需要在内存中建立一个固定分区分配表,如表4－1所示。固定分区分配表中记录分区号、长度、起始地址和状态等信息,状态记录分区的使用情况,若分区已经分配,则记录为"已分配",若分区处于空闲,则记录为"未分配"。程序装入时,遍历固定分区分配表,从中找出"未分配"且长度满足用户需求的分区。

表 4 － 1　固定分区分配表

分区号	长度	起始地址	状态
1	8MB	0x30000000	未分配
2	8MB	0x30800000	未分配
3	16MB	0x31000000	未分配
4	32MB	0x32000000	未分配

固定分区分配管理方式简单,但是由于分区大小固定,并不能很好地适应每个程序,分区内部会有小部分存储空间被浪费掉。我们将分区内部浪费掉的空间称为内碎片。固定分区存储管理方式适用于一些专用场合的计算机系统,例如工业控制系统,计算机每次总是运行固定数目程序。

4.2.3　可变分区分配管理

为了更好地适应程序对内存的需求,操作系统并不预设固定数目的分区,而是按照程序的内存需求为其划分存储空间,内存中的分区数目动态变化,我们将这种存储器管理方式称为可变分区分配管理方式,也可称为动态分区分配管理方式。

1.适用数据结构

为了实现可变分区分配管理,即内存空间的分配和回收,操作系统必须建立适当的数据结构,记录内存的使用情况,常用的数据结构有空闲分区表和空闲分区链。

(1)空闲分区表。

空闲分区表就是在操作系统中定义一张表,记录所有的空闲分区;每一个表项描述一个空闲分区,包含分区号、分区始址、分区大小、状态等字段。状态字段表示该表项是"未用表项"还是"已用表项"。空闲分区表实现时可以使用数组定义,如表4－2所示。

表 4 － 2　空闲分区表

分区号	分区始址	大小	状态
1	0x30002000	16KB	已用表项
2	0x30008000	8KB	已用表项
3	—	—	未分配
4	—	—	未分配
⋮	⋮	⋮	⋮

(2)空闲分区链。

空闲分区链就是在每个空闲分区的首部和尾部设置一些管理分区分配的信息,例如分区大小,以及分区链接指针。前向指针指向上一个空闲分区,后向指针指向下一个空闲分区,从而将所有的空闲分区链接成一个双向链表。

2. 适用分配算法

把一个程序装入内存时,在空闲分区表或空闲分区链中可能存在多个空闲分区满足需求(凡是分区大小不小于程序需求即可),若要从中选取一个,操作系统常常有四种策略,即首次适应算法、循环首次适应算法、最佳适应算法和最差适应算法。

(1)首次适应算法。

首次适应算法要求空闲分区以地址递增的次序排列。以空闲分区链为例,每次从链首开始顺序查找,直到找到一个大小能满足需求的空闲分区为止;然后再按照程序的大小,从该分区中划分出一块内存空间给请求者,余下的空闲部分仍留在空闲分区链中。若从空闲分区链中找不到合适的空闲分区,则分配失败。该分配算法每次都从低地址空间开始查找,内存空间使用不均衡,低地址空间的频繁使用会留下许多难以利用的小空闲分区,造成查找开销的增加;但是,高地址空间的较低使用会留下一大部分的空闲分区,为大程序内存分配创造了机会。

(2)循环首次适应算法。

循环首次适应算法是对首次适应算法的改进,要求所有的空闲分区组织成一个环,每次查找从上次找到空闲分区的下一个空闲分区开始查找,都不再从链首开始查找。为了实现该算法,应设置一个当前查找指针,指向下次查找的起始空闲分区。该算法能较好地均衡内存空间的使用,但是会造成内存大空闲分区缺乏。

(3)最佳适应算法。

最佳适应算法是按照最佳匹配原则,将能满足要求又是最小的空闲分区分配给程序,避免"大材小用"。为了加速查找,该算法要求将所有的空闲分区按大小顺序排列。从每个程序孤立地看,最佳适应算法似乎是最佳的,但是每次分配切割下来的剩余部分总是最小的,系统中会留下许多难以利用的小空闲分区。

(4)最差适应算法。

最差适应算法则与最佳适应算法相反,每次从空闲分区中选择最大的空闲分区分配给程序,以便切割剩余的空闲分区空间不太小。

不管采用何种算法,分配时总不能找到与所需容量一样的空闲分区,切割操作会留下或大或小的空闲分区,如图4-3所示。

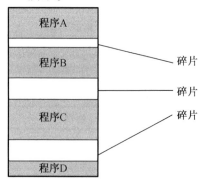

图4-3 外碎片情况

我们将这些永远不会被分配的小空闲分区称为外碎片。为了减少外碎片,节省系统开销,若切割后剩余空闲空间较小,则把找到的空闲分区整体分配,不再切割。

3. 可变分区分配管理操作

可变分区分配管理方式中,主要的操作是分配内存和回收内存。

(1)分配内存。

按照某种分配算法,从空闲分区表(链)中找到所需的分区。设请求的分区大小为 u. size,空闲分区表(链)中每个分区的大小为 m. size,若 m. size − u. size ≤ size(size 是事先约定的不再切割的剩余空闲空间大小),则剩余部分太小,不再切割,将该空闲分区直接分配给请求者;否则,从该空闲分区中划分出一部分空间给请求者,余下的部分作为一个新的空闲分区留到空闲分区表(链)中。最后,将分配分区的首地址返回给申请者。

(2)回收内存。

当程序运行结束退出内存时,需要回收程序占用的内存分区。将回收分区插入到空闲分区表(链)时,可能出现以下四种情况:

①回收分区与插入点前一个空闲分区相邻。此时应将回收分区与插入点前一个空闲分区合并,不必为回收分区创建新表项,只需修改前一个空闲分区的大小。

②回收分区与插入点后一个空闲分区相邻。此时应将回收分区与插入点后一个空闲分区合并,合并后的空闲分区首地址为回收分区的起始地址,大小为两者之和。

③回收分区与插入点前、后两个空闲分区相邻。此时需将三个分区合并,合并后的空闲分区首地址为插入点前一个空闲分区的起始地址,大小为三者之和,释放插入点后一个空闲分区表(链)项。

④回收分区与插入点前、后两个空闲分区均不相邻。对于空闲分区表数据结构,首先要分配一个空闲分区表项,然后将空闲分区表项插入到空闲分区表中;对于空闲分区链数据结构,修改回收分区的首部和尾部、插入点前一个空闲分区的后向指针、插入点后一个空闲分区的前向指针,使回收分区链接到空闲分区链中。

4.2.4　可重定位分区分配管理

1. 紧凑

可变分区分配管理方式可能会产生大量的内存外碎片,就单个外碎片而言,无法满足程序的需求,但如果把所有外碎片集中起来,或许能满足程序的需求。为了实现这种想法,就需要移动内存中已装入的程序,把原来分散的多个小空闲分区拼接成一个大分区,我们把这种技术称为"紧凑"或"拼接"。

紧凑后的用户程序在内存中的位置发生了变化,若不对程序指令和数据中的地址加以修正,则程序必然无法执行。为此,移动了的程序必须对程序逻辑地址进行重定位。以动态运行时装入方式为例,由于程序在装入内存时所有的地址仍然采用逻辑地址,所以重定位的实现仅需要修改重定位寄存器的值,即将程序在内存中新的起始物理地址加载到重定位寄存器中即可。

2. 可重定位分区分配

可重定位分区分配管理方式与可变分区分配管理方式基本相同,差别在于这种方式增加了紧凑功能,允许程序在内存中移动,当找不到足够大的空闲分区来满足用户需求且所有空闲分区和不小于用户需求时,程序可以在内存中移动,从而拼接出一个大的可用空闲分区。

4.3 覆盖与对换管理

在多任务系统中,分区分配方式(包括固定分区分配管理方式、可变分区分配管理方式和可重定位分区分配管理方式)还有一些不足,程序运行时需要将程序的全部信息一次装入内存,程序所需空间大于内存空闲分区之和时则无法运行,这些不足限制了在计算机系统上开发较大程序的可能性,阻碍了程序在计算机系统上执行并发性和并行性的提高。覆盖与交换就是为了解决这些不足,为程序运行提供更多的可用空闲空间,换言之,对内存进行逻辑扩充。

4.3.1 覆盖管理

程序通常由若干个功能相互独立的功能模块组成,每个功能模块对应于一个程序段。程序的一次执行只会用到其中的若干段,不会涉及所有的程序段,故而可以让那些不会同时执行的程序段共用一个内存区。我们把没有任何依赖的程序段重复使用同一个内存区称为覆盖技术。如图 4 - 4 所示,主程序分为子程序 1 和子程序 2 两个功能模块,子程序 1 又具体细化为子程序 11 功能模块,子程序 2 具体细化为子程序 21 和子程序 22 功能模块。运行时程序从主程序模块进入,主程序必须单独占用一个内存区。子程序 1 和子程序 2 之间由于不存在任何依赖关系,可以共用一个内存区;同理,子程序 11、子程序 21、子程序 22 之间也可以共用一个内存区。我们把共用一个内存区、可以相互覆盖的单个程序段称为覆盖,而把共用的内存区称为覆盖区。所有共用一个内存区的覆盖合在一起称为覆盖段,覆盖段与覆盖区一一对应。图 4 - 4 中子程序 1 和子程序 2 为一个覆盖段,子程序 11、子程序 21 和子程序 22 为另一个覆盖段。为了使覆盖段中的所有覆盖能够装入覆盖区,则覆盖区的大小应为每个覆盖段中最大覆盖。

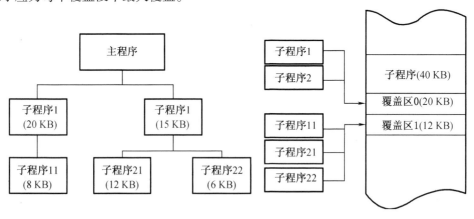

图 4 - 4 覆盖管理

覆盖管理通过系统覆盖管理控制程序实现,由其根据程序覆盖结构决定程序的装入,程序调用当前未装入覆盖区的覆盖时,同样由其将所需的覆盖调入覆盖区。覆盖技术的核心是覆盖结构,它需要程序员事先给出,但对于一个规模较大或比较复杂的程序来说,分析和建立覆盖结构比较困难。覆盖技术的主要特点是打破了程序必须完整装入内存才可以运行的限制,在一定程度上解决了内存紧张的问题。

4.3.2 对换管理

所谓对换就是系统根据需要把内存中暂时不运行的某个(或某些)进程部分或全部移到外存,以便腾出足够的内存空间,再把外存中某个已具备运行条件的程序移到相应的内存区。利用这种反复的进程换入换出,可以实现小容量内存运行多个用户程序。该技术出现于 20 世纪 60 年代,曾广泛应用于早期的小型分时系统存储器管理中。

从内存换出到外存的进程被组织到外存对换区。对换区采用连续存储管理,提高进程换入和换出的速度。另外,换出对象优先考虑处于阻塞状态且优先级低的进程,减少进程的换入换出频率。对换技术打破了程序进入内存持续运行到程序结束的限制,利用外存空间存放内存中暂时不运行的进程,临时解决内存紧张问题,同样是对内存的逻辑扩充。

4.4 基本分页存储管理

连续分配方式要求程序装入一片连续的内存区域,如果内存中不存在这样的区域,则需要通过紧凑方式,拼接出这样的区域,耗费系统很大的开销。如果允许将程序分散地装入不接的分区中,则无须进行紧凑,由此产生了离散存储管理方式。如果离散分配的基本单位是页,则称为分页存储管理方式;如果离散分配的基本单位是段,则称为分段存储管理方式。

在分页存储管理方式中,如果不具备页面对换功能,则称为基本的分页存储管理方式或纯分页存储管理方式,其要求把程序以页为单位全部装入内存后方能运行。

4.4.1 页面与页表

1. 页面

分页存储管理是将程序的逻辑地址空间划分成等大小的块,每块称为页面。同样,内存也被划分成等大小的块,每块称为页框。页面大小与页框等大小,程序进入内存时,被装入到若干个可以不邻接的页框中。程序大小常常不会是页面的整数倍,因此,最后一个页面装入页框后会形成不可利用的碎片,称之为页内碎片。

页面的大小应选取适中,通常为 512 B ~ 8 KB。例如,Intel80386 微处理器定义页面大小为 4 KB,HP 的 alpha 微处理器定义页面大小为 8 KB。页面太大或者太小,对操作系统来说都不利,页面太大,会增加页内碎片;页面太小,则程序被分割得过于零碎,会增加页表的长度。

2. 地址结构

处理器启用分页功能后,程序逻辑地址被划分为两部分,前一部分为页号,后一部分为页内偏移。以 32 位的逻辑地址为例,若页面大小为 4 KB,则页号用 12 ~ 31 位表示,页内偏移用 0 ~ 11 位表示。就程序大小而言,最多有 1 M 个页面。

3. 页表

程序的逻辑地址并不能直接用于内存访问,必须转换为内存物理地址方可。在分页存储管理方式中,逻辑地址到物理地址的转换需要借助于页,它记录了页面到页框的映射关系。

4.4.2　地址变换机构

1. 基本的地址变换机构

为了能够实现逻辑地址到物理地址的转换,处理器必须设置相应的机构,一般为页表寄存器,例如,Intel80x86 微处理器的 cr3 控制寄存器。页表寄存器用于存放页表在内存中的起始地址,即页表基址。进程创建时,进程控制块中存放页表基址和页表长度,每次进程从就绪状态变为执行状态,需要将进程控制块中的页表基址和页表长度装入页表寄存器。

当要访问某个逻辑地址时,处理器会自动将逻辑地址分为页号和页内偏移两部分,先将页号与页表长度进行比较,若页号不小于页表长度,则表示本次所访问的逻辑地址越界;否则将页号与页表寄存器中的页表基址相加,得到该页号所对应的页表项在内存中的物理地址,进而得到页面所对应的页框号,随即将页框号装入物理地址寄存器中。最后将页内偏移地址直接送入物理地址寄存器中的块内地址字段中。这样,便完成了逻辑地址到物理地址的转换。

2. 具有快表的地址变换机构

由于页表存放于内存中,因此从给出逻辑地址开始到实现对真实内存单元的访问,需要经历两次内存访问,第一次是根据页号对页表的访问,第二次是根据物理地址对内存单元的访问,这样就降低了指令的执行速度。为了改善这种状况,在硬件上增加了一个具有并行查寻能力的特殊高速缓冲存储器,称为快表或联想存储器。

当把一个页号交给快表时,它同时和快表中的所有页号比较,若其中有与此匹配的页号,便直接从快表中读出该页所对应的页框号,并送到物理地址寄存器中;若在快表中未能找到匹配的页号,则还要再访问内存中的页表,找到后把页面所对应的页框号送到物理地址寄存器中,同时,还要将此页表项存入快表。例如,Intel80x86 微处理器包含一个名为 TLB(Translation Lookaside Buffer)的高速缓存,用于缓存访问过的逻辑地址所对应的物理地址。

基于成本考虑,快表不能做得很大,通常只存放 16 ~ 512 个页表项,这对中、小型程序来说,已有可能把全部页表项放入快表中,但对于大型程序,只能将其一部分页表项放入快表中。由于程序指令执行和数据访问都有局限性,因此,快表的命中率还是比较高,统计结果显示可达 90% 以上,降低了因地址变换而造成的程序执行速度下降。

4.4.3　两级和多级页表

1. 两级页表

对于 32 位逻辑地址程序,若规定页面大小为 4 KB,则程序装入内存时页表项可达 1 M 个,又因为每个页表项要占用若干个字节记录页框号(字节数应能够记录页框号),所以每个进程的页表就要占用几兆的内存空间;并且为了实现随机访问,还要求页表存储空间是连续的。为了解决这个问题,我们可以离散存储页表,将页表以页为单位分隔存储,建立页表的页表,即外层页表,以记录页表所在页框号。

以 32 位逻辑地址程序为例,按页面大小为 4 KB 离散存储,把产生的 1 M 个页表项进步分成若干个页存储,并建立外层页表。若每个页表项占用 4 B(足够表示页框号),则一个页框会容纳 1 K 个页表项。对于 1 M 个页表项来说,可以分割成 1 K 个页表,每个页表占用一个页框。再为这 1 K 个页表建立外层页表,用一个页框正好可以容纳下 1 K 个外层页表项。

按照两级页表,32 位逻辑地址可以分为外层页号、页号和页内偏移。由于外层页表和页表容纳 1 K 个页表项,则外层页号用 32 位逻辑地址的 22 ~ 31 位,页号用 32 位逻辑地址的 12 ~ 21 位,页内偏移用余下的 0 ~ 111 位。

为了实现地址变换,系统需要增加一个外层页表寄存器。当进程从就绪态转到执行态,需要将外层页表的起始物理地址(即外层页表基址)装入外层页表寄存器中。对于任一个逻辑地址,利用其外层页号作为外层页表的索引,从外层页表中获取页表在内存中的页框号;再利用页号作为页表的索引,从页表中获取所要访问的页面在内存中的页框号;最后,将页框号与页内偏移拼接即可构成要访问的内存物理地址。采用两级页表,对逻辑地址所对应的物理地址访问需要经过三次内存访问,第一次是对外层页表的访问,第二次是对页表的访问,第三次是对相应内存单元的访问。

两级页表突破了页表需要大量连续内存空间存储的限制,并且,程序运行时仅需要构造外层页表和部分页表,从而减少页表占用的内存空间。以 32 位程序逻辑地址空间为例,外层页表号 10 位,则正好是 22 的倍数,且与 22 地址对齐的漏洞(这里漏洞是指程序中末用的逻辑地址空间)所对应的页表可以不用构建。另一方面,页表也可以部分构建,在外层页表项中增设一个状态位 P,表示某页面的页表是否已经调入内存,为 0 表示尚未调入内存,为 1 表示已经调入内存。程序运行时,根据逻辑地址去索引外层页表,若外层页表项 P 位为0,则产生一中断信号,请求 OS 将该页表调入内存。对于一级页表,即使程序不使用全部的逻辑地址空间,程序中存在某些地址空间漏洞,页表中仍要有这些漏洞对应的页表项,以实现页表的随机访问。

2. 多级页表

对于 32 位计算机,程序逻辑地址空间采用 32 位表示,两级页表结构是合适的。但对于 64 位计算机,程序逻辑地址空间采用 64 位,采用两级页表就有些问题。如果页面仍然采用 4 KB,那么页表项会有 232 个。页框同样存储 20 个页表项,则外层页表项还有 24 个,用一个页框是无法容纳下这些外层页表项。因此,还要对外层页表进行分页,从而建立多级页表。例如,HP64 位 Apha 微处理器采用三级页表结构。

4.4.4　分页共享

分页存储管理方式中,为了实现代码共享,需要为所有的进程建立相同的页表项。若有 40 个用户共享文本编辑程序,文本编辑程序有 160 KB 的代码和 40 KB 的数据区,需要为每个用户建立 40 项相同的程序页表项和 10 项独立的数据页表项,其中进程 1 和进程 2 的页表。

分页技术并不有利于代码共享,若共享的信息不是页的整数倍,将最后零头所在的页共享,可能造成一些本该私有的东西共享,使信息发生泄漏。

可重入代码又称为"纯代码",是一种允许多个进程同时共享的代码,上述的文本编辑程序即为可重入代码。为使各个进程所执行的代码完全相同,可重入代码在执行中绝对不允许有任何改变。事实上,大多数代码在执行时都有可能改变,如控制程序执行次数的变量、指针、信号量及数组等,为此,在每个进程中都必须配以局部数据区,把在执行中可能改变的部分拷贝到局部数据区,这样,程序在执行时只对该数据区中的内容进行修改,而不用去改变共享的代码。

4.5 分段式存储管理

前述的程序逻辑地址空间与内存存储单元组织结构相同,是一维的线性空间,也称为线性地址空间。这种地址空间不能反映程序代码内在的逻辑性,另外,程序所有的数据都在一个地址空间中分配,不同的数据占用不同部分的逻辑地址空间,当一个数据发生增长时,就会冲撞到相邻的数据区而造成无法增长。为了解决该问题,引入了分段管理技术,让程序使用多个地址空间。

4.5.1 分段与段表

1. 分段

分段就是把程序代码划分到若干个独立的地址空间内,每一个地址空间称为一个段,段内独立编址。例如,24 版的 Linux 内核在 Intel80x86 微处理器上被分为内核代码段、内核数据段、用户态下所有进程所共享的用户代码段、用户态下所有进程所共享的用户数据段、任务状态段、1 个所有进程共享的缺省局部描述符表(Local Descriptor Table,LDT)段、4 个与高级电源管理支持相关的段。程序代码和数据的运行权限不同,程序代码可以被执行,而数据只能被读和写,因此,程序代码和数据一般分成两个段存放。通常,用户程序编译时,编译程序会自动将代码归类到若干个段中,如 GCC 编译器编译 C 语言程序时会自动创建代码段、初始化数据段、未初始化数据段和栈段,代码段存放程序指令,初始化数据段存放全局初始化数据,未初始化数据段存放全局未初始化数据,栈段用于存放函数调用断点、局部变量。分段管理就是将一个程序按照逻辑单元分成多个程序段,每一个段使用自己单独的地址空间。这样,一个段占用一个地址空间,就不会发生单地址空间动态内存增长引起的地址冲突问题。

2. 程序地址结构

程序采用分段结构后,整个程序由若干个段组成,每个段都有段名,程序内部用段号表示。段内指令和数据都从 0 开始编址,允许存放指令和数据的数量称为段长。因此,采用分段管理的程序逻辑地址是二维的,由段号和段内偏移组成。在该地址结构中,一个程序最多允许有 64×10^3 个段,每个段最大段长为 64 KB。

3. 段表

分段存储管理方式中,系统需要为每个段分配一个连续的内存空间,程序的所有段离散地进入内存中的不同分区分段存储管理方式中,内存分配可以采用可变分区分配管理方式。为了实现逻辑地址到物理地址的转换,同分页存储管理方式一样,需要在系统中为每个运行的程序建立一个段表。段表记录了段与分区的映射关系,每个段表项记录了段号、段长、段在内存中的起始地址(又称为基址)等信息。段表位于内存中,但是为了提高地址转换速度,段表项可以存放在一组寄存器中,例如 Intel 的 80x86 处理器提供一种附加的非编程寄存器(不能被程序员所设置的寄存器),自动加载段寄存器中值所指定的段描述符。

4.5.2 地址变换机构

分段存储管理方式的地址转换在硬件上需要增加段表寄存器,加载段表在内存中的起始地址,即段表基址。进行地址变换时,系统将逻辑地址中的段号与段表长度进行比较,若段号不小于段表长度,则访问越界,产生越界中断信号;否则,将段号与段表基址相加,获得段在内存中存放的基址和段长。检查段内偏移地址是否超过了段长,若超过了段长,则同样产生越界中断信号;否则,将段内偏移地址与基址相加,即可得到要访问的内存单元物理地址。

例如,Intel 的 80x86 微处理器,提供有 gdmr 和 ldtr 寄存器,分别用于加载全局段描述符表(Global descriptor Table,GDT)和局部段描述符表(Local Descriptor Table,LDT)在内存中的起始地址,通常进程只定义一个 GDT,如果还需要创建附加的段,就可以有自己的 LDT。另外,处理器还提供 6 个段寄存器,分别为 cs、ss、ds、es、fs 和 gs。段寄存器用于存放段选择符,段选择符中包含段选择符和段描述符表索引,通过段选择符指定是使用 GDT,还是使用 LDT,再根据段描述符表索引检索相应的段描述符表就可以获取段基址。

4.5.3　分段共享

分段管理有利于信息共享与信息保护。同样,若 40 个用户共享文本编辑程序,文本编辑程序有 160 KB 的代码和另外 40 KB 的数据区,在分段存储管理系统中,只需为每个用户分别建立一个包含程序段项和数据段项的段表,所有用户的程序段基址相同,数据段基址指向各自独立的内存空间。由于段是信息的逻辑单位,因此,分段存储管理方式实现信息的共享要比分页存储管理方式容易得多。

4.5.4　分页和分段的主要区别

分页存储管理方式和分段存储管理方式存在着较多的相似之处,两者都采用离散的内存分配,程序运行时需要在内存中分别建立页表或者段表,计算机硬件上需要增加页表寄存器或者段表寄存器,都要经过逻辑地址到物理地址的转换。但两者还有一些区别,主要表现在以下几个方面:

1. 信息单位不同

页是信息的物理单位,是为了提高内存的利用率,消减内存的外碎片根据系统需要而设定的物理划分单位;而段则是信息的逻辑单位,是为了用户组织程序代码而设定的逻辑划分单位,它包含一组意义相对完整的信息。

2. 大小不同

页的大小固定,由系统硬件把逻辑地址划分为页号和页内偏移两部分,因而在整个系统内只有一种大小的页面;而段的大小不固定,由用户在编译链接时对段的定义决定。

3. 维数不同

分页存储管理方式的程序逻辑地址空间是一维的,即线性地址空间;而分段存储管理方式的程序逻辑地址空间是二维的,由段号和段内偏移标识。

4.6　分段式存储管理

分页存储管理方式和分段存储管理方式各有各的优点,分页存储管理方式能够有效地提高内存的利用率,而分段存储管理方式能够很好地按用户逻辑组织程序代码,如果能够将两种方式有机地结合在一起,既可以解决内存外碎片问题,又可以满足用户需求,易于代码共享、保护、可动态链接等,会是一种较好的策略。段页式存储管理方式正是基于该种思想发展而成。

4.6.1　基本原理

段页式存储管理方式是分段存储管理方式和分页存储管理方式的结合,即先将程序分成若干个段,再把每个段分成若干个页。段表记录段号、页表大小、页表基址等信息。页表基址记录了页表在内存中存放的起始地址,页表大小用于判断段内页号是否发生越界。

4.6.2　地址变换机构

段页式存储管理方式,从宏观上来说仍然采用的是分段存储管理方式,只是在局部上再细化为分页存储管理方式,因此,段页式存储管理方式同分段存储管理方式地址转换一样,需要在硬件上增加段表寄存器。进程从就绪态转换为执行态时,需要将进程的段表基址加载到段表寄存器中。地址转换时,首先将段号与段表长度比较,判断是否越界;其次,将段号与段表基址相加,获得段的页表在内存中存放的基址;再次,将页号与页表基址相加,获得页框号;最后,利用页框号和页内偏移构成要访问逻辑地址对应的内存单元地址。

段页式存储管理方式访问一条指令或数据需要经过三次内存访问,第一次是访问内存中的段表,第二次是访问内存中的页表,第三次是访问相应内存单元。显然,这使内存访问次数提高了两倍,降低了指令执行速度。为了解决这个问题,需要在系统中增加高速缓冲寄存器、缓存部分段表项和页表项。

4.7　虚拟存储器

在多任务环境下,内存数量相对于程序需求来说总是紧张的,为了扩展内存,一方面可以通过增加内存条,但这需要较大的经济投入;另一方面可以实现虚拟存储器技术。

4.7.1　虚拟存储器概述

前述的几种存储器管理方式都有一个共同的特点,即程序要求一次性全部装入内存,且在内存中驻留直到程序结束。这个特点会对内存的有效利用产生一些问题,程序每次运行时并非全部程序指令和数据都要用到,如果将程序全部装入内存,则会造成内存的浪费;另外,尽管程序很早就开始运行了,但是由于 I/O 操作而阻塞,占用内存也是对内存的浪费。因此,该特点使一些大的程序或者急迫需要执行的程序由于内存不足而无法运行。

类似于人的思维有一定的局限性,程序的执行过程也有局限性。就是说,在较短的时间内,只有一部分程序得到执行;另外,程序所访问的存储空间也局限于某一部分。早在1968 年,DenningP. 就曾指出,程序在执行时呈现出局部性规律,即在一较短的时间内,程序的执行仅局限于某部分,包括以下几个论点:

(1)程序执行时,除了少部分的转移和过程调用指令外,在大多数情况下仍是顺序执行的。

(2)尽管函数调用会使程序的执行发生跳转,但过程调用的深度在大多数情况下都不会超过 5,程序将会在一段时间内局限在这些函数范围内。

（3）程序中存在许多循环结构,它们将多次执行。

（4）程序中还包括许多对数据结构的处理,如对数组进行操作,它们往往都局限于很小的范围内。

所谓虚拟存储器是指具有请求调入功能和置换功能,能从逻辑上对内存容量加以扩充的一种存储器,其逻辑容量由内存容量和外存容量之和所决定,其运行速度接近于内存速度,而每位的成本又接近外存。虚拟存储器使程序的逻辑地址空间真正独立于内存物理地址空间,为程序提供一个比真实内存空间大得多的地址空间。程序在执行时,首先将其最小程序集装入内存。运行中如果所访问的内容已在内存,则继续操作;否则,执行请求调入功能。执行请求调入功能时,如果内存已满,则还要执行置换功能。现代操作系统大多都采用了虚拟存储器技术,例如 Windows 操作系统,在系统属性对话框高级标签中,通过设置"性能",可以更改系统的虚拟内存。并且,虚拟存储器都毫无例外地建立在离散存储分配管理方式的基础上,因此,虚拟存储器又分为分页虚拟存储器和分段虚拟存储器,也可以将二者结合起来,构成段页式虚拟存储器。

4.7.2 虚拟存储器特征

虚拟存储器与其他内存管理方式相比,具有虚拟性、部分装入、对换性 3 个主要特征。

1. 虚拟性

虚拟存储器不是扩大物理内存空间,而是让程序的逻辑地址空间真正独立于内存物理地址空间,为程序提供一个比真实内存空间大得多的地址空间,用户编程时不需要考虑内存的大小。

2. 部分装入

每个程序不是全部一次性装入内存,最初时只装入程序运行最小集,后续可能要多次进行程序装入。

3. 对换性

内存中暂时不被使用的程序和数据可能随时被换出到外存,在需要时,又可以被重新调入到内存。

4.8 请求分页存储管理

请求分页存储管理方式是建立在基本分页存储管理方式的基础上,为了支持虚拟存储器技术发展而来,程序装入和对换的基本单位是页。

4.8.1 实现原理

为了实现请求分页存储管理方式,系统在基本分页存储管理方式的基础上,还必须提供些额外的软件和硬件支持,包括页表的改进和缺页中断。

1. 页表

与基本分页存储管理方式相同,请求分页存储管理方式中逻辑地址到物理地址的转换也离不开页表,其中同样记录页面所对应的页框号。另外,为了支持虚拟存储器技术,实现程序的部分装入和对换,还需要增加若干个字段,包括状态位(P)、访问位(A)、修改位(M)和外存始址。状态位用于记录页面是否已经调入内存;访问位用于记录页面在一段时间内的访问次数,或者记录最近未被访问的时间;修改位记录页面在调入内存后是否被修改过;外存始址记录页面被换出内存后在外存上的存放位置。其中访问位和修改位用于页面置换算法的实现。

2.缺页中断

在请求分页存储管理方式中,每当程序所要执行的页面不在内存中时,处理器便会产生次缺页中断,将所缺之页调入内存。缺页中断与其他硬中断、软中断略有差异,它发生在指令执行期间,而非指令执行的间隙;另外,一条指令在执行期间可能要多次访问内存,因而会产生多次中断。

3.地址转换流程

请求分页存储管理方式中,由于所访问指令或数据所在的页面可能不在内存中,因此,逻辑地址到物理地址的转换就会复杂一些。当所要访问的页面存在于内存时,地址的变换过程与基本分页存储管理方式相同。若要访问的页面不在内存,便会执行缺页中断处理程序,完成页面调入和页面置换功能。逻辑地址到物理地址的转换由计算机硬件自动实现,而页面调入和页面置换作为中断处理程序的功能由软件实现。但是,这也并不是绝对的,软件和硬件的关系紧密,有些系统中用硬件实现上述软件功能,以加快指令执行速度。

4.8.2 内存分配策略

由于请求分页存储管理方式中程序占用的页框数处于动态的变化中,因此,将涉及三个问题,一是最小页框数,二是页框分配算法,三是页面置换范围。

1.最小页框数

最小页框数是指保证程序正常运行所需要页框的最小值。当系统为进程分配的页框数小于最小页框数时,进程将无法正常执行,频繁地发生页面的换入与换出。进程应分配的最小页框数与计算机硬件结构有关,取决于指令的格式、功能和寻址方式。对于精简指令集处理器,若是单地址指令且采用直接寻址方式,则所需的最小页框数为2,一个用于存放指令所在页面,一个用于存放数据所在页面。如果该机器允许间接寻址,则至少需要3个页框,多出的一个页框用于存放数据地址。对于功能较强的计算机,则需要更多数目的最小页框数。

2.页框分配算法

在请求分页存储管理方式中,每个进程占用的页框数可以采用以下几种算法分配。

(1)平均分配算法。

系统将内存所有可供分配的页框平均分配给各个进程,这种分配算法简单,但是没有考虑到程序自身的大小,同样的页框数对于较大的程序而言显得略有不足。

(2)按比例分配算法。

根据进程的大小按比例将所有可供分配的页框分配给各个进程。如果系统中共有 n 个进程,每个进程的页面数为 P;则系统中所有进程的页面数总和为 $S = \sum Pi$;又假定系统中可用页框数为 m,则每个进程所能分配到的页框数为 $m \cdot Pi/S$。

(3)优先权算法。

为了照顾某些重要、紧迫的作业,使其尽快地完成,应为其分配较多的页框数。通常是把内存中可供分配的页框分成两部分,一部分按比例分配给各进程;另一部分则根据进程优先权,适当地增加高优先权进程分配的页框数。

3. 置换范围

当内存页框紧张,需要换出页面时,可以采用两种策略,一种是全局置换,另一种是局部置换。所谓全局置换是指换出的页面可以是内存中任一进程的,而局部置换是指换出的页面限定于当前执行进程所属的页面。局部置换不会影响其他进程占用的页框数,但是不能充分利用系统的整体资源,会造成不同进程页面使用不平衡,即有的进程页面有富余,而有的进程却频繁缺页。

4.8.3　调页策略

调页策略是将进程运行所需的页面调入内存,包含页面调入的时机和页面调入的位置。

1. 页面调入的时机

页面调入的时机可以分为预调页策略或请求调页策略,预调页策略主要用于进程运行前预调入某些页面。预调页策略很有吸引力,但是成功率偏低。因此,页面调入主要采用请求调页策略。程序运行过程中,发现所需页面不在内存中,便立即发生缺页中断,由操作系统将所需的页面调入内存。

2. 页面调入的位置

页面从内存中换出,存放于外存时可以采用两种方案:一种是存放于外存的文件区,另一种是存放于对换区。文件区存放是将换出的页面以文件的形式存放于外存,由于文件在磁盘中是以离散的方式存储的,故而会消耗较大的磁盘读/写时间;对换区是从外存中划分出一片连续的存储空间,页面在对换区中的存放可以采用连续分配方式。由于页面在外存中连续存储,因此,对换区方式可以节省磁盘读/写时间。例如 Linux 操作系统,在安装时便会询问用户是否创建 swap 分区,默认情况下是创建 swap 分区。

有了对换分区,系统从何处换入页面便有三种情况:一是全部从对换区调入页面,该种方式在进程运行前,便须将与该进程有关的内容从文件区拷贝到对换区;二是程序运行过程中,修改过的页面换出时存入对换区,这类页面调入时从对换区调入,其他从文件区调入;三是程序运行过程中,运行过的页面换出后存入对换区,这类页面调入时从对换区调入,其他未运行过的页面从文件区调入。例如,UNIX 操作系统采用的就是第三种方式。

4.8.4　页面置换算法

请求分页存储管理方式中,当内存空闲空间已经用完,无法保证程序能够继续正常运行时,就必须把内存中的一个或部分页面换出内存。我们把选择换出页面的算法称为页面置换算法。页面置换算法的好坏将直接影响系统的性能,好的页面置换算法会带来较少的缺页中断次数和较少的页面对换次数。从理论上讲,应该将那些以后不会再访问的页面换出,或把那些在较长时间内不会再访问的页面调出。

1. 最佳置换算法

最佳置换算法是由比莱迪(Belady)提出的一种理论算法,其方法是选择以后永不使用的,或是在未来最长时间内不再被访问的页面。假定为某进程分配了三个页框,并考虑有以下的页面引用顺序:2 - 3 - 2 - 1 - 5 - 2 - 4 - 5 - 3 - 2 - 5 - 2。

程序运行过程中,当第一次访问 5 号页面时,系统给其分配的三个页框已经用完,会发生页面置换。按照最佳置换算法,应该将 1 号页面换出,因为 1 号页面是以后不再使用的页面。当第一次访问 4 号页面时,同样也会发生页面置换,应该将 2 号页面换出,因为在 2,3,5 三个页面中,2 号页面是最久才被访问的。

由于人们无法预测将来会发生什么事,因此,最佳置换算法是一种理想化的算法。但是,最佳置换算法可以保证最低的缺页中断次数。因此,利用最佳置换算法可以衡量其他算法的优劣。

2. 先进先出置换算法

先进先出(First In First Out,FIFO)置换算法是最早出现的页面置换算法,它总是淘汰最先进入内存、在内存中驻留时间最久的页面。该算法将所有的页面按照进入内存的顺序组织成一个队列,则队首元素始终是最先进入内存的页面。每次淘汰页面时,仅需要将队首页面置换出内存,在腾出的页框中装入新换入的页面。

先进先出置换算法较为简单,但是,与进程实际页面访问规律不相适应,因此,有些经常被访问的页面往往被淘汰掉了。

3. 最近最久未使用置换算法

为了能够更好地适应页面访问规律,达到最佳置换算法的效果,人们只能利用最近的过去判断最近的将来,认为最近的过去近似于最近的将来因此,最近最久未使用置换算法(Least Recently Used,LRU)的核心思想就是选择最近最久未使用的页面予以淘汰。为了判断最近程序的哪一个页面最久未被使用,可以采用寄存器、栈两种技术。

(1)寄存器。

寄存器由 n 位组成,定义为:$Rn-1, Rn-2, Rn-3, \cdots, R2, R1, R0$。程序的每一个页面均配备一个这样的寄存器。当进程访问某页面时,将其寄存器的最高位(即 Rn1 位)置 1。另外,系统的定时信号每隔一定的时间将所有页面的寄存器右移一位。页面置换时,具有最小数值的寄存器所对应的页面就是最近最久未使用的。采用寄存器实现进程在内存中的页面某时刻寄存器值的情况,2 号页面寄存器的值最小,说明在最近一段时间内最久没有被访问过;而 0,1,3 号页面的最高位都为 1,说明它们在过去的一个时钟周期内都被访问过最少一次。

(2)栈。

用栈存放位于内存中的所有页面,每访问一个页面,便将该页面从栈中移出,放在栈顶,其他页面在栈中的次序保持不变。这样,栈顶始终放的是最近最常使用的页面,而最近最久未使用的页面位于栈底。页面置换时仅需将位于栈底的页面淘汰,而将新进入内存的页面放在栈顶。

4. Clock 置换算法

最近最久未使用置换算法是较好的置换算法,但它要求较多的硬件支持,故在实际应用中,大多采用的是它的近似算法。Clock 算法是用得较多的一种 LRU 近似算法。

(1)简单 Clock 置换算法。

简单 Clock 置换算法只为内存中的页面设置访问位,当页面被访问时,便将访问位置 1。内存中的所有页面组织在个循环链表中,并设置一个指针 pointer,用于指示页面查找的起始位置。需要置换页面时,从指针位置开始,查看指针所指页面的访问位是否为 1,如果是 1,则将该页面的访问位修改为 0,否则,挑选该页面换出内存,并将新的页面换入内存,置新页面访问位为 1;最后让指针指向下一个页面。第 1 圈扫描结束后,若没有找到淘汰的页面,则进行第 2 圈扫描,此时,必定能够找到淘汰的页面。

由于该算法是循环地扫描内存中的所有页面,所以称为 Clock 算法。简单 Clock 置换算法仅用一位描述页面最近的使用情况,0 和 1 只能反映页面的过去一段时间内用了还是未用,故又把该算法称为最近未用算法(Not Recently Used,NRU)。

(2)改进型 Clock 置换算法。

选择页面置换时,如果该页面已经被修改,便需要将该页面写回到磁盘;但如果该页面未被修改过,则可以不将其写回磁盘,省略了磁盘 I/O 操作。因此,在简单 Clock 置换算法的基础上,稍微做了一下改动,增加了一个修改位,用于记录页面是否被修改过,1 表示修改,0 表示未修改。此时,内存中所有页面的状态由访问位和修改位决定。

2 类页面怎么会出现? 一个页面被修改却没有被访问,难道修改不是被访问吗? 2 类页面的出现是由于访问位定期清零产生的。访问位如果不定期清零,则一段时间后所有的页面都是被访问的,这样,访问位就没有任何意义了;而修改位是标识页面是否需要写回磁盘,清零则会产生错误。在这四类页面中,3,4 类页面的访问位都是 1,1,2 类页面的访问位都是 0,这说明 3,4 类页面最近被访问过,而 1,2 类页面最近没有被访问过,所以应该优先淘汰 1,2 类页面,其次是 3,4 类页面。为了避免写回磁盘操作,1,2 类页面中优先置换 1 类页面,3,4 类页面中优先置换 3 类页面,由此,形成了 1,2,3,4 类页面的淘汰顺序。

改进型 Clock 置换算法描述如下:

①从 pointer 开始遍历寻找 1 类页面,若找到,则将其置换出内存,调入新页面,并使 pointer 指向下一个页面,退出;否则,继续第二步。

②从 pointer 开始遍历寻找 2 类页面,若找到,则将其置换出内存,调入新页面,并使 pointer 指向下一个页面退出;否则,继续第三步。该步遍历时,需要将扫描过的页面的访问位置 0。

③重复①和②。

改进型 Clock 置换算法通过对第①步和第②步执行两遍,一定可以找到淘汰的页面。因为,在极端情况下(所有页面是 4 类页面),第一遍执行完后即使没有找到淘汰的页面,内存中所有页面的状态也都在第②步变成了 1 类或 2 类页面。

5. 最少使用置换算法

最少使用置换算法(Least Frequently Used,LFU)在最近时期内选择使用次数最少的页面作为淘汰页。其实现同 LRU 的寄存器实现机制,每次访问某页面时,便将该移位寄存器的最高位置 1,再每隔一定时间右移一次,这样,最近一段时间使用最少次数的页面便是 $\sum R_i$ 值最小的页面。

由于内存具有较高的访问速度,例如 100 ns,在 1 ms 时间内可能对某页连续访问成千上万次,因此,不能直接利用软件计数来记录某页被访问的次数。LFU 采用寄存器机制并不能准确地反应页面最近一段时间使用的次数,在一个时间间隔内只用一位记录页面的使用次数,则访问一次页面同访问 10 000 次是等效的。

4.8.5　内存抖动

页面置换的过程中可能会出现刚被淘汰的页面很快又被访问,置换出旧的页面,换入新的页面;下一次访问又是访问刚被置换出去的页面,重新置换旧的页面,换入新的页面;

每次程序访问恰好是对一个不在内存中的页面进行访问,这样,每次内存访问都会发生一次缺页中断,系统运行时间大部分用于页面的调入调出,造成 CPU 利用率急剧下降,这种现象称为内存抖动。

发生内存抖动时,系统的效率将与停滞差不多,几乎看不到进程有任何进展迹象。内存抖动发生原因比较复杂。首先,页面置换算法失误,可能造成较多次缺页中断;其次,一个进程需求的页框数太多,系统为其分配的页框数满足不了其需要的最小页框数,也会造成其缺页中断次数的提高;最后,系统内同时运行的进程太多,每个程序无法保证其频繁使用的页面都在内存,造成内存紧张,系统缺页中断次数提高。

4.8.6 比莱迪异常

内存抖动产生最直观的原因是系统运行的进程数太多了,每个进程分配的页框数太少了。然而,给每个进程分配更多的页框数,缺页中断次数一定会减小吗?例如,一个进程的页面访问顺序为 4,3,2,1,4,3,5,4,3,2,1,5。假定分配给进程的初始页框数为 3,则按照先进先出置换算法。

从计算结果可以看出,为进程分配的页框数从 3 变为 4,进程缺页中断的次数并没有减少。如果将初始页面进入内存引起的缺页中断次数计算在内,缺页中断次数反而增加了一次,从 9 次增加到 10 次。这种增加页框数而导致缺页次数增加的现象称为比莱迪异常(Belady's anomaly)。比莱迪异常并不是一个常见现象,只不过提醒我们为进程增加页框数时能够注意到比莱迪异常,发现页框数增加而缺页,中断次数并没有降低时,可以继续为进程分配页框,直到异常现象消失。

4.9 UNIX 存储管理

由于 UNIX 的目标是与机器无关的,因而它的内存管方案因系统的差异而不同。早期的 UNIX 版本仅仅使用可变分区,而未使用虚拟存储方案。目前的 UNIX 和 Solaris 实现,已经使用了分页式的虚拟内存。

在 SVR4 和 Solaris 中,实际上有两个独立的内存管理方案。分页系统提供了一种虚拟存储能力,以给进程分配内存中的页框,并且给磁盘块缓冲分配页框。尽管对用户进程和磁盘 I/O 来说,这是一种有效的内存管理方案,但是分页式的虚拟内存不适合为内核分配内存的管理。为实现这一目标,使用了内核内存分配器(kernel memory allocator)。下面依次介绍这两种机制。

4.9.1 分页系统

1. 数据结构

对于分页式虚拟内存,UNIX 使用了许多与机器无关的数据结构,并进行了一些小的调整,如图 4-6 和表 4-4 所示。

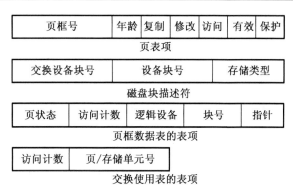

图 4 - 6　UNIX 内存管理格式

表 4 - 4　UNIX 内存管理参数

	页表项
页框号	指向实存中的页框
年龄	表示页在内存中已经有多久未被访问到。该域的长度和内容依赖于处理器
写时复制	表示页在内存中已经有多久未被访问到。该域的长度和内容依赖于处理器。 当有多个进程共享一页时设置。如果一个进程往页中写过,必须首先为其他共享这一页的写时复制进程生成该页的单独副本。这个特征允许复制操作延迟到页表项需要时才进行,从而避免不必要的操作
修改	表明该页已被修改过
访问	表明该页已被访问过。当该页第一次被装入时,该位被置成 0,然后由页面置换算法周期性地重新设置
有效	表明该页在内存中
保护	表明是否允许写操作
	磁盘块描述符
交换设备号	保存有相应页的辅存的逻辑设备号。允许有多个设备用于交换
设备块号	交换设置中页所在的块单元
存储类型	存储的可以是交换单位或可执行文件。对后一种情况,有一个关于待分配的虚拟内存是否要先清空的指示
	页框数据表的表项
页状态	表明该页框是可用的还是已经有一个相关联的页。对于后一种情况,该页的状态是在交换设备中、可执行文件中或 DMA 过程中被确定的
访问计数	访问该页的进程数
逻辑设备	包含有该页副本的逻辑设备
块号	逻辑设备中该页副本所在的块单元
Pfdata 指针	指向空页链表中和页的散列队列中其他 pidata 表项的指针
	可交换表的表项
访问计数	指向交换设备中某一页的页表项的数目
存储单元号	存储单元中的页标识符

（1）页表：典型情况下，每个进程都有一个页表，该进程在虚拟内存中的每一页都在页表中有一项。

（2）磁盘块描述符：与进程的每一页相关联的是表中的项，它描述了虚拟页的磁盘副本。

（3）页框数据表：描述了实存中的每个页框，并且以页框号为索引。该表用于置换算法。

（4）可交换表：每个交换设备都有一个可交换表，该设备的每一页都在表中有一项。

表 4－4 定义的大多数域都是自解释的。页表项中的年龄域表明自从程序上一次访问这一页框到现在持续了多久，但这个域的位数和更新频率取决于不同的实现版本。因此，并不是所有的 UNIX 页面置换策略都用到这个域。

磁盘块描述符中需要有存储域类型的原因如下：当一个可执行文件第一次用于创建一个新进程时，该文件只有一部分程序和数据可以被装入实存。后来当发生缺页中断时，新的一部分程序和数据被装入。只有在第一次装入时，才创建虚存页，并给它分配某个设备中的页面用于交换。这时，操作系统被告知在首次加载程序或数据块之前是否需要清空该页框中的单元（置为0）。

2. 页面置换

页框数据表用于页面置换。在该表中，有许多指针用于创建各种列表。所有可用页框被链接在一起，构成一个可用于读取页的空闲页框链表。当可用页的数目减少到某个阈值以下时，内核将"窃取"一些页作为补偿。

SVR4 中使用的页面置换算法是时钟策略的一种改进算法，称作双表针时钟算法。该算法为内存中的每个可被换出的页（未被锁定）在页表项中设置访问位。当该页第一次被读取时，该位置为0；当该页被访问进行读或写时，这一位被置为1。时钟算法中的前指针，扫描可被换出页列表中的页，并把第一页的访问位设置成0。一段时间后，后指针扫描同一个表并检查访问位。如果该位被量为1，则表明从前指针扫描过以后该页曾经被访问过，从而这些页框被略过。如果该位仍然被置为0，则说明在前指针和后指针访问之间的时间间隔中该页未被访问过，这些页被放置在准备置换出页的列表中。

确定该算法的操作需要两个参数：

（1）扫描速度（scanrate）：两指针扫描页表的速度，单位为页/秒。

（2）扫描窗口（bandspread）：前指针和后指针之间的间隔。

在引导期间，需要根据物理内存的总量为这两个参数设置默认值。扫描速度可以改变，以满足变化的条件。当空闲存储空间的总量在 lotsfree 和 minfree 两个值之间变化时，这个参数在最慢扫描速度和最快扫描速度（在配置时设置）之间线性变化。即当空闲存储空间缩小时，这两个针移动速度加快以释放更多的页。扫描窗口参数确定前指针和后指针之间的间隔。因此，它和扫描速度一起，确定了一个由于很少使用而被换出的页在被换出之前被使用的机会窗口。

4.9.2　内核内存分配器

内核在执行期间频繁地产生和销毁一些小表和缓冲区，每一次产生和销毁操作都需要动态地分配内存。一个例子如下：

（1）路径名转换过程可能需要分配一个缓冲区，用于从用户空间复制路径名。

（2）allocb（）例程分配任意大小的 STREAMS 缓冲区。

（3）许多 UNIX 实现分配僵尸结构用于保留退出状态和已故进程的资源使用信息。

（4）在 SVR4 和 Solaris 中，内核在需要时动态地分配许多对象（如 proc 结构、nodes 和文件描述符块）。

这些块中大多数都小于典型的机器页尺寸，因此分页机制对动态内核内存分配是低效的 SVR4 使用修改后的伙伴系统。

在伙伴系统中，分配和释放一块存储空间的成本比最佳适配和首次适配策略都要低。但是，对于内核内存管理的情况，分配和释放操作必须尽可能地快。伙伴系统的缺点是分裂和合并都需要时间。

AT&T 的 Barkley 和 Lee 提出了伙伴系统的一种变体，称作懒惰伙伴系统（lazy buddy system），它被 SVR4 采用。UNIX 在内存请求中常常表现出稳定状态的特征，也就是说，对某一特定大小的块的请求总量在一段时间内变化很慢。因此，如果释放了一个大小为 2^i 的块，并且立即与它的伙伴合并成一个大小为 2^{i+1} 的块，则内核下一次需要的可能还是大小为 2^i 的块，这就又需要再次分裂这个大块。为避免这种不必要的合并与分裂，懒惰伙伴系统推迟进行合并的工作，直到它看上去需要合并时，再合并尽可能多的块。

懒惰伙伴系统使用以下参数：

N_i：当前大小为 2^i 的块的数目。

A_i：当前大小为 2^i 并且已被分配（被占据）的块的数目。

G_i：当前大小为 2^i 并且全局空闲的块的数目；这些块是可以合法合并的；如果这样一个块的伙伴变成全局空闲的，则两个块可以合并成一个大小为 2^{i+1} 的全局空闲块。在标准伙伴系统中，所有的空闲块（"洞"）都可以看作是全局空闲的。

L_i：当前大小为 2^i 并且局部空闲的块的数目，这些块是不可以合并的。即使这类块的伙伴变成空闲的，这两个块仍然不能合并。相反，为了将来请求该大小的块，局部空闲块被保留起来。

这些参数保持以下关系：$N_i = A_i + G_i + L_i$

总体上看，懒惰伙伴系统试图维护一系列局部空闲块，只有当局部空闲块的数目超过了阈值才进行合并。如果有过多的局部空闲块，就有可能出现当满足下一次请求时缺少空闲块的情况。大多数时候，当一个块被释放后，并不立即合并，因此有一个很小的记录和操作代价。当分配一个块时，局部空闲块和全局空闲块是没有区别的。

合并的条件是给定大小的空闲块数目超过了该大小的已分配块的数目（也就是说，必须有 $L_i \leqslant A_i$）。为了限制局部空闲块的增长，这是一个很合理的原则。

第5章 文件管理

5.1 文件系统概述

所有的计算机应用程序都需要存储和检索信息。进程运行时,可以在它自己的地址空间存储一定量的信息,但存储容量受虚拟地址空间大小的限制。对于某些应用程序,它自己的地址空间已经足够用了,但是对于其他一些应用程序,例如航空订票系统、银行系统或者公司记账系统,这些存储空间又显得太小了。

在进程的地址空间上保存信息的第二个问题是:进程终止时,它保存的信息也随之丢失。对于很多应用(如数据库)而言,有关信息必须能保存几星期、几个月,甚至永久保留。在使用信息的进程终止时,这些信息是不可以消失的,即使是系统崩溃致使进程消亡了,这些信息也应该保存下来。

第三个问题是:经常需要多个进程同时存取同一信息(或者其中部分信息)。如果只在一个进程的地址空间里保存在线电话簿,那么只有该进程才可以对它进行存取,也就是说一次只能查找一个电话号码。解决这个问题的方法是使信息本身独立于任何一个进程。

因此,长期存储信息有三个基本要求:

(1)能够存储大量信息。

(2)使用信息的进程终止时,信息仍旧存在。

(3)必须能使多个进程并发存取有关信息。

磁盘(magnetic disk)由于其长期存储的性质,已经有多年的使用历史。磁带与光盘虽然也在使用,但它们的性能很低。目前我们可以先把磁盘当作一种固定块大小的线性序列,并且支持如下两种操作:

(1)读块。

(2)写块。

事实上,磁盘文持更多的操作,但只要有了这两种操作,原则上就可以解决长期存储的问题。不过,这里存在着很多不便于实现的操作,特别是在有很多程序或者多用户使用着的大型系统上(如服务器)。在这种情况下,很容易产生如下问题:

(1)如何找到信息?

(2)如何防止一个用户读取另一个用户的数据?

(3)如何知道哪些块是空闲的?

就像我们看到的操作系统提取处理器的概念来建立进程的抽象,以及提取物理存储器的概念来建立进程(虚拟)地址空间的抽象那样,我们可以用一个新的抽象的文件来解决这个问题。进程与线程地址空间和文件,这些抽象概念均是操作系统中最重要的概念。如果真正深入理解了这三个概念,那么读者就迈上了成为一个操作系统专家的道路。

　　文件是进程创建的信息逻辑单元。一个磁盘一般含有几千甚至几百万个文件,每个文件是独立于其他文件的。文件不仅仅被用来对磁盘建模,以替代对随机存储器(RAM)的建模,事实上,如果能把每个文件看成一种地址空间,那么读者就离理解文件的本质不远了。

　　进程可以读取已经存在的文件,并在需要时建立新的文件。存储在文件中的信息必须是持久的,也就是说,不会因为进程的创建与终止而受到影响。一个文件应只在其所有者明确删除它的情况下才会消失。尽管读写文件是最常见的操作,但还存在着很多其他操作,其中的一些我们将在下面加以介绍。

　　文件是受操作系统管理的。有关文件的构造、命名、存取、使用、保护、实现和管理方法都是操作系统设计的主要内容。从总体上看,操作系统中处理文件的部分称为文件系统(file system),这就是本章的论题。

　　从用户角度来看,文件系统中最重要的是它在用户眼中的表现形式,也就是文件是由什么组成的、怎样给文件命名、怎样保护文件,以及可以对文件进行哪些操作等。至于用链表还是用位图来记录空闲存储区以及在一个逻辑磁盘块中有多少个扇区等细节并不是用户所关心的,当然对文件系统的设计者来说这些内容是相当重要的。正因为如此,本章将分为几节讲述,前两节分别介绍在用户层面的关注内容——文件和目录,随后是有关文件系统实现的详细讨论,最后是文件系统的一些实例。

5.2　文　　件

　　在本节中,我们从用户角度来考察文件,也就是说,用户如何使用文件,文件具有哪些特性。

5.2.1　文件命名

　　文件是一种抽象机制,它提供了一种在磁盘上保留信息而且方便以后读取的方法。这种方法可以使用户不用了解存储信息的方法、位置和实际磁盘工作方式等有关细节。

　　也许任何种抽象机制的最重要的特性就是对管理对象的命名方式,所以,我将从对文件的命名开始考察文件系统。在进程创建文件时,它给文件命名。在进程终止时,该文件仍旧存在,并且其他进程可以通过这个文件名对它进行访问。

　　文件的具体命名规则在各个系统中是不同的,不过所有的现代操作系统都允许用 1 至 8 个字母组成的字符串作为合法的文件名。因此,andrea、bruce 和 cathy 都是合法文件名。通常,文件名中也允许有数字和一些特殊字符,所以 2、urgent! 和 Fig. 2 - 14 也是合法的。许多文件系统支持长达 255 个字符的文件名。

　　有的文件系统区分大小写字母,有的则不区分。UNIX 是前一类,MS - DOS 是后一类。所以在 UNIX 系统中,mira、Maria 和 MARIA 是三个不同的文件,而在 MS - DOS 中,它们是同一个文件。

　　关于文件系统,在这里需要插一句,Windows 95 与 Windows 98 用的都是 MS - DOS 的文件系统,即 FAT - 16,因此继承了其很多性质,例如有关文件名的构造方法。Windows 98 对 FAT - 16 引入了一些扩展,从而成为 FAT - 32,但这两者是很相似的。并且,Windows NT、

Windows 2000、Windows XP 和 Windows Vista 支持这两种已经过时的 FAT 文件系统。这 4 个基于 NT 的操作系统有着一个自带文件系统(NTFS),它具有很多不同的性质(例如基于 Unicode 的文件名)。在本章中,当提到 MS－DOS 或 FAT 文件系统的时候,我们指的是用在 Windows 上的 FAT－16 和 FAT－32,除非特别指明。

许多操作系统支持文件名用圆点隔开分为两部分,如文件名 prog.c。圆点后面的部分称为文件扩展名(fie extcnsion),文件扩展名通常表示文件的一些信息,如 MS－DOS 中,文件名由 1 至 8 个字符以及 1 至 3 个字符的可选扩展名组成。在 UNIX 里,如果有扩展名,则扩展名长度完全由用户决定,一个文件甚至可以包含两个或更多的扩展名。如 homepage. html.zip,这里 html 表明 HTML 格式的一个 Web 页面,zip 表示该文件(homepage. html)已经采用 zip 程序压缩过。

在某些系统中(如 UNIX),文件扩展名只是一种约定,操作系统并不强迫采用它。名为 file.txt 的文件也许是文本文件,这个文件名在于提醒所有者,而不是表示传送什么信息给计算机。但是另一方面,C 编译器可能要求它编译的文件以.c 结尾,否则它会拒绝编译。

对于可以处理多种类型文件的某个程序,这类约定是特别有用的。例如.C 编译器可以编译、连接多种文件,包括 C 文件和汇编语言文件。这时扩展名就很必要,编译器利用它区分哪些是 C 文件,哪些是汇编文件,哪些是其他文件。

相反,Windows 对扩展名赋予含义。用户(或进程)可以在操作系统中注册扩展名,并且规定哪个程序"拥有"该扩展名。当用户双击某个文件名时,"拥有"该文件扩展名的程序就启动并运行该文件。

例如,双击 file.doc 启动了 Microsoft Word 程序,并以 file.doc 作为待编辑的初始文件。

5.2.2　文件结构

文件可以有多种构造方式,在图 5－1 中列出了常用的三种方式。图 5－1(a)中的文件是一种无结构的字节序列,操作系统事实上不知道也不关心文件内容是什么,操作系统所见到的就是字节,其任何含义只在用户程序中解释。在 UNIX 和 Windows 中都采用这种方法。

把文件看成字节序列为操作系统提供了最大的灵活性。用户程序可以向文件中加入任何内容,并以任何方便的形式命名。操作系统不提供任何帮助,但也不会构成阻碍。对于想做特殊操作的用户来说,后者是非常重要的。所有 UNIX、MS－DOS 以及 Windows 都采用这种文件模型。

图 5－1(b)表示文件结构上的第一步改进。在这个模型中,文件是具有固定长度记录的序列,每个记录都有其内部结构。把文件作为记录序列的中心思想是:读操作返回一个记录,而写操作重写或追加记录。这里对"记录"给予一个历史上的说明,几十年前,当 80 列的穿孔卡片还是主流的时候,很多(大型机)操作系统把文件系统建立在这 80 个字符的记录组成的文件基础之上。这些操作系统也支持 132 个字符的记录组成的文件,这是为了适应行式打印机(当时的行式打印机有 132 列宽)。程序以 80 个字符为单位读入数据,并以 132 个字符为单位写数据,其中后面 52 个字符都是空格。现在已经没有以这种方式工作的通用系统了,但是在 80 列穿孔卡片和 132 列宽行式打印机流行的日子里,这是大型计算机系统中的常见模式。

第三种文件结构如图 5－1(c)所示。文件在这种结构中由一棵记录树构成,每个记录并不具有同样的长度,而记录的固定位置上有一个"键"字段。这棵树按"键"产段进行排序,从而可以对特定"键"进行快速查找。

虽然在这类结构中取"下一个"记录是可以的,但是基本操作并不是取"下一个"记录,而是获得具有特定键的记录。如图 5-1(c)中的文件,用户可以要求系统取键为 pony 的记录,而不必关心记录在文件中的确切位置。进而,可以在文件中添加新记录。但是,把记录加在文件的什么位置是由操作系统而不是用户决定的。这类文件结构与 UNIX 和 Windows 中采用的无结构字节流明显不同,但它在一些处理商业数据的大型计算机中获得广泛使用。

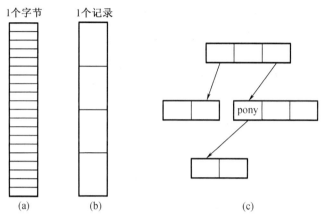

图 5-1　三种文件结构
(a)字节序列;(b)记录序列;(c)树

5.2.3　文件类型

很多操作系统支持多种文件类型。如 UNIX 和 Windows 中都有普通文件和目录,UNIX 还有字符特殊文件(character special file)和块特殊文件(block special file)。普通文件(regular file)中包含有用户信息。目录(directory)是管理文件系统结构的系统文件,将在以后的章节中讨论。字符特殊文件和输入/输出有关,用于串行 I/O 类设备,如终端、打印机、网络等。块特殊文件用于磁盘类设备。本章主要讨论普通文件。

普通文件一般分为 ASCII 文件和二进制文件。ASCII 文件由多行正文组成。在某些系统中,每行用回车符结束,其他系统则用换行符结束。有些系统还同时采用回车符和换行符(如 MS-DOS)。文件中各行的长度不一定相同。

ASCII 文件的最大优势是可以显示和打印,还可以用任何文本编辑器进行编辑。再者,如果很多程序都以 ASCII 文件作为输入和输出,就很容易把一个程序的输出作为另一个程序的输入,如 Shell 管道一样(用管道实现进程间通信并更容易,但若以一种公认的标准(如 ASCII 码)来表示,则更易于理解一些)。

其他与 ASCII 文件不同的是二进制文件。打印出来的二进制文件是无法理解的、充满混乱字符的一张表。通常,二进制文件有一定的内部结构,使用该文件的程序才了解这种结构。

一个简单的可执行二进制文件,取自某个版本的 UNIX。尽管这个文件是一个字节序列,但只有文件的格式正确时,操作系统才会执行这个文件。这个文件有五个段:文件头、正文、数据、重定位及符号表。文件头以所谓的魔数(magic number)开始,表明该文件是一个可执行的文件(防止非这种格式的文件偶然运行)。魔数后面是文件中各段的长度、执行的起始地址和一些标志位。程序本身的正文和数据在文件头后面。这些被装入内存,并使用重定位重新定位。符号表则用于调试。

二进制文件的第二个例子是 UNX 的存档文件,它由已编译但没有连接的库过程(模块)集合而成。每个文件以模块头开始,其中记录名称、创建日期、所有者、保护码和文件大小。该模块头与可执行文件一样,也都是二进制数字,打印输出它们毫无意义。

所有操作系统必须能够识别它们自己的可执行文件的文件类型,其中有些操作系统还可识别更多的信息。一种老式的 TOPS – 20 操作系统(用于 DEC System20 计算机)甚至可检查可执行文件的创建时间,然后,它可以找到相应的源文件,看它作为二进制文件生成后是否被修改过。如果修改过,操作系统自动重新编译这个文件。在 UNIX 中,就是在 shell 中嵌入 make 程序。这时操作系统要求用户必须采用固定的文件扩展名,从而确定哪个源程序生成哪个二进制文件。

如果用户执行了系统设计者没有考虑到的某种操作,这种强制类型的文件有可能会引起麻烦。比如在一个系统中,程序输出文件的扩展名是. dat(数据文件),若用户写一个格式化序,读入. c(C 程序)文件并转换它(比如把该文件转换成标准的首行缩进),再把转换后的文件以. dat 类型输出。如果用户试图用 C 编译器来编译这个文件,因为文件扩展名不对,C 编译器会拒绝编译。若想把 file dat 复制到 file. c 也不行,因为系统会认为这是无效的复制(防止用户错误)。

尽管对初学者而言,这类“保护”是有利的,但一些有经验的用户却感到很烦恼,因为他们要花很多精力来适应操作系统对合理和不合理操作的划分。

5.2.4　文件存取

早期操作系统只有一种文件存取方式:顺序存取(sequential access)。进程在这些系统中可从头顺序读取文件的全部字节成记录,但不能跳过某一些内容,也不能不按顺序读取。顺序存取文件是可以返回到起点的,需要时可多次读取该文件。在存储介质是磁带而不是磁盘时,顺序存取文件是很方便的。

当用磁盘来存储文件时,我们可以不按顺序地读取文件中的字节或记录,或者按照关键字而不是位置来存取记录。这种能够以任何次序读取其中字节或记录的文件称作随机存取文件(random access file)。许多应用程序需要这种类型的文件。

随机存取文件对很多应用程序而言是必不可少的,如数据库系统。如果乘客打电话预订某航班机票。订票程序必须能直接存取该航班记录,而不必先读出其他航班的成千上万个记录。

有两种方法可以指示从何处开始读取文件。一种是每次 read 操作都给出开始读文件的位置。另一种是用一个特殊的 seek 操作设置当前位置,在 seek 操作后,从这个当前位置顺序地开始读文件。UNIX 和 Windows 使用的是后一种方法。

5.2.5　文件属性

文件都有文件名和数据。另外,所有的操作系统还会保存其他与文件相关的信息,如文件创建的日期和时间、文件大小等。这些附加信息称为文件属性,有些人称之为无数据。

文件的属性在不同系统中差别很大。没有一个系统能够具备所有属性,但每种属性都在某种系统中采用。

保护属性、口令属性、创建者属性、所有者属性和文件保护有关,它们指出了谁可以存取这个文件,谁不能存取这个文件。有各种不同的文件保护方案,其中一些保护方案后面会讨论。在一些系统中,用户必须给出口令才能存取文件。此时,口令也必须是文件属性之一。

标志是一些位或短的字段,用于控制或启用某些特殊属性。例如,隐藏文件不在文件列表中出现。存档标志位用于记录文件是否备份过,由备份程序清除该标志位;若文件被修改,操作系统则设置该标志位。用这种方法,备份程序可以知道哪些文件需要备份。临时标志表明当创建该文件的进程终止时,文件会被自动删除。

记录长度、键的位置和键的长度等字段只能出现在用关键字查找记录的文件里,它们提供了查找关键字所需的信息。

时间字段记录了文件的创建时间、最近一次存取时间以及最后一次修改时间,它们的作用不同。例如,目标文件生成后,被修改的源文件需要重新编译生成目标文件。这些字段提供了必要的信息。

当前大小字段指出了当前的文件大小。在一些老式大型机操作系统中创建文件时,要给出文件的最大长度,以便操作系统事先按最大长度留出存储空间。工作站和个人计算机中的操作系统则聪明多了,不需要这一点提示。

5.2.6　文件操作

使用文件的目的是存储信息并方便以后的检索。对于存储和检索,不同系统提供了不同的操作。以下是与文件有关的最常用的一些系统调用:

(1)create。创建不包含任何数据的文件。该调用的目的是表示文件即将建立,并设置文件的一些属性。

(2)delete。当不再需要某个文件时,必须删除该文件以释放磁盘空间。任何文件系统总有一个系统调用用来删除文件。

(3)open。在使用文件之前,必须先打开文件。open 调用的目的是把文件属性和磁盘地址表装入内存,便于后续调用的快速存取。

(4)close。存取结束后,不再需要文件属性和磁盘地址,这时应该关闭文件以释放内部表空间。很多系统限制进程打开文件的个数,以鼓励用户关闭不再使用的文件。磁盘以块为单位写入,关闭文件时,写入该文件的最后一块,即使这个块还没有满。

(5)read。在文件中读取数据。一般地,读出数据来自文件的当前位置。调用者必须指明需要读取多少数据,并且提供存放这些数据的缓冲区。

(6)write。向文件写数据,写操作一般也是从文件当前位置开始。如果当前位置是文件末尾,文件长度增加。如果当前位置在文件中间,则现有数据被覆盖,并且永远丢失。

(7)append。此调用是 write 的限制形式,它只能在文件末尾添加数据。若系统只提供最小系统调用集合,则通常没有 append。很多系统对同一操作提供了多种实现方法,这些系统中有时有 append 调用。

(8)seek。对于随机存取文件,要指定从何处开始取数据,通常的方法是用 seeK 系统调用把当前位置指针指向文件中特定位置。seek 调用结束后,就可以从该位置开始读写数据了。

（9）get attributes。进程运行常需要读取文件属性。例如，UNIX 中 make 程序通常用于管理由多个源文件组成的软件开发项目。在调用 make 时，检查全部源文件和目标文件的修改时间，实现最小编译，使得全部文件都为最新版本。为达到此目的，需要查找文件的某一些属性，特别是修改时间。

（10）set attributes。某些属性是可由用户设置的，在文件创建之后，用户还可以通过系统调用 set attributes 来修改它们。保护模式是一个显著的例子，大多数标志也属于此类属性。

（11）rename。用户常常要改变已有文件的名字，rename 系统调用用于这一目的。严格地说，设置这个系统调用不是十分必要的，因为可以先把文件复制到一个新文件名的文件中，然后删除原来的文件。

5.3　目　　录

文件系统通常提供目录或文件夹用于记录文件，在很多系统中目录本身也是文件。本节讨论目录的组成、目录的特性和可以对目录进行的操作。

5.3.1　一级目录系统

目录系统的最简单形式是化一个目录中包含所有的文件。这有时称为根目录，但是由于只有一个目录，所以其名称并不重要。在早期的个人计算机中，这种系统很普遍，部分原因是因为只有一个用户。有趣的足，世界第一台超级计算机 CDC 6600 对于所有的文件也只有一个目录，尽管该机器同时被许多用户使用。这样决策毫无疑问是为了使软件设计简单化。

一个单层目录系统的例子如图 5-2 所示。该目录中有四个文件。这一设计的优点在于简单，并且能够快速定位文件——事实上只有一个地方要查看。这种目录系统经常用于简单的嵌入式装置中，诸如电话、数码相机以及一些便携式音乐播放器等。

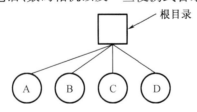

图 5-2　含有四个文件的单层目录系统

5.3.2　层次目录系统

对于简单的特殊应用而言，单层目录是合适的（单层目录甚至用在了第一代个人计算机中），但是现在的用户有着成千的文件，如果所有的文件都在一个目录中，寻找文件就几乎不可能了。这样，就需要有一种方式将相关的文件组合在一起。例如，某个教授可能有一些文件，第一组文件是为了一门课程而写作的，第二组文件包含了学生为另一门课程所提交的程序,第三组文件是他编写的一个高级编译写作系统的代码,而第四组文件是奖学金建议书,还有其他与电子邮件、短信、正在写作的文章、游戏等有关的文件。

这里所需要的是层次结构(即一个目录树)。通过这种方式,可以用很多目录把文件以自然的方式分组。进而,如果多个用户分享同一个文件服务器,如许多公司的网络系统,每个用户可以为自己的目录树拥有自己的私人根目录。这种方式如图 5 - 3 所示。

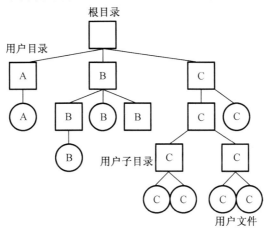

图 5 - 3　层次目录系统

其中,根目录含有目录 A、B 和 C,分别属于不同用户,其中有两个用户为他们的项目创建了子目录。

用户可以创建任意数量的子目录,这种能力为用户组织其工作提供了强大的结构化工具。因此,几乎所有现代文件系统都是用这个方式组织的。

5.3.3　路径名

用目录树组织文件系统时,需要有某种方法指明文件名。常用的方法有两种。第一种是,每个文件都赋予一个绝对路径名(absolute path name),它由从根目录到文件的路径组成。例如,路径/usr/ast/mailbox 表示根目录中有子目录 usr,而 usr 中又有子目录 ast,文件 mailbox 就在子目录 ast 下。绝对路径名一定从根目录开始,且是唯一的。在 UNIX 中,路径各部分之间用“/”分隔。Windows 中,分隔符是“\”。在 MULTICS 中是“ > ”。这样在这三个系统中同样的路径名按如下形式写成:

Windows　\usr\ast\mailbox

UNIX　/usr/ast/mailbox

MULTICS　> usr > ast > mailbox

不管采用哪种分隔符,如果路径名的第一个字符是分隔符,则这个路径就是绝对路径。

另一种指定文件名的方法是使用根对路径名(relative path name)。它常和工作目录[working directory,也称作当前目录(current directory)]一起使用。用户可以指定一个目录作为当前工作目录。这时,所有的不从根目录开始的路径名都是相对于工作目录的。例如,如果当前的工作目录是/usr/ast,绝对路径名为/usr/ast/mailbox 的文件可以直接用 mailbox 来引用。也就是说,如果工作目录是/usr/ast,则 UNIX 命令:

cp /usr/mailbox/usr/ast/mailbox. bak

命令

cp mailbox mailbox. bak

上述两条命令具有相同的含义。相对路径往往更方便,而它实现的功能和绝对路径完全相同。

一些程序需要存取某个特定文件,而不论当前目录是什么。这时,应该采用绝对路径名。比如,一个检查拼写的程序要读文件/usr/lib/dictionary,因为它不可能事先知道当前目录,所以就采用完整的绝对路径名。不论当前的工作目录是什么,绝对路径名总能正常工作。

当然,若这个检查拼写的程序要从目录/usr/lib 中读很多文件,可以用另一种方法,即执行了一个系统调用把该程序的工作目录切换到/usr/lib,然后只需用 dictionary 作为 open 的第一个参数。通过显式地改变工作目录,可以知道该程序在目录树中的确切位置,进而可以采用相对路径名。

每个进程都有自己的工作目录,这样在进程改变工作目录并退出后,其他进程不会受到影响,文件系统中也不会有改变的痕迹。对进程而言,切换工作目录是安全的,所以只要需要,就可以改变当前工作目录。但是,如果改变了库过程的工作目录,并且工作完毕之后没有修改回去,则其他程序有可能无法正常运行,因为它们关于当前目录的假设已经失效。所以库过程很少改变作目录,若非改不可,必定要在返回之前改回到原有的工作目录。

支持层次目录结构的大多数操作系统在每个目录中有两个特殊的目录项“,”和“.”,常读作“dot”和“dotdot”。dot 指当前目录,dotdot 指其父目录(在根目录中例外,根目录中它指向自己)。要了解怎样使用它们。一个进程的工作目录是/usr/ast,它可采用“.”沿树向上。例如,可用命令:

cp. . /lib/ dictionary

把文件 usr/lib/dictionary 复制到自己的目录下。第一个路径告诉系统上溯(到 usr 目录),然后向下到 lib 目录,找到 dictionary 文件。

第二个参数(.)指定当前目录。当 cp 命令用目录名(包括“,”)作为最后一个参数时,则把全部的文件复制到该目录中。当然,对于上述复制,键入:

cp /usr/lib/dictionary

是更常用的方法。用户这里采用“. ”可以避免键入两次 dictionary。无论如何,键入:

cp /usr/lib/dictionary dictionary

也可正常工作,就像键入:

cp /usr/lib/dictionary/usr/ast/dictionary

一样。所有这些命令都完成同样的工作。

5.3.4 目录操作

不同系统中管理目录的系统调用的差别比管理文件的系统调用的差别大。为了了解这些系统调用有哪些及它们怎样工作,下面给出一个例子(取自 UNIX):

(1)create。创建目录。除了目录项“. ”和“,”外,目录内容为空。目录项“. ”和“,”是系统自动放在目录中的(有时通过 mkdir 程序完成)。

(2)delete。删除目录。只有空目录可删除。只包含目录项“. ”和“,”的目录被认为是空目录,这两个目录项通常不能删除。

（3）opendir。目录内容可被读取。例如，为列出目录中全部文件，程序必须先打开该目录，然后读其中全部文件的文件名。与打开和读文件相同，在读目录前，必须打开目录。

（4）closedir。读目录结束后，应关闭目录以释放内部表空间。

（5）readdir。系统调用 readdir 返回打开目录的下一个目录项。以前也采用 read 系统调用来读目录，但这方法有一个缺点：程序员必须了解和处理目录的内部结构。相反，不论采用哪一种目录结构，readdir 总是以标准格式返回一个目录项。

（6）rename。在很多方面目录和文件都相似。文件可换名，目录也可以。

（7）link。连接技术允许在多个目录中出现同一个文件。这个系统调用指定一个存在的文件和一个路径名，并建立从该文件到路径所指名字的连接。这样，可以在多个目录中出现同一个文件。这种类型的连接，增加了该文件的节点（i－node）计数器的计数（记录含有该文件的目录项数目），有时称为硬连接（hard link）。

（8）unlink。删除目录项。如果被解除连接的文件只出现在一个目录中（通常情况），则将它从文件系统中删除。如果它出现在多个目录中，则只删除指定路径名的连接，依然保留其他路径名的连接。在 UNIX 中，用于删除文件的系统调用（前面已有论述）实际上就是 unlink。

最主要的系统调用已在上面列出，但还有其他一些调用，如与目录相关的管理保护信息的系统调用。

关于连接文件的一种不同想法是符号连接。不同于使用两个文件名指向同一个内部数据结构来代表个文件，所建立的文件名指向了命名另一个文件的小文件。当使用第一个文件时，例如打开时，文件系统沿着路径，找到在末端的名字。然后它使用该新名字启动查找进程。符号连接的优点在于它能够跨越磁盘的界限，甚至可以命名在远程计算机上的文件，不过符号连接的实现并不如硬连接那样有效率。

5.4　文件系统的实现

现在从用户角度转到实现者角度来考察文件系统。用户关心的是文件是怎样命名的、可以进行哪些操作、目录树是什么样的以及类似的界面问题。而实现者感兴趣的是文件和目录是怎样存储的、磁盘空间是怎样管理的以及怎样使系统有效而可靠地工作等。在下面几节中，我们会考察这些文件系统的实现中出现的问题，并讨论怎样解决这些问题。

5.4.1　文件系统布局

文件系统存放在磁盘上。多数磁盘划分为一个成多个分风，每个分区中有一个独立的文件系统。磁盘的 0 号扇区称为主引导记录（Master Boot Record，MBR），用来引导计算机。在 MBR 的结尾是分区表。该表给出了每个分区的起始和结束地址。表中的一个分区被标记为活动分区。在计算机被引导时，BIOS 读入并执行 MBR。MBR 做的第一件事是确定活动分区，读入它的第一个块，称为引导块（boot block），并执行之。引导块中的程序将装载该分区中的操作系统。为统一起见，每个分区都从一个启动块开始，即使它不含有一个可启动的操作系统。不过，在将来这个分区也许会有一个操作系统的。

除了从引导块开始之外，磁盘分区的布局是随着文件系统的不同而变化的。文件系统经常包含有如图5-4所列的一些项目。第一个是超级块(superblock),超级块包含文件系统的所有关键参数,在计算机启动时,或者往该文件系统首次使用时,把超级块读入内存。超级块中的典型信息包括:确定文件系统类型用的魔数、文件系统中数据块的数量以及其他重要的管理信息。

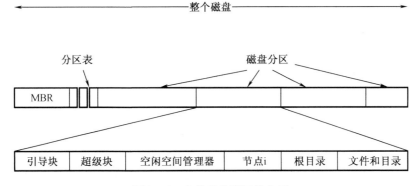

图5-4　文件系统的可能布局

接着是文件系统中空闲块的信息,例如,可以用位图或指针列表的形式给出。后面也许跟随的是一组i节点,这是一个数据结构数组,每个文件一个,i节点说明了文件的方方面面。接着可能是根目录,它存放文件系统目录树的根部。最后,磁盘的其他部分存放了其他所有的目录和文件。

5.4.2　文件的实现

文件存储的实现的关键问题是记录各个文件分别用到哪些磁盘块。不同操作系统采用不同的方法这一节,我们讨论其中的一些方法。

1.连续分配

最简单的分配方案是把每个文件作为一连串连续数据块存储在磁盘上。所以,在块大小为1KB的磁盘上,50KB的文件要分配50个连续的块。对于块大小为2KB的磁盘,将分配25个连续的块。

作为一个连续分配的例子。这里列出了头40块,从左面从0块开始。初始状态下,磁盘是空的。接着,从磁盘开始处(块0)开始写入长度为4块的文件A。紧接着,在文件A的结尾开始写入个3块的文件B。

请注意,每个文件都从一个新的块开始,这样如果文件A实际上只有3.5个块,那么最后一块的结尾会浪费一些空间。如果列出7个文件,每一个都从前面文件结尾的后续块开始。

连续磁盘空间分配方案有两大优势。首先,实现简单,记录每个文件用到的磁盘块简化为只需记住两个数字即可:第一块的磁盘地址和文件的块数。给定了第一块的编号,一个简单的加法就可以找到任何其他块的编号。

其次,读操作性能较好,因为在单个操作中就可以从磁盘上读出整个文件。只需要一次寻找(对第一个块)。之后不再需要寻道和旋转延迟,所以,数据以磁盘全带宽的速率输入。可见连续分配实现简单且具有高的性能。

但是,连续分配方案也同样有相当明显的不足之处:随着时间的推移,磁盘会变得零碎。如果有两个文件(D 和 F)被删除了。当删除一个文件时,它用的块自然就释放了,在磁盘上留下一堆空闲块。磁盘不会在这个位置挤压掉这个空洞,因为这样会涉及复制空洞之后的所有文件,可能会有上百万的块。结果是,磁盘上最终既包括文件也有空洞。

开始时,碎片并不是问题,因为每个新的文件都在先前文件的磁盘结尾写入。但是,磁盘最终会被充满,所以要么压缩磁盘,要么重新使用空洞中的空闲空间。前者由于代价太高而不可行;后者需要维护一个空洞列表,这是可行的。但是,当创建一个新的文件时,为了挑选合适大小的空洞存入文件,就有必要知道该文件的最终大小。

设想这样一种设计的结果:为了录入一个文档,用户启动了文本编辑器或字处理软件。程序首先询问最终文件的大小会是多少。这个问题必须回答,否则程序就不能继续。如果给出的数字最后被证明小于文件的实际大小,该程序会终止,因为所使用的磁盘空洞已经满了,没有地方放置文件的剩余部分。如果用户为了避免这个问题而给出不实际的较大的数字作为最后文件的大小,比如,100 MB,编辑器可能找不到如此大的空洞,从而宣布无法创建该文件。当然,用户有权下一次使用比如 50 MB 的数字再次启动编辑器,如此进行下去,直到找到一个合适的空洞为止。不过,这种方式看来不会使用户高兴。

然而,存在着一种情形,使得连续分配方案是可行的,而且,实际上这个办法在 CD - ROM 上被广泛使用着。在这里所有文件的大小都事先知道,并且在 CD - ROM 文件系统的后续使用中,这些文件的大小也不再改变。

DVD 的情况有些复杂。原则上,一个 90 min 的电影可以编码成一个独立的、大约 45 GB 的文件。但是文件系统所使用的 UDF(Universal Disk Format)格式,使用了一个 30 位的数来代表文件长度,从而把文件大小限制在 1 GB。其结果是,DVD 电影一般存储在 3 个或 4 个 1 GB 的连续文件中。这些构成一个逻辑文件(电影)的物理文件块被称作 extents。

在计算机科学中,随着新一代技术的出现,历史往往重复着自己。多年前,连续分配由于其简单和高性能(没有过多考虑用户友好性)被实际用在磁盘文件系统中。后来由于讨厌在文件创建时不得不指定最终文件的大小,这个想法被放弃了。但是,随着 CD - ROM、DVD 以及其他一次性写光学介质的出现,突然间连续分配又成为一个好主意。所以研究那些具有清晰和简洁概念的老式系统和思想是很重要的,因为它们有可能以一种令人吃惊的方式在未来系统中获得应用。

2. 链表分配

存储文件的第二种方法是为每个文件构造磁盘块链表。每个块的第一个字作为指向下一块的指针,块的其他部分存放数据。

与连续分配方案不同,这一方法可以充分利用每个磁盘块。不会因为磁盘碎片(除了最后一块中的内部碎片)而浪费存储空间。同样,在目录项中,只需要存放第一块的磁盘地址,文件的其他块就可以从这个首块地址查找到。

另一方面,在链表分配方案中,尽管顺序读文件非常方便,但是随机存取却相当缓慢。要获得块 n,操作系统每一次都必须从头开始,并且要先读前面的 $n-1$ 块。显然,进行如此多的读操作太慢了。

而且,由于指针占去了一些字节,每个磁盘块存储数据的字节数不再是 2 的整数次幂。虽然这个问题并不是非常严重,但是怪异的大小确实降低了系统的运行效率,因为许多程序都是以长度为 2 的整数次幂来读写磁盘块的。由于每个块的前几个字节被指向下一个块的指针所占据,所以要读出完整的一个块,就需要从两个磁盘块中获得和拼接信息,这就因复制引发了额外的开销。

3. 在内存中采用表的链表分配

如果取出每个磁盘块的指针字,把它放在内存的一个表中,就可以解决上述链表的两个不足。假设有两个文件,文件 A 依次使用了磁盘块 4,7,2,10 和 12,文件 B 依次使用了磁盘块 6,3,11 和 14。可以从第 4 块开始,顺着链走到最后,找到文件 A 的全部磁盘块。同样,从第 6 块开始,顺着链走到最后,也能够找出文件 B 的全部磁盘块。这两个链都以一个不属于有效磁盘编号的特殊标记(如 -1)结束。内存中的这样一个表格称为文件分配表(File Allocation Table,FAT)。

按这类方式组织,整个块都可以存放数据。进而,随机存取也容易得多。虽然仍要顺着链未用在文件中查找给定的偏移量,但是整个链表都存放在内存中,所以不需要任何磁盘引用。与前面的方法相同,不管文件有多大,在目录项中只需记录一个整数(起始块号),按照它就可以找到文件的全部块。

这种方法的主要缺点是必须把整个表都存放在内存中。对于 200 GB 的磁盘和 1 KB 大小的块,这张表需要有 2 亿项,每一项对应于这 2 亿个磁盘块中的一个块。每项至少 3 个字节,为了提高查找速度,有时需要 4 个字节。根据系统对空间或时间的优化方案,这张表要占用 600 MB 或 800 MB 内存,不太实用。很显然 FAT 方案对于大磁盘而言不太合适。

4. i 节点

最后一个记录各个文件分别包含哪些磁盘块的方法是给每个文件赋予一个称为 i 节点(index-node)的数据结构,其中列出了文件属性和文件块的磁盘地址。给定 i 节点,就有可能找到文件的所有块。相对于在内存中采用表的方式而言,这种机制具有很大的优势,即只有在对应文件打开时,其 i 节点才在内存中。如果每个 i 节占有 n 个字节,最多 k 个文件同时打开,那么为了打开文件而保留 i 节点的数组所占据的全部内存仅仅是 kn 个字节。只需要提前保留少量的空间。

这个数组通常比上一节中叙述的文件分配表(FAT)所占据的空间要小。原因很简单,保留所有磁盘块的链接表的表大小正比于磁盘自身的大小。如果磁盘有 n 块,该表需要 n 个表项。由于磁盘变得更大,该表格也线性随之增加。相反,i 节点机制需要在内存中有一个数组,其大小正比于可能要同时打开的最大文件个数。它与磁盘是 10 GB、100 GB 还是 1 000 GB 无关。

i 节点的一个问题是,如果每个 i 节点只能存储固定数量的磁盘地址,那么当一个文件所含的磁盘块的数目超出 i 节点所能容纳的数目怎么办?一个解决方案是最后一个“磁盘地址”不指向数据块,而是指向一个包含磁盘块地址的块的地址。更高级的解决方案是:可以有两个或更多个包含磁盘地址的块,或者指向其他存放地址的磁盘块的磁盘块。在后面讨论 UNIX 时,我们还将涉及 i 节点。

5.4.3　目录的实现

在读文件前,必须先打开文件。打开文件时,操作系统利用用户给出的路径名找到相应目录项。目录项中提供了查找文件磁盘块所需要的信息。因系统而异,这些信息有可能是整个文件的磁盘地址(对于连续分配方案)、第一个块的编号(对于两种链表分配方案)是 i 节点号。无论怎样,目录系统的主要功能是把 ASCII 文件名映射成定位文件数据所需的信息。

与此密切相关的问题是在何处存放文件属性。每个文件系统维护诸如文件所有者以及创建时间等文件属性，它们必须存储在某个地方。一种显而易见的方法是把文件属性直接存放在目录项中。很多系统确实是这样实现的。在一个简单设计中，目录中有一个固定大小的目录项列表，每个文件对应一项，其中包含一个（固定长度）文件名、一个文件属性结构以及用以说明磁盘块位的一个成多个磁盘地址（至某个最大值）。

对于采用 i 节点的系统，还存在另一种方法，即把文件属性存放在 i 节点中而不是目录项中。在这种情形下，目录项会更短：只有文件名和节点号。后面我们会看到，与把属性存放到目录项中相比，这种方法更好。分别对应 Windows 和 UNIX，在后面我们将讨论它们。

到目前为止，我们已经假设文件具有较短的、固定长度的名字。在 MS – DOS 中，文件有 1 ~ 8 个字符的基本名和 1 ~ 3 字符的可选扩展名。在 UNIX V7 中文件名有 1 ~ 14 个字符，包括任何扩展名。但是，几乎所有的现代操作系统都支持可变长度的长文件名。那么它们是如何实现的呢？

最简单的方法是给予文件名一个长度限制，典型值为 255 个字符，然后使用一种设计，并为每个文件名保留 255 个字符空间。这种处理很简单，但是浪费了大量的目录空间，因为只有很少的文件会有如此长的名字。从效率考虑，我们希望有其他的结构。

一种替代方案是放弃"所有目录项大小一样"的想法。这种方法中，每个目录项有一个固定部分，这个固定部分通常以目录项的长度开始，后面是固定格式的数据，通常包括所有者，创建时间、保护信息以及其他属性。这个固定长度的头的后面是实际文件名。

这个方法的缺点是，当移走文件后，就引入了一个长度可变的空隙，而下一个进来的文件不一定正好适合这个空隙。这个问题与我们已经看到的连续磁盘文件的问题是一样的，由于整个目录在内存中，所以只有对目录进行紧凑操作才可节省空间。另一个问题是，一个目录项可能会分布在多个页面上，在读取文件名时可能发生面故障。

处理可变长度文件名字的另一种方法是，使目录项自身都有固定长度，而将文件名放置在目录后面的堆中。这一方法的优点是，当一个文件目录项被移走后，另一个文件的目录项总是可以适合这个空隙。当然，必须要对堆进行管理，而在处理文件名时页面故障仍旧会发生。另一个小优点是文件名不再需要从字的边界开始，这样，原先需要的填充字符，在文件名之后就不再需要了。

到目前为止，在需要查找文件名时，所有的方案都是线性地从头到尾对目录进行搜索。对于非常长的目录，线性查找就太慢了。加快查找速度的一个方法是在每个目录中使用散列表。设表的大小为 n 在输入文件名时，文件名被散列到 1 和 $n - 1$ 之间的一个值，例如，它被 n 除，并取余数。其他可以采用的方法有，对构成文件名的字求和，其结果被 n 除，或某些类似的方法。

不论哪种方法都要对与散列码相对应的散列表表项进行检查。如果该表项没有被使用，就将一个指向文件目录项的指针放入，文件目录项紧连在散列表后面。如果该表项被使用了，就构造一个链表，该链表的表头指针存放在该表项中，并链接所有具有相同散列值的文件目录项。

查找文件按照相同的过程进行。散列处理文件名，以便选择一个散列表项。检查链表头在该位置上的所有表项，查看要找的文件名是否存在。如果名字不在该链上，该文件就不在这个目录中。

使用散列表的优点是查找非常迅速。其缺点是需要复杂的管理。只有在预计系统中的目录经常会有成百上千个文件时,才把散列方案真正作为备用方案考虑。

一种完全不同的加快大型目录查找速度的方法是,将查找结果存入高速缓存。在开始查找之前,先查看文件名是否在高速缓存中。如果是,该文件可以立即定位。当然,只有在构成查找主体的文件非常少的时候,高速缓存的方案才有效果。

5.4.4 共享文件

当几个用户同在一个项目里工作时,他们常常需要共享文件。其结果是,如果一个共享文件同时出现在属于不同用户的不同目录下,工作起来就很方便。

图 5-5 再次给出图 5-3 所示的文件系统,只是 C 的一个文件现在也出现在 B 的目录下。B 的目录与该共享文件的联系称为一个连接(link)。这样,文件系统本身是一个有向无环图(Directed Acyclic Graph,DAG)而不是一棵树。

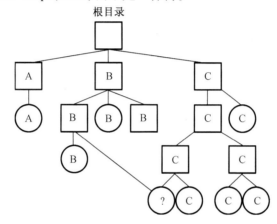

图 5-5　有共享文件的文件系统

共享文件是方便的,但也带来一些问题。如果目录中包含磁盘地址,则当连接文件时,必须把 C 目录中的磁盘地址复制到 B 目录中。如果 B 或 C 随后又往该文件中添加内容,则新的数据块将只列入进行添加工作的用户的目录中。其他的用户对此改变是不知道的,所以违背了共享的目的。

有两种方法可以解决这一问题。在第一种解决方案中磁盘块不列入目录,而是列入一个与文件本身关联的小型数据结构中。目录将指向这个小型数据结构。这是 UNIX 系统中所采用的方法(小型数据结构即是 i 节点)。

在第二种解决方案中,通过让系统建立一个类型为 LINK 的新文件,并把该文件放在 B 的目录下,使得 B 与 C 的一个文件存在连接。新的文件中只包含了它所连接的文件的路径名。当 B 读该连接文件时,操作系统查看到要读的文件是 LINK 类型,则找到该文件所连接的文件的名字,并且去读那个文件。与传统(硬)连接相对比起来,这一方法称为符号连接(symbolic linking)。

以上每一种方法都有其缺点。第一种方法中,当 B 连接到共享文件时,i 节点记录文件的所有者是 C。建立一个连接并不改变所有关系,但它将节点的连接计数加 1,所以系统知道目前有多少目录项指向这个文件。

如果以后 C 试图删除这个文件,系统将面临问题。如果系统删除文件并清除 i 节点,B

则有一个目录项指向一个无效的 i 节点。如果该 i 节点以后分配给另一个文件,则 B 的连接指向一个错误的文件。系统通过 i 节点中的计数可知该文件仍然被引用,但是没有办法找到指向该文件的全部目录项以删除它们。指向目录的指针不能存储在 i 节点中,原因是有可能有无数个目录。

唯一能做的就是只删除 C 的目录项,但是将 i 节点保留下来,并将计数置为 1。而现在的状况是,只有 B 有指向该文件的目录项,而该文件的所有者是 C。如果系统进行记账或有配额,那 C 将继续为该文件付账直到 B 决定删除它,如果真是这样,只有到计数变为 0 的时刻,才会删除该文件。

对于符号连接,以上问题不会发生,因为只有真正的文件所有者才有一个指向 j 节点的指针。连接到该文件上的用户只有路径名,没有指向 i 节点的指针。当文件所有者删除文件时,该文件被销毁。以后若试图通过符号连接访问该文件将导致失败,因为系统不能找到该文件。删除符号连接根本不影响该文件。

符号连接的问题是需要额外的开销。必须读取包含路径的文件,然后要一个部分一个部分地扫描路径,直到找到 i 节点。这些操作也许需要很多次额外的磁盘存取。此外,每个符号连接都需要额外的 i 节点,以及额外的一个磁盘块用于存储路径,虽然如果路径名很短,作为一种优化,系统可以将它存储在 i 节点中。符号连接有一个优势,即只要简单地提供一个机器的网络地址以及文件在该机器上驻留的路径,就可以连接全球任何地方的机器上的文件。

还有另一个由连接带来的问题,在符号连接和其他方式中都存在。如果允许连接,文件有两个或多个路径。查找一指定目录及其子目录下的全部文件的程序将多次定位到被连接的文件。例如,一个将某一目录及其子目录下的文件转储到磁带上的程序有可能多次复制一个被连接的文件。进而,如果接着把磁带读进另一台机器,除非转存储程序具有智能,否则被连接的文件将被两次复制到磁盘上,而不是只是被连接起来。

5.4.5　日志结构文件系统

不断进步的科技给现有的文件系统带来了更多的挑战。特别是 CPU 的运行速度越来越快,磁盘容量越来越大,价格也越来越便宜(但是磁盘速度并没有增快多少),同时内存容量也以指数形式增长。而没有得到快速发展的参数是磁盘的寻道时间。所以这些问题综合起来,便成为影响很多文件系统性能的一个瓶颈。为此,Berkeley 设计了一种全新的文件系统,试图缓解这个问题,即日志结构文件系统(Log – structured File System,LFS)。在这一节里,我们简要说明 LFS 是如何工作的。

促使设计 LFS 的主要原因是,CPU 的运行速度越来越快,RAM 内存容量变得更大,同时磁盘高速缓存也迅速地增加。进而,不需要磁盘访问操作,就有可能满足直接来自文件系统高速缓存的很大一部分读请求。所以从上面的事实可以推出,未来多数的磁盘访问是写操作,这样,在一些文件系统中使用的提前读机制(需要读取数据之前预取磁盘块),并不能获得更好的性能。

更为糟糕的情况是,在大多数文件系统中,写操作往往都是零碎的。一个 50 μs 的磁盘写操作之前通常需要 10 ms 的寻道时间和 4 ms 的旋转延迟时间,可见零碎的磁盘写操作是极其没有效率的。根据这些参数,磁盘的效率降低到 1% 以下。

为了看看这样小的零碎写操作从何而来,考虑在 UNIX 文件系统上创建一个新文件。

为了写这个文件,必须写该文件目录的节点、目录块、文件的节点以及文件本身。而这些写操作都有可能被延迟,那么如果在写操作完成之前发生死机,就可能在文件系统中造成严重的不一致性。正因为如此,i 节点的写操作一般是立即完成的

出于这一原因,LFS 的设计者决定重新实现一种 UNIX 文件系统,该系统即使对于一个大部分出零碎的随机写操作组成的任务,同样能够充分利用磁盘的带宽。其基本思想是将整个磁盘结构化为一个日志。每隔一段时间,或是有特殊需要时,被缓冲在内存中的所有未决的写操作都被放到一个单独的段中,作为在日志末尾的一个邻接段写入磁盘。一个单独的段可能会包括 i 节点、目录块、数据块或者都有。每一个段的开始都是该段的摘要,说明该段中都包含哪些内容。如果所有的段平均在 1MB 左右,那么就几乎可以利用磁盘的完整带宽。

在 LFS 的设计中,同样存在着 i 节点,且具有与 UNIX 中一样的结构,但是节点分散在整个日志中,而不是放在磁盘的某一个固定位置。尽管如此,当一个点被定位后,定位一个块就用通常的方式来完成。当然,由于这种设计,要在磁盘中找到一个 i 节点就变得比较困难了,因为节点的地址不能像在 UNIX 中那样简单地通过计算得到。为了能够找到 i 节点,必须要维护一个由 i 节点编号索引组成的 i 节点图。在这个图中的表项指向磁盘中的第一个 i 节点。这个图保存在磁盘上,但是也保存在高速缓存中,因此,大多数情况下这个图的最常用部分还是在内存中。

总而言之,所有的写操作最初都被缓冲在内存中,然后周期性地把所有已缓冲的写作为一个单独的段,在日志的末尾处写入磁盘。要打开一个文件,则首先需要从 i 节点图中找到文件的节点。一旦 i 节点定位之后就可以找到相应的块的地址。所有的块都放在段中,在日志的某个位置上。

如果磁盘空间无限大,那么有了前面的讨论就足够了。但是,实际的硬盘空间是有限的,这样最终日志将会占用整个磁盘,到那个时候将不能往日志中写任何新的段。幸运的是,许多已有的段包含了很多不再需要的块,例如,如果一个文件被覆盖了,那么它的节点就会指向新的块,但是旧的磁盘块仍然在先前写入的段中占据着空间。

为了解决这个问题,LFS 有一个清理线程,该清理线程周期地扫描日志进行磁盘压缩。该线程首先读日志中的第一个段的摘要,检查有哪些 i 节点和文件。然后该线程查看当前节点图,判断该 i 节点是否有效以及文件块是否仍在使用中。如果没有使用,则该信息被丢弃。如果仍然使用,那么 i 节点和块就进入内存等待写到下一个段中。接着,原来的段被标记为空闲,以便日志可以用它来存放新的数据。用这种方法,清理线程遍历日志,从后面移走旧的段,然后将有效的数据放入内存等待写到下一个段中。由此,整个磁盘成为一个大的环形的缓冲区,写线程将新的段写到前面,而清理线程则将旧的段从后面移走。

日志的管理并不简单,因为当一个文件块被写回到一个新段的时候,该文件的节点(在日志的某个地方)必须首先要定位、更新,然后放到内存中准备写回到下一个段中。i 节点图接着必须更新以指向新的位置。尽管如此,对日志进行管理还是可行的,而且性能分析的结果表明,这种由管理而带来的复杂性是值得的。在上面所引用文章中的测试数据表明,LFS 在处理大量的零碎的写操作时性能上优于 UNIX,而在读和大块写操作的性能方面并不比 UNIX 文件系统差,甚至更好。

5.4.6　日志文件系统

虽然基于日志结构的文件系统是一个很吸引人的想法,但是由于它们和现有的文件系统不相匹配所以还没有被广泛应用。尽管如此,它们内在的一个思想,即面对出错的鲁棒性,却可以被其他文件系统所借鉴。这里的基本想法是保存一个用于记录系统下一步将要做什么的日志。这样当系统在完成它们即将完成的任务前崩溃时,重新启动后,可以通过查看日志,获取崩溃前计划完成的任务,并完成它们这样的文件系统被称为日志文件系统,并已经被实际应用。微软(Microsoft)的 NTFS 文件系统、Linux ext3 和 Reiser FS 文件系统都使用日志。接下来,我们会对这个话题进行简短介绍。

为了看清这个问题的实质,考虑一个简单、普通并经常发生的操作:移除文件。这个操作(在 UNIX 中)需要三个步骤完成。

(1)在目录中删除文件;

(2)释放 i 节点到闲节点池;

(3)将所有磁盘块归还空闲磁盘块池。

在 Windows 中,也需要类似的步骤。不存在系统崩溃时,这些步骤执行的顺序不会带来问题;但是当存在系统崩溃时,就会带来问题。假如在第一步完成后系统崩溃。i 节点和文件块将不会被任何文件获得也不会被再分配,它们只存在于废物池中的某个地方,并因此减少了可利用的资源。如果崩溃发生在第二步后,那么只有磁盘块会丢失。

如果操作顺序被更改,并且 i 节点最先被释放,这样在系统重启后,i 节点可以被再分配,但是旧的目录入口将继续指向它,因此指向错误文件。如果磁盘块最先被释放,这样一个在 i 节点被清除前的系统崩溃将意味着一个有效的目录入口指向一个 i 节点,它所列出的磁盘块当前存在于空闲块存储池中并可能很快被再利用。这将导致两个或更多的文件分享同样的磁盘块。这样的结果都是不好的。

日志文件系统则先写一个日志项,列出三个将要完成的动作。然后日志项被写入磁盘(并且为了良好地实施,可能从磁盘读回来验证它的完整性)。只有当日志项已经被写入,不同的操作才可以进行。当所有的操作成功完成后,擦除日志项。如果系统这时崩溃,系统恢复后,文件系统可以通过检查日志来查看是不是有未完成的操作。如果有,可以重新运行所有未完成的操作(这个过程在系统崩溃重复发生时执行多次),直到文件被正确地删除。

为了让日志文件系统工作,被写入日志的操作必须是幂等的,它意味着只要有必要,它们就可以重复执行很多次,并不会带来破坏。像操作"更新位表并标记 i 节点 k 或者块 n 是空闲的"可以重复任意次。同样地,查找一个目录并且删除所有叫 foobar 的项也是幂等的。在另一方面,把从 i 节点 k 新释放的块加入空闲表的末端不是幂等的,因为它们可能已经被释放并存放在那里了。更复杂的操作如"查找空闲块列表并且如果块 n 不在列表就将块 n 加入"是幂等的。日志文件系统必须安排它们的数据结构和可写入日志的操作以使它们都是幂等的。在这些条件下,崩溃恢复可以被快速安全地实施。

为了增加可信性,一个文件系统可以引入数据库中原子事务(atomic transaction)的概念。使用这个概念,一组动作可以被界定在开始事务和结束事务操作之间。这样,文件系统就会知道它必须完成所有被界定的操作,或者什么也不做,但是没有其他的选择。

NTFS 有一个扩展的日志文件系统,并且它的结构几乎不会因系统崩溃而受到破坏。

自 1993 年 NTFS 第一次随 Windows NT 一起发行以来就在不断地发展。Linux 上有日志功能的第一个文件系统是 ReiserFS,但是因为它和后来标准化的 ext2 文件系统不相匹配,它的推广受到阻碍。相比之下,ext3———一个不像 ReiserFS 那么有野心的工程,也具有日志文件功能并且和之前的 ext2 系统可以共存。

5.4.7　虚拟文件系统

即使在同一台计算机上同一个操作系统下,也会使用很多不同的文件系统。一个 Windows 可能有个主要的 NTFS 文件系统,但是也有继承的 FAT32 或者 FAT – 16 驱动,或包含旧的但仍被使用的数据的分区,并且不时地也可能需要一个 CD – ROM 或者 DVD(每一个包含它们特有的文件系统)。Windows 通过指定不同的盘符来处理这些不同的文件系统,比如"C:""D:"等。当一个进程打开一个文件,盘符是显式或者隐式存在的,所以 Windows 知道向哪个文件系统传递请求,不需要尝试将不同类型文件系统整合为统一模式。

相比之下,所有现代的 UNIX 系统做了一个很认真的尝试,即将多种文件系统整合到一个统一的结构中。一个 Linux 系统可以用 ext2 作为根文件系统,ext3 分区装载在/home 下,另一块采用 ReiserFS 文件系统的硬盘装载在/home 下,以及一个 ISO 9660 的 CD – ROM 临时装载在/mnt 下。从用户的观点来看,那只有一个文件系统层级。它们事实上是多种(不相容的)文件系统,对于用户和进程是不可见的。

但是,多种文件系统的存在,在实际应用中是明确可见的,而且因为先前 Sun 公司所做的工作,绝大多数 UNIX 操作系统都使用虚拟文件系统(Virtual File System,VFS)概念尝试将多种文件系统统一成一个有序的框架。关键的思想就是抽象出所有文件系统都共有的部分,并且将这部分代码放在单独的一层,该层调用底层的实际文件系统来具体管理数据。以下的介绍不是单独针对 Linux 和 Free BSD 或者其他版本的 UNIX,而是给出了一种普遍的关于 UNIX 下文件系统的描述。

所有和文件相关的系统调用在最初的处理上都指向虚拟文件系统。这些来自用户进程的调用,都是标准的 POSIX 系统调用,比如 open、read、write 和 seek 等。因此,虚拟文件系统对用户进程有一个"更高层"接口,它就是著名的 POSIX 接口。

VFS 也有一个对于实际文件系统的"更低层"接口。这个接口包含许多功能调用,这样 VFS 可以使每一个文件系统完成任务。因此,当创造一个新的文件系统和 VFS 一起工作时,新文件系统的设计者就必须确定它提供 VFS 所需的功能调用。关于这个功能的个明显的例子就是从磁盘中读某个特定的块,把它放在文件系统的高速缓冲中,并且返回指向它的指针。因此,VFS 有两个不同的接口:上层给用户进程的接口和下层给实际文件系统的接口。

尽管 VFS 下大多数的文件系统体现了本地磁盘的划分,但并不总是这样。事实上,Sun 建立虚拟文件系统最原始的动机是支持使用 NFS(Network File Systen,网络文件系统)协议的远程文件系统。VFS 设计是只要实际的文件系统提供 VFS 需要的功能,VFS 就不需知道或者关心数据具体存储在什么地方或者底层的文件系统是什么样的。

大多数 VFS 应用本质上都是面向对象的,即便它们用 C 语言而不是 C + + 编写。有几种通常支持的主要的对象类型,包括超块(描述文件系统)、v 节点(描述文件)和目录(描述文件系统目录)。这些中的每一个都有实际文件系统必须支持的相关操作。另外,VFS 有一些供它自己使用的内部数据结构,包括用于跟踪用户进程中所有打开文件的装载表和文件描述符的数组。

为了理解 VFS 是如何工作的,让我们按时间的先后举一个例子。当系统启动时,根文件系统在 VFS 中注册。另外,当装载其他文件系统时,不管在启动时还是在操作过程中,它们也必须在 VFS 中注册。当一个文件系统注册时,它做的最基本的工作就是提供一个包含 VFS 所需要的函数地址的列表,可以是一个长的调用矢量(表),或者是许多这样的矢量(如果 VFS 需要),每个 VFS 对象一个。因此,只要一个文件系统在 VFS 注册,VFS 就知道如何从它那里读一个块——它从文件系统提供的矢量中直接调用第 4 个(或者任何一个)功能。同样地,VFS 也知道如何执行实际文件系统提供的每一个其他的功能:它只需调用某个功能,该功能所的地址在文件系统注册时就提供了。

装载文件系统后就可以使用它了。比如,如果一个文件系统装载在/usr 并且一个进程调用它 open("/usr/include/unistd. h" O_RDONLY)。

当解析路径时,VFS 看到新的文件系统被装载在/usr,并且通过搜索已经装载文件的超块表来确定它的超块。做完这些,它可以找到它所装载的文件的根目录,在那里查找路径 include/unistd. h。然后 VFS 创建一个 v 节点并调用实际文件系统,以返回所有的在文件 i 节点中的信息。这个信息被和其他信息一起复制到 v 节点中(在 RAM 中),而这些信息中最重要的是指向包含调用 v 节点操作的功能表的指针,比如 read、write 和 close 等。

当 v 节点被创建以后,VFS 在文件描述符表中为调用进程创建一个入口,并且将它指向一个新的 v 节点(为了简单,文件描述符实际上指向另一个包含当前文件位置和指向 v 节点的指针的数据结构,但是这个细节对于我们这里的陈述并不重要)。最后,VFS 向调用者返回文件描述符,所以调用者可以用它去读、写或者关闭文件。

随后,当进程用文件描述符进行一个读操作,VFS 通过进程表和文件描述符表确定节点的位置,并跟随指针指向功能表(所有这些都是被请求文件所在的实际文件系统中的地址)。这样就调用了处理 read 的功能,在实际文件系统中的代码运行并得到所请求的块。VFS 并不知道数据是来源于本地硬盘还是来源于网络中的远程文件系统、CD – ROM、USB 存储棒或者其他介质。从调用者进程号和文件描述符开始,进而是 v 节点,读功能指针,然后是对实际文件系统的入口函数定位。

通过这种方法,加入新的文件系统变得相当直接。为了加入一个文件系统,设计者首先获得一个 VFS 期待的功能调用的列表,然后编写文件系统实现这些功能。或者,如果文件系统已经存在,它们必须提供 VFS 需的包装功能,通常通过建造一个或者多个内在的指向实际文件系统的调用来实现。

5.5　文件系统的管理和优化

要使文件系统工作是一件事,使真实世界中的文件系统有效、鲁棒地工作是另一回事。本节中,我们将考察有关管理磁盘的一些问题。

5.5.1　磁盘空间管理

文件通常存放在磁盘上,所以对磁盘空间的管理是系统设计者要考虑的一个主要问题。存储 n 个字节的文件可以有两种策略:分配 n 个字节的连续磁盘空间,或者把文件分成很多个连续(或并不一定连续)的块。在存储管理系统中,分段处理和分处理之间也要进行同样的权衡。

正如我们已经见到的,按连续字节序列存储文件有一个明显问题,当文件扩大时,有可能需要在磁盘上移动文件。内存中分段也有同样的问题。不同的是,相对于把文件从磁盘的一个位置移动到另一个位置,内存中段的移动操作要快得多。因此,几乎所有的文件系统都把文件分割成固定大小的块来存储,各块之间不一定相邻。

1. 块大小

一旦决定把文件按固定大小的块来存储,就会出现一个问题:块的大小应该是多少?按照磁盘组织方式,扇区、磁道和柱面显然都可以作为分配单位(虽然它们都与设备相关,这是一种负面因素)。在分页系统中,页面大小也是主要讨论的问题之一。

拥有大的块尺寸意味着每个文件,甚至一个 1 字节的文件,都要占用一整个柱面,也就是说小的文件浪费了大量的磁盘空间。另一方面,小的块应意味着大多数文件会跨越多个块,因此需要多次寻道与旋转延迟才能读出它们,从而降低了性能。因此,如果分配的单元太大,则浪费了空间;如果太小,则浪费时间。

做出一个好的决策需要知道有关文件大小分配的信息。Tanenbaum 等人(2006)给出了 1984 年及 2005 年在一所大型研究型大学(VU)的计算机系以及个政治网站(www. electoral –vore. com)的商业网络服务器上研究的文件大小分配数据。对于每个 2 的幂文件大小,在 3 个数据集里每一数据集中的所有小于等于这个值的文件所占的百分比被列了出来。例如,在 2005 年,59.13% 的 VU 的文件是 4 KB 或更小,且 90.84% 的文件是 64 KB 或更小,其文件大小的中间值是 2 475 字节。一些人可能会因为这么小的尺寸而感到吃惊。

我们能从这些数据中得出什么结论呢?如果块大小是 1 KB,则只有 30% ~ 50% 的文件能够放在一个块内,但如果块大小是 4 KB,这一比例将上升到 60% ~ 70%。那篇论文中的其他数据显示,如果块大小是 4 KB,则 93% 的磁盘块会被 10% 最大的文件使用。这意味着在每个小文件末尾浪费一些空间几乎不会有任何关系,因为磁盘被少量的大文件(视频)给占用了,并且小文件所占空间的总量根本就无关紧要,甚至将那 90% 最小的文件所占的空间翻一倍也不会引人注目。

另一方面,分配单位很小意味着每个文件由很多块组成,每读一块都有寻道和旋转延迟时间,所以,读取由很多小块组成的文件会非常慢。

举例说明,假设磁盘每道有 1 MB,其旋转时间为 8.33 ms,平均浮道时间为 5 ms。以毫秒(ms)为单位,读取一个 k 个字节的块所需要的时间是寻道时间、旋转延迟和传送时间之和:

$$5 + 4.165 + (k/1\,000\,000) \times 8.33$$

要计算空间利用率,则 100% 要对文件的平均大小做出假设。为简单起见,假设所有文件都是 4 KB。尽管这个数据稍微大于在 VU 测量得到的数据,但是学生们大概应该有比公司数据中心更小的文件,所以这样整体上也许更好些。

对一个块的访问时间完全由寻道时间和旋转延迟所决定,所以若要花费 9 ms 的代价访问一个盘块,那么取的数据越多越好。因此,数据率随着磁盘块的增大而增大(直到传输花费很长的时间以至于传输时间成为主导因素)。

现在考虑空间利用率。对于 4 KB 文件和 1 KB,2 KB 或 4 KB 的磁盘块,分别使用 4,2,1 块的文件没有浪费。对于 8 KB 块以及 4 KB 文件,空间利用率降至 50%,而 16 KB 块则降至 25%。实际上,很少有文件的大小是磁盘块整数倍的,所以一个文件的最后一个磁盘块中总是有一些空间浪费。

然而,这些曲线显示出性能与室间利用率天生就是矛盾的。小的块会导致低的性能但是高的空间利用率。对于这些数据,不存在合理的折中方案。在两条曲线的相交处的大小大约是 64 KB,但是数据(传输)速率只有 66 MB/s 并且空间利用率只有大约 7%,两者都不是很好。从历史观点上来说,文件系统将大小设在 1~4 KB 之间,但现在随着磁盘超过了TB,还是将块的大小提升到 64 KB 并且接受浪费的磁盘空间,这样也许更好。磁盘空间几乎不再会短缺了。

在考察 Windows NT 的文件使用情况是否与 UNIX 的文件使用情况存在微小差别的实验中,Vogels 在康奈尔大学对文件进行了测量。他观察到 NT 的文件使用情况比 UNIX 的文件使用情况复杂得多。他写道当我们在 notepad 文本编辑器中输入一些字符后,将内容保存到一个文件中将触发 26 个系统调用,也包括 3 个失败的 open 企图、1 个文件重写和 4 个打开和关闭序列。

尽管如此,他观察到文件大小的中间值(以使用情况作为权重):只读的为 1 KB,只写的为 23 KB,读写的文件为 42 KB。考虑到数据集测量技术以及年份上的差异,这些结果与VU 的结果是相当吻合的。

2. 记录空闲块

且选定了块大小,下一个问题就是怎样跟踪空闲块。有两种方法被广泛采用。第一种方法是采用磁盘块链表,每个块中包含尽可能多的空闲磁盘块号。对于 1 KB 大小的块和32 位的磁盘块号,空闲表中每个块包含有 255 个空闲块的块号(需要有一个位置存放指向下一个块的指针)。考虑 500 GB 的磁盘,拥有 488×10 个块。为了在 255 块中存放全部这些地址,需要 190 万个块。通常情况下,采用空闲块存放空闲表,这样存储器基本上是空的。

另一种空闲磁盘空间管理的方法是采用位图。n 个块的磁盘需要 n 位位图。在位图中,空闲块用 1 表示,已分配块用 0 表示(或者反之)。对于 500 GB 磁盘的例子,需要 488×10 位表示,即需要 60 000 个 1 KB 块存储。很明显,位图方法所需空间较少,因为每块只用一个二进制位标识,相反在链表方法中,每一块要用到 32 位。只有在磁盘快满时(即几乎没有空闲块时)链表方案需要的块才比位图少。

如果空闲块倾向于成为一个长的连续分块的话,则空闲列表系统可以改成记录分块而不是单个的块。一个 8,16,32 位的计数可以与每一个块相关联,来记录连续空闲块的数目。在最好的情况下,一个基本上空的磁盘可以用两个数表达:第一个空闲块的地址,以及空闲块的计数。另一方面,如果磁盘产生了很严重的碎片,记录分块会比记录单独的块效率要低,因为不仅要存储地址,而且还要存储计数。

这个情形说明了操作系统设计者经常遇到的一个问题。有许多数据结构与算法可以用来解决一个问题,但选择其中最好的则需要数据,而这些数据是设计者无法预先拥有的,只有在系统被部署完毕并被大量使用后才会获得。更有甚者,有些数据可能就是无法获取。例如,1984 年与 1995 年我们在 VU 测量的文件大小、网站的数据以及在康奈尔大学的数据,是仅有的 4 个数据样本。尽管有总比什么都没有好,我们仍旧不清楚是否这些数据也可以代表家用计算机、公司计算机、政府计算机及其他。经过一些努力我们也许可以获取一些其他种类计算机的样本,但即使那样,(就凭这些数据来)推断那种测量适用于所有计算机也是愚蠢的。

现在回到空闲表方法,只需要在内存中保存一个指针块。当文件创建时,所需要的块从指针块中取出。现有的指针块用完时,从磁盘中读入一个新的指针块。类似地,当删除文件时,其磁盘块被释放并添加到内存的指针块中。当这个块填满时,就把它写入磁盘。

在某些特定情形下,这个方法产生了不必要的磁盘I/O。考虑这种情形,内存中的指针块只有两个表项。如果释放了一个有三个磁盘块的文件,该指针块就溢出了,必须将其写入磁盘,这就产生了这种情形。如果现在写入含有三个块的文件,满的指针块不得不再次读入。如果有三个块的文件只是作为临时文件被写入,当它被释放时,就需要另一个磁盘写操作,以便把满的指针块写回磁盘。总之,当指针块几乎为空时,一系列短期的临时文件就会引起大量的磁盘I/O。

一个可以避免过多磁盘I/O的替代策略是拆分满了的指针块。这样,当释放三个块时。现在,系统可以处理一系列临时文件,而不需进行任何磁盘I/O。如果内存中指针块满了,就写入磁盘,半满的指针块从磁盘中读入。这里的思想是保持磁盘上的大多数指针块为满的状态(减少磁盘的使用),但是在内存中保留一个半满的指针块。这样,它可以既处理文件的创建又同时处理文件的删除操作,而不会为空闲表进行磁盘I/O。

对于位图,在内存中只保留一个块是有可能的,只有在该块满了或空了的情形下,才到磁盘上取另块。这样处理的附加好处是,通过在位图的单一块上进行所有的分配操作,磁盘块会较为紧密地聚集在一起,从而减少了磁盘臂的移动。由于位图是一种固定大小的数据结构,所以如果内核是(部分)分页的,就可以把位图放在虚拟内存内,在需要时将位图的页面调入。

3. 磁盘配额

为了防止人们贪心而占用太多的磁盘空间,多用户操作系统常常提供一种强制性磁盘配额机制。其思想是系统管理员分给每个用户拥有文件和块的最大数量,操作系统确保每个用户不超过分给他们的配额。下面将介绍一种典型的机制。

当用户打开一个文件时,系统找到文件属性和磁盘地址,并把它们送入内存中的打开文件表。其中一个属性告诉文件所有者是谁。任何有关该文件大小的增长都记到所有者的配额上。

第二张表包含了每个用户当前打开文件的配额记录,即使是其他人打开该文件也一样。当所有文件关闭时,该记录被写回配额文件。

当在打开文件表中建立一新表项时,会产生一个指向所有者配额记录的指针,以便很容易找到不同的限制。每一次往文件中添加一块时,文件所有者所用数据块的总数也增加,引发对配额硬限制和软限制检查。可以超出软限制,但硬限制不可以超出。当已达到硬限制时,再往文件中添加内容将引发错误。同时,对文件数目也存在着类似的检查。

当用户试图登录时,系统核查配额文件,查看该用户文件数目或磁盘块数目是否超过软限制。如果超过了任一限制,则显示一个警告,保存的警告计数减1。如果该计数已为0,表示用户多次忽略该警告,因而将不允许该用户登录。要想再得到登录的许可,就必须与系统管理员协商。

这一方法具有一种性质,即只要用户在退出系统前消除所超过的部分,他们就可以在一次终端会话期间超过其软限制;但无论什么情况下都不能超过硬限制。

5.5.2　文件系统备份

比起计算机的损坏,文件系统的破坏往往要糟糕得多。如果由于火灾、闪电电流或者一杯咖啡泼在键盘上而弄坏了计算机,确实让人伤透脑筋,而且又要花上一笔钱,但一般而言,更换非常方便。只要去计算机商店,便宜的个人计算机在短短一个小时之内就可以更换。

不管是硬件或软件的故障,如果计算机的文件系统被破坏了,恢复全部信息会是一件困难而又费时的工作,在很多情况下,是不可能的。对于那些丢失了程序、文档、客户文件、税收记录、数据库、市场计划或者其他数据的用户来说,这不失为一次大的灾难。尽管文件系统无法防止设备和介质的物理损坏,但它至少应能保护信息。直接的办法是制作备份。但是备份并不如想象得那么简单。

许多人都认为不值得把时间和精力花在备份文件这件事上,直到某一天磁盘突然崩溃,他们才意识到事态的严重性。不过现在很多公司都意识到了数据的价值,常常把数据转到磁带上存储,并且每天至少做一次备份。现在磁带的容量大至几十其至几百 GB,而每个 GB 仅仅需要几美分。其实,做备份并不像人们说得那么烦琐,现在就让我们来看一下相关的要点。

做磁带备份主要是要处理好两个潜在问题。

(1)从意外的灾难中恢复。

(2)从错误的操作中恢复。

第一个问题主要是由磁盘破裂、火灾、洪水等自然灾害引起的。事实上这些情形并不多见,所以许多人也就不以为然。这些人往往也是以同样的原因忽略了自家的火灾保险。

第一个原因主要是用户意外地删除了原本还需要的文件。这种情况发生得很频繁,使得 Windows 的设计者们针对"删除"命令专门设计了特殊目录——"回收站",也就是说,在人们删除文件的时候,文件本身并不真正从磁盘上消失,而是被放置到这个特殊目录下,待以后需要的时候可以还原回去。文件备份更主要是指这种情况,这就允许几天之前,甚至几个星期之前的文件都能从原来备份的磁带上还原。

为文件做备份既耗时间又浪费空间,所以需要做得又快又好,这一点很重要。基于上述考虑我们来看看下面的问题。首先,是要备份整个文件系统还是仅备份一部分呢? 在许多安装配置中,可执行程序(二进制代码)放置在文件系统树的受限制部分,所以如果这些文件能直接从厂商提供的 CD – ROM 盘上重新安装的话,也就没有必要为它们做备份。此外,多数系统都有专门的临时文件目录,这个目录也不需备份。在 UNIX 系统中,所有的特殊文件(也就是 I/O 设备)都放置在/dev 目录下,对这个目录做备份不仅没有必要而且还十分危险——因为一旦进行备份的程序试图读取其中的文件,备份程序就会永久挂起。简而言之,合理的做法是只备份特定目录及其下的全部文件,而不是备份整个文件系统。

其次,对前一次备份以来没有更改过的文件再做备份是一种浪费,因而产生了增量转储的思想。最简单的增量转储形式就是周期性地(每周一次或每片一次)做全面的转储(备份),而每天只对当天更改的数据做备份。稍微好一点的做法只备份自最近一次转储以来更改过的文件。当然了,这种做法极大地缩减了转储时间,但操作起来却更复杂,因为最近的全面转储先要全部恢复,随后按逆序进行增量转储。为了方便,人们往往使用史复杂的增量转储模式。

第三,既然待转储的往往是海量数据,那么在将其写入磁带之前对文件进行压缩就很有必要了。可是对许多压缩算法而言,备份磁带上的单个坏点就能破坏解压缩算法,并导致整个文件甚至整个磁带无法阅读。所以是否要对备份文件流进行压缩必须慎重考虑。

第四,对活动文件系统做备份是很难的。因为在转储过程中添加、删除或修改文件和目录可能会导致文件系统的不一致性。不过,既然转储一次需要几个小时,那么在晚上大部分时间让文件系统脱机是很有必要的,虽然这种做法有时会令人难以接受。正因如此,人们修改了转储算法,记下文件系统的瞬时状态,即复制关键的数据结构,然后需要把将来对文件和目录所做的修改复制到块中,而不是处处更新它们。这样,文件系统在抓取快照的时就被有效地冻结了,留待以后空闲时再备份。

第五,即最后一个问题,做备份会给一个单位引入许多非技术性问题。如果当系统管理员下楼去取打印文件,而毫无防备地把备份磁带搁置在办公室里的时候,就是世界上最棒的在线保安系统也会失去作用。这时,一个间谍所要做的只是潜入办公室,将一个小磁带放入口袋,然后绅士般地离开。即使每天都做备份,如果碰上一场大火烧光了计算机和所有的备份磁带,那做备份又有什么意义呢?由于这个原因,所以备份磁带应该远离现场存放,不过这又带来了更多的安全风险(因为,现在必须保护两个地点了)。接下来我们只讨论文件系统备份所涉及的技术问题。

转储磁盘到磁带上有两种方案:物理转储和逻辑转储。物理转储是从磁盘的第 0 块开始,将全部的磁盘块按序输出到磁带上,直到最后一块复制完毕。此程序很简单,可以确保万无一失,这是其他任何实用程序所不能比的。

不过有几点关于物理转储的评价还是值得一提的。首先,未使用的磁盘块无须备份。如果转储程序能够得到访问空闲块的数据结构,就可以避免该程序备份未使用的磁盘块。但是,既然磁带上的第 k 块并不代表磁盘上的第 k 块,那么要想路过未使用的磁盘块就需要在每个磁盘块前边写下该磁盘块的号码(或其他等效数据)。

第二个需要关注的是坏块的转储。制造大型磁盘而没有任何瑕疵几乎是不可能的,总是有一些坏块存在。有时进行低级格式化后,坏块会被检测出来,标记为坏的,并被应对这种紧急状况的在每个轨道末端的一些空闲块所替换。在很多情况下,磁盘控制器处理坏块的替换过程是透明的,甚至操作系统也不知道。

然而,有时格式化后块也会变坏,在这种情况下操作系统可以检测到它们。通常,可以通过建立个包含所有坏块的"文件"来解决这个问题——只要确保它们不会出现在空闲块池中并且决不会被分配。不用说,这个文件是完全不能够读取的。

如果磁盘控制器将所有坏块重新映射,并对操作系统隐藏的话,物理转储工作还是能够顺利进行的。另一方面,如果这些坏块对操作系统可见并映射到在一个或几个坏块文件或者位图中,那么在转储过程中,物理转储程序绝对有必要能访问这些信息,并避免转储之,从而防止在对坏块文件备份时的无止境磁盘读错误发生。

物理转储的主要优点是简单、极为快速(基本上是以磁盘的速度运行)。主要缺点是,既不能跳过选定的目录,也无法增量转储,还不能满足恢复个人文件的请求。正因如此,绝大多数配置都使用逻辑转储。

逻辑转储从一个或几个指定的目录开始,递归地转储其自给定基准日期(例如,最近一次增量转储成全面系统转储的日期)后有所更改的全部文件和目录。所以,在逻辑转储中,转储磁带上会有一连串精心标识的目录和文件,这样就很容易满足恢复特定文件或目录的请求。

　　既然逻辑转储是最为普遍的形式，就让我们以此为例来仔细研究一个通用算法。该算法在 UNIX 系统上广为使用。该算法还转储通向修改过的文件或目录的路径上的所有目录（甚至包括未修改的目录），原因有二。其一是为了将这些转储的文件和目录恢复到另一台计算机的新文件系统中。这样，转储程序和恢复程序就可以在计算机之间进行文件系统的整体转移。

　　转储被修改文件之上的未修改目录的第二个原因是为了可以对单个文件进行增量恢复（很可能是对愚蠢操作所损坏文件的恢复）。设想如果星期天晚上转储了整个文件系统，星期一晚上又做了一次增量转储。在星期二，/usr/jhs/proj/nr3 目录及其下的全部目录和文件被删除了。星期三一大早用户又想恢复/usr/jhs/proj/nr3/plans/summary 文件。但因为没有设置，所以不可能单独恢复 summary 文件，必须首先恢复 nr3 和 plans 这两个目录。为了正确获取文件的所有者、模式、时间等各种信息，这些目录当然必须再次备份到转储磁带上，尽管自上次完整转储以来它们并没有修改过。

　　逻辑转储算法要维持一个以节点号为索引的位图，每个 i 节点包含了几位。随着算法的执行，位图中的这些位会被设置或清除。算法的执行分为四个阶段。第一阶段从起始目录（本例中为根目录）开始检查其中的所有目录项。对每一个修改过的文件，该算法将在位图中标记其 i 节点。算法还标记并递归检查每一个目录（不管是否修改过）。

　　第一阶段结束时，所有修改过的文件和全部目录都在位图中标记了。理论上说来，第二阶段再次递归地遍历目录树，并去掉目录树中任何不包含被修改过的文件或目录的目录上的标记。注意，i 节点号为 10、11、14、27、29 和 30 的目录此时已经被去掉标记，因为它们所包含的内容没有做任何修改。它们因而也不会被转储。相反，i 节点号为 5 和 6 的目录尽管没有被修改过也要被转储，因为到新的机器上恢复当日的修改时需要这些信息。为了提高算法效率，可以将这两阶段的目录树遍历合二为一。

　　现在哪些目录和文件必须被转储已经很明确了。第三阶段算法将以节点号为序，扫描这些 j 节点并转储所有标记的目录。为了进行恢复，每个被转储的目录都用目录的属性（所有者、时间等）作为前缀。最后，在第四阶段，被标记的文件也被转储，同样，由其文件属性作为前缀。至此，转储结束。

　　从转储磁带上恢复文件系统很容易办到。首先要在磁盘上创建一个空的文件系统，然后恢复最近次的完整转储。由于磁带上最先出现目录，所以首先恢复目录，给出文件系统的框架；然后恢复文件本身。在完整转储之后的是增量转储，重复这一过程，以此类推。

　　尽管逻辑转储十分简单，还是有几点棘手之处。首先，既然空闲块列表并不是一个文件，那么在所有被转储的文件恢复完毕之后，就需要从零开始重新构造。这一点可以办到，因为全部空闲块的集合恰好是包含在全部文件中的块集合的补集。

　　另一个问题是关于连接。如果一个文件被连接到两个或多个目录中，要注意在恢复时对该文件恢复一次，然后要恢复所有指向该文件的目录。

　　还有一个问题就是：UNIX 文件实际上包含了许多空洞。打开文件，写几个字节，然后找到文件中一个偏移了一定距离的地址，又写入更多的字节，这么做是合法的。但两者之间的这些块并不属于文件本身，从而也不应该在其上实施转储和恢复操作。核心文件通常在数据段和堆栈段之间有一个数百兆字节的空洞。如果处理不得当，每个被恢复的核心文件会以 0 填充这些区域，这可能导致该文件与虚拟地址空间一样大。

最后,无论属于哪一个目录(它们并不一定局限于 dev 目录下),特殊文件、命名管道以及类似的文件都不应该转储。关于文件系统备份的更多信息。

磁带密度会像磁盘密度那样改进得那么快。这会逐渐导致备份一个很大的磁盘需要多个磁带的状况。当磁带机器人可以自动换磁带时,如果这种趋势继续下去,作为一种备份介质,磁带会最终变得太小。在那种情况下,备份一个磁盘的唯一的方式是在另一个磁盘上。对每一个磁盘直接做镜像是一种方式。一个更加复杂的方案,称为 RAID。

5.5.3 文件系统一致性

影响文件系统可靠性的另一个问题是文件系统的一致性。很多文件系统读取磁盘块,进行修改后,再写回磁盘。如果在修改过的磁盘块全部写回之前系统崩溃,则文件系统有可能处于不一致状态。如果些未被写回的块是 i 节点块、目录块或者是包含有空闲表的块时,这个问题尤为严重。

为了解决文件系统的不一致问题,很多计算机都带有一个实用程序以检验文件系统的一致性。例如,UNIX 有 fsck,而 Windows 用 scandisk。系统启动时,特别是崩溃之后的重新启动,可以运行该实用程序。下面我们介绍在 UNIX 中这个 fsck 实用程序是怎样工作的。scandisk 有所不同,因为它工作在另一种系统上,不过运用文件系统的内在冗余进行修复的一般原理仍然有效。所有文件系统检验程序可以独立地检验每个文件系统(磁盘分区)的一致性。

一致性检查分为两种:块的一致性检查和文件的一致性检查。在检查块的一致性时,程序构造两张表,每张表中为每个块设立一个计数器,都初始化为 0。第一个表中的计数器跟踪该块在文件中的出现次数,第二个表中的计数器跟踪该块在空闲表的出现次数。

接着检验程序使用原始设备读取全部的 i 节点,忽略文件的结构,只返回所有的磁盘块,从 0 开始。由 i 节点开始,可以建立相应文件中采用的全部块的块号表。每当读到一个块号时,该块在第一个表中的计数器加 1。然后,该程序检查空表或位图,查找全部未使用的块。每当在空闲表中找到一个块时,就会使它在第一个表中的相应计数器加 1。

如果文件系统一致,则每一块或者在第一个表计数器中为 1,或者在第二个表计数器中为 1。但是当系统崩溃后,其中,磁盘块 2 没有出现在任何一张表中这称为块丢失。尽管块丢失不会造成实际的损害,但它的确浪费了磁盘空间,减少了磁盘容量。块丢失问题的解决很容易:文件系统检验程序把它们加到空闲表中即可。

另一种情况中,块 4 在空闲表中出现了 2 次(只在空闲表是真正意义上的一张表时,才会出现重复,在位图中,不会发生这类情况)。解决方法也很简单:只要重新建立空闲表即可。

最糟的情况是,在两个或多个文件中出现同一个数据块。如果其中一个文件被删除,块 5 会添加到空表中,导致一个块同时处于使用和空闲两种状态。若删除这两个文件,那么在空闲表中这个磁盘块会出现两次。

文件系统检验程序可以采取相应的处理方法是,先分配一空闲块,把块 5 中的内容复制到空闲块中然后把它插到其中一个文件之中。这样文件的内容未改变(虽然这些内容几乎可以肯定是不对的),但至少保持了文件系统的一致性。这一错误应该报告,由用户检查文件受损情况。

除检查每个磁盘块计数的正确性之外,文件系统检验程序还查目录系统。此时也要用到一张计数器表,但这时是一个文件(而不是一个块)对应于一个计数器。程序从根目录开始检验,沿着目录树递归下降,检查文件系统中的每个目录。对每个目录中的每个文件,将文件使用计数器加。要注意,由于存在硬连接,一个文件可能出现在两个或多个目录中。而遇到符号连接是不计数的,不会对目标文件的计数器加 1。

在检验程序全部完成后,得到一张由 i 节点号索引的表,说明每个文件被多少个目录包含。然后,检验程序将这些数字与存储在文件 i 节点中的连接数目相比较。当文件创建时,这些计数器从 1 开始,随着每次对文件的一个(硬)连接的产生,对应计数器加 1。如果文件系统一致,这两个计数应相等。但是,有可能出现两种错误,即节点中的连接计数太大或者太小。

如果 i 节点的连接计数大于目录项个数,这时即使所有的文件都从目录中删除,这个计数仍是非 0,节点不会被删除。该错误并不严重,却因为存在不属于任何目录的文件而浪费了磁盘空间。为改正这错误,可以把点中的连接计数设成正确值。

另一种错误则是潜在的灾难。如果同一个文件连接两个目录项,但其 i 节点连接计数只为 1,如果删除了任何一个目录项,对应 i 节点连接计数变为 0。当节点计十数为 0 时,文件系统标志该节点为未使用,并释放其全部块。这会导致其中一个目录指向一末使用的 i 节点,而很有可能其块马上就被分配给其他文件。解决方法同样是把点中连接计数设为目录项的实际个数值。

由于效率上的考虑,以上的块检查和目录检查经常被集成到一起(即仅对节点扫描一遍)。当然也有一些其他检查方法。例如,目录是有明确格式的,包含有 i 节点数目和 ASCII 文件名,如果某个目录的 i 节点编号大于磁盘中节点的实际数目,说明这个目录被破坏了。

再有,每个 i 节点都有一个访问权限项。一些访问权限是合法的,但是很怪异,比如 0007,它不允许文件所有者及所在用户组的成员进行访问,而其他的用户却可以读、写、执行此文件。在这类情况下,有必要报告系统已经设置了其他用户权限高丁文件所有者权限这一情况。拥有 1 000 多个目录项的目录也很可疑。为超级用户所拥有,但放在用户目录下,且设置了 SETUID 位的文件,可能也有安全问题,因为任何用户执行这类文件都需要超级用户的权限。可以列出一长串特殊的情况,尽管这些情况合法,但报告给用户却是有必要的。

以上讨论了防止因系统崩溃而破坏用户文件的问题,某一些文件系统也防止用户身的误操作。如果用户想输入

rm * .o

删除全部以 .o 结尾的文件(编译器生成的目标文件),但不幸键入了

rm * .o(注意,星号后面有一空格)

则 rm 命令会删除全部当前目录中的文件,然后报告说找不到文件 .o。在 MS – DOS 和一些其他系统中,文件的删除仅仅是在对应目录或节点上设置某一位,表示文件被删除,并没有把磁盘块返回到空闲表中,直到确实需要时才这样做。所以,如果用户立即发现操作错误,可以运行特定的一个撤销删除(即恢复)实用程序恢复被删除的文件。在 Windows 中,删除的文件被转移到回收站目录中(一个特别的目录),稍后若需要,可以从那里还原文件。当然,除非文件确实从回收站目录中删除,否则不会释放空间。

5.5.4　文件系统性能

访问磁盘比访问内存慢得多。读内存中一个 32 位字大概要 10 ns。从硬盘上读的速度

大约超过 100 MB/s,对 32 位字来说,大约只是其速率的 1/4,还要加上 5~10 ms 寻道时间,并等待所需的扇面抵达磁头下。如果只需要一个字,内存访问则比磁盘访问快百万数量级。考虑到访问时间的这个差异,许多文件系统采用了各种优化措施以改善性能。本节我们将介绍其中三种方法。

1. 高速缓存

最常用的减少磁盘访问次数技术是块高速缓存(block cache)或者缓冲区高速缓存(buffer cache)。在本书中,高速缓存指的是一系列的块,它们在逻辑上属于磁盘,但实际上基于性能的考虑被保存在内存中。

管理高速缓存有不同的算法,常用的算法是:检查全部的读请求,查看在高速缓存中是否有所需要的块。如果存在,可执行读操作而无须访问磁盘。如果该块不在高速缓存中,首先要把它读到高速缓存,再复制到所需地方。之后,对同一个块的请求都通过高速缓存完成。

由于在高速缓存中有许多块(通常有上千块),所以需要有某种方法快速确定所需要的块是否存在。常用方法散列是将设备和磁盘地址进行散列操作,然后,在散列表中查找结果。具有相同散列值的块在一个链表中连接在一起,这样就可以沿着冲突链查找其他块。

如果高速缓存已满,则需要调入新的块,因此,要把原来的某一块调出高速缓存(如果要调出的块在上次调入以后修改过,则要把它写回磁盘)。这种情况与分页非常相似,所有常用的页面置换算法已经介绍,例如 FIFO 算法、第二次机会算法、LRU 算法等,它们都适用于高速缓存。与分页相比,高速缓存的好处在于对高速缓存的引用不很频繁,所以按精确的 LRU 顺序在链表中记录全部的块是可行的。

除了散列表中的冲突链之外,还有一个双向链表把所有的块按照使用时间的先后次序链接起来,近来使用最少的块在该链表的前端,而近来使用最多的块在该链表的后端。当引用某个块时,该块可以从双向链表中移走,并放置到该表的尾部去。用这种方法,可以维护一种准确的 LRU 顺序。

但是,这又带来了意想不到的难题。现在存在一种情形,使我们有可能获得精确的 LRU,但是碰巧该 LRU 却又不符合要求。这个问题与前一节讨论的系统崩溃和文件一致性有关。如果一个关键块(比如 i 节点块)读进了高速缓存并做过修改,但是没有写回磁盘,这时,系统崩溃会导致文件系统的不一致。如果把 i 节点块放在 LRU 链的尾部,在它到达链首并写回磁盘前,有可能需要相当长的一段时间。

此外,某一些块,如 i 节点块,极少可能在短时间内被引用两次。基于这些考虑需要修改 LRU 方案并应注意如下两点。

(1)这一块是否不久后会再次使用?

(2)这一块是否关系到文件系统的一致性?

考虑以上两个问题时,可将块分为节点块、间接块、目录块、满数据块、部分数据块等几类。把有可能最近不再需要的块放在 LRU 链表的前部,而不是 LRU 链表的后端,于是它们所占用的缓冲区可以很快被重用。对很快就可能再次使用的块,比如正在写入的部分满数据块,可放在链表的尾部,这样它们能在高速缓有中保存较长的一段时间。

第二个问题独立于前一个问题。如果关系到文件系统一致性(除数据块之外,其他块基本上都是这样)的某块被修改,都应立即将该块写回磁盘,不管它是否被放在 LRU 链表尾部。将关键块快速写回磁盘,将大大减少在计算机崩溃后文件系统被破坏的可能性。用户的文件崩溃了,该用户会不高兴,但是如果整个文件系统都丢失了,那么这个用户会更生气。

尽管用这类方法可以保证文件系统一致性不受到破坏,但我们仍然不希望数据块在高速缓存中放很久之后才写入磁盘。设想某人正在用个人计算机编写一本书。尽管作者让编辑程序将正在编辑的文件定期写回磁盘,所有的内容只存在高速缓存中而不在磁盘上的可能性仍然非常大。如果这时系统崩溃,文件系统的结构并不会被破坏,但他一整天的工作就会丢失。

即使只发生几次这类情况,也会让人感到不愉快。系统采用种方法解决这一问题。在 UNIX 系统中有一个系统调用 sync,它强制性地把全部修改过的块立即写回磁盘。系统启动时,在后台运行一个通常名为 update 的程序,它在无限循环中不断执行 rsync 调用,每两次调用之间休眠 30 s。于是,系统即使崩溃,也不会丢失超过 30 s 的工作。

虽然目前 Windows 有一个等价于 sync 的系统调用——Flush File Buffers,不过过去没有。相反,Windows 采用一个在某种程度上比 UNIX 方式更好(有时更坏)的策略。其做法是,只要被写进高速缓存,就把每个被修改的块写进磁盘。将缓存中所有被修改的块立即写回磁盘称为通写高速缓存(write through cache)。同非通写高速缓存相比,通写高速缓存需要更多的磁盘 I/O。

若某程序要写满 1KB 的块,每次写一个字符,这时可以看到这两种方法的区别。UNIX 在高速缓存中保存全部字符,并把这个块每 30 秒写回磁盘一次,或者当从高速缓存删除这一块时写回磁盘。在通写高速缓存里,每写入一字符就要访问一次磁盘。当然,多数程序有内部缓冲,通常情况下,在每次执行 write 系统调用时并不是只写入一个字符,而是写入一行或更大的单位。

采用这两种不同的高速缓存策略的结果是:在 UNIX 系统中,若不调用 sync 就移动(软)磁盘,往往会导致数据丢失,在被毁坏的文件系统中也经常如此。而在通写高速缓存中,就不会出现这类情况。选择不同策略的原因是,在 UNIX 开发环境中,全部磁盘都是硬盘,不可移动。而第一代 Windows 文件源自 MS – DOS,是从软盘世界中发展起来的。由于 UNIX 方案有更高的效率它成为当然的选择(但可靠性较差),随着硬盘成为标准,它目前也用在 Window 的磁盘上。但是,NTFS 使用其他方法(日志)改善其可靠性,这在前面已经讨论过。

一些操作系统将高速缓存与页缓存集成。这种方式特别是在支持内存映射文件的时候很吸引人。如果一个文件被映射到内存上,则它其中的一些页就会在内存中,因为它们被要求按页进入。这些页面与在高速缓存的文件块几乎没有不同。在这种情况下,它们能被以同样的方式来对待,也就是说,用一个缓存来同时存储文件块与页。

2. 块提前读

第二个明显提高文件系统性能的技术是:在需要用到块之前,试图提前将其写入高速缓存,从而提高命中率。特别地,许多文件都是顺序读的。如果请求文件系统在某个文件生成块 k,文件系统执行相关操作且在完成之后,会在用户不察觉的情形下检查高速缓存,以便确定块 k + 1 是否已经在高速缓存如果还不在,文件系统会为块 k + 1 安排一个预读,因为文件系统希望在需要用到该块时,它已经在高速缓存或者至少马上就要在高速缓存中了。

当然,块提前读策略只适用于顺序读取的文件。对随机存取文件,提前读丝毫不起作用。相反,它还会帮倒忙,因为读取用的块以及从高速缓存中删除潜在有用的块将会占用固定的磁盘带宽(如果有"脏"块的话,还需要将它们写回磁盘,这就占用了更多的磁盘带宽)。那么提前读策略是否值得采用呢? 文件系统通过跟踪每一个打开文件的访问方式来确定这一点。例如,可以使用与文件相关联的某个位协助跟踪该文件到底是"顺序存取方式"还是"随机存取方式"。在最初不能确定文件属于哪种存取方式时,先将该位设置成顺序存取方式。但是,查找一完成,就将该位清除。如果再次发生顺序读取,就再次设置该位。这样,文件系统可以通过合理的猜测,确定是否应该采取提前读的策略。即便弄错了次也不会产生严重后果,不过是浪费一小段磁盘的带宽罢了。

3. 减少磁盘背运动

高速缓存和块提前读并不是提高文件系统性能的唯一方法。另一种重要技术是把有可能顺序存取的块放在一起,当然最好是在同一个柱面上,从而减少磁盘臂的移动次数。当写一个输出文件时,文件系统就必须按照要求一次一次地分配磁盘块。如果用位图来记录空闲块,并且整个位图在内存中,那么选择与前一块最近的空闲块是很容易的。如果用空闲表,并且链表的一部分存在磁盘上,要分配紧邻着的空闲块就困难得多。

不过,即使采用空闲表,也可以采用块簇技术。这里用到一个小技巧,即不用块而用连续块簇来跟踪磁盘存储区。如果一个扇区有 512 个字节,有可能系统采用 1KB 的块(2 个扇区),但却按每 2 块(4 个扇区)一个单位来分配磁盘存储区。这和 2KB 的磁盘块并不相同,因为在高速缓存中它依然使用 1KB 的块,磁盘与内存数据之间传送也是以 1KB 为单位进行,但在一个空闲的系统上顺序读取文件,寻道的次数可以减少一半,从而使文件系统的性能大大改善。若考虑旋转定位则可以得到这类方案的变体。在分配块时,系统尽量把一个文件中的连续块存放在同一柱面上。

在使用 i 节点或任何类似节点的系统中,另一个性能瓶颈是,读取一个很短的文件也需要两次磁盘访问:一次是访问 i 节点,另一次是访问块。通常情况下,i 节点的放置。其中,全部 i 节点都放在靠近磁盘开始位置,所以节点和它指向的块之间的平均距离是柱面数的一半,这将需要较长的寻道时间。

一个简单的改进方法是,在磁盘中部而不是开始处存放 i 节点,此时,在 i 节点和第一块之间的平均寻道时间减为原来的一半。另一种做法是:将磁盘分成多个柱面组,每个柱面组有自己的 i 节点、数据块和空闲表。在文件创建时,可选取任一 i 节点,但首先在该 i 节点所在的柱面组上查找块。如果在该柱面组中没有空闲的块,就选用与之相邻的柱面组的一个块。

5.5.5　磁盘碎片整理

在初始安装操作系统后,从磁盘的开始位置,一个接一个地连续安装了程序与文件。所有的空闲磁盘空间放在一个单独的、与被安装的文件邻近的单元里。但随着时间的流逝,文件被不断地创建与删除,于是磁盘会产生很多碎片,文件与空穴到处都是。结果是,当创建一个新文件时,它使用的块会散布在整个磁盘上,造成性能的降低。

磁盘性能可以通过如下方式恢复:移动文件使它们相邻,并把所有的(至少是大部分的)空闲空间放在一个或多个大的连续的区域内。Windows 有一个程序 defrag 就是从事这个工作的。Windows 的用户应该定期使用它。

磁盘碎片整理程序会在一个在分区末端的连续区域内有适量空闲空间的文件系统上

很好地运行。这段空间会允许磁盘碎片整理程序选择在分区开始端的碎片文件,并复制它们所有的块放到空闲空间内。这个动作在磁盘开始处释放出一个连续的块空间,这样原始或其他的文件可以在其中相邻地存放。这个过程可以在下一大块的磁盘空间上重复,并继续下去。

有些文件不能被移动,包括页文件、休眠文件以及日志,因为移动这些文件所需的管理成本要大于移动它们的价值。在一些系统中,这些文件是固定大小的连续的区域,因此它们不需要进行碎片整理这类文件缺乏灵活性会造成一些问题,一种情况是,它们恰好在分区的末端附近并且用户想减小分区的大小。解决这种问题的唯一的方法是把它们一起删除,改变分区的大小,然后再重新建立它们。

Linux 文件系统(特别是 ext2 和 ext3)由于其选择磁盘块的方式,在磁盘碎片整理上一般不会遭受像 Windows 那样的困难,因此很少需要手动的磁盘碎片整理。

5.6 文件系统实例

在这一节,我们将讨论文件系统的几个实例,包括从相对简单的文件系统到十分复杂的文件系统现代流行的 UNIX 文件系统。

5.6.1 MS – DOS 文件系统

MS – DOS 文件系统是第一个 IBM PC 系列所采用的文件系统。它也是 Windows 98 与 Windows ME 所采用的主要的文件系统。Windows 2000、Windows XP 与 Windows Vista 上也支持它,虽然除了软盘以外它现在已经不再是新的 PC 的标准了。但是,它和它的扩展(FAT32)一直被许多嵌入式系统所广泛使用大部分的数码相机使用它。许多 MP3 播放器只能使用它。流行的苹果公司的 iPod 使用它作为默认的文件系统,尽管骇客可以重新格式化 iPod 并安装一个不同的文件系统。使用 MS – DOS 文件系统的电子设备的数量现在要远远多于过去,并且当然远远多于使用更现代的 NTFS 文件系统的数量。因此,我们有必要看一看其中的一些细节。

要读文件时,MS – DOS 程序首先要调用 open 系统调用,以获得文件的句柄。open 系统调用识别一个路径,可以是绝对路径或者是相对于现在工作目录的路径。路径是一个分量一个分量地查找的,直到查到最终的目录并读进内存。然后开始搜索要打开的文件。

尽管 MS – DOS 的目录是可变大小的,但它使用固定的 32 字节的目录项,MS – DOS 的目录项的格式如图 5 – 6 所示。

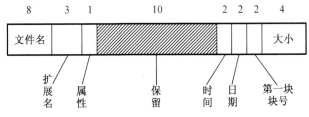

图 5 – 6 MS – DOS 的目录项

它包含文件名、属性、建立日期和时间、起始块和具体的文件大小。在每个分开的域中,少于 8 + 3 个字符的文件名左对齐,在右边补空格。属性域是一个新的域,包含用来指示一个文件是只读的、存档的、隐藏的还是一个系统文件的位。不能写只读文件,这样避免了文件意外受损。存档位没有对应的操作系统的功能(即 MS – DOS 不检查和设置它)。存档位主要的用途是使用户级别的存档程序在存档一个文件后清理这一位,其他程序在修改了这个文件之后设置这一位。以这种方式,一个备份程序可以检查每个文件的这一位来确定是否需要备份该文件。设置隐藏位能够使一个文件在目录列表中不出现,其作用是避免初级用户被一些不熟悉的文件搞糊涂了。最后,系统位也隐藏文件。另外,系统文件不可以用 del 命令删除,在 MS – DOS 的主要组成部分中,系统位都被设置。

目录项也包含了文件建立和最后修改的日期和时间。时间只是精确到 ± 2 s,因为它只是用 2 个字节的域来存储,只能存储 65 536 个不同的值(一天包含 86 400 s)。这个时间域被分为秒(5 个位)、分(6 个位)和小时(5 个位)。以日为单位计算的日期使用三个子域:日(5 个位)、月(4 个位)、年(7 个位)。用 7 个位的数字表示年,时间的起始为 1980 年,最高的表示年份是 2107 年。所以 MS – DOS 有内在的 2108 年问题。为了避免灾难,MS – DOS 的用户应该尽快开始在 2108 年之前转变工作。如果把 MS – DOS 使用组合的日期和时间域作为 32 位的秒计数器,它就能准确到秒,可把灾难推迟到 2116 年。

MS – DOS 按 32 位的数字存储文件的大小,所以理论上文件大小能够大至 4 GB。尽管如此,其他的约束(下面论述)将最大文件限制在 2 GB 或者更小。让人吃惊的是目录项中的很大一部分空间(10 字节)没有使用。

MS – DOS 通过内存里的文件分配表来跟踪文件块。目录表项包含了第一个文件块的编号,这个编号用作内存里有 64K 个目录项的 FAT 的索引。沿着这条链,所有的块都能找到。

FAT 文件系统总共有三个版本:FAT – 12、FAT – 16 和 FAT – 32,取决于磁盘地址包含有多少二进制位。其实,FAT – 32 只用到了地址空间中的低 28 位,它更应该叫 FAT – 28。但使用 2 的幂的这种表述听起来要匀整得多。

在所有的 FAT 中,都可以把磁盘块大小调整到 512 字节的倍数(不同的分区可能采用不同的倍数)合法的块大小(微软称之为簇大小)在不同的 FAT 中也会有所不同。第一版的 MS – DOS 使用块大小为 512 字节的 FAT – 12,分区大小最大为 212 × 512 字节(实际上只有 4 086 × 512 字节,因为有 10 个磁盘地址被用作特殊的标记,如文件的结尾、坏块等)。根据这些参数,最大的磁盘分区大小约为 2MB,而内存里的 FAT 表中有 4 096 个项,每项 2 字节(16 位)。若使用 12 位的目录项则会非常慢。

这个系统在软盘条件下工作得很好,但当硬盘出现时,它就出现问题了。微软通过允许其他的块大小如(1 KB,2 KB,4 KB)来解决这个问题。这个修改保留了 FAT – 12 表的结构和大小,但是允许可达 16 MB 的磁盘分区。

由于 MS – DOS 支持在每个磁盘驱动器中划分四个磁盘分区,所以新的 FAT – 12 文件系统可在最大 64 MB 的磁盘上工作。除此之外,还必须引入新的内容。于是就引进了FAT – 16,它有 16 位的磁盘指针,而且允许 8 KB、16 KB 和 32 KB 的块大小(32 768 是用 16位可以表示的 2 的最大幂)。FAT – 16 表需要占据内存 128 KB 的空间。由于当时已经有更大的内存,所以它很快就得到了应用,并且取代了 FAT – 12 系统 FAT – 16 能够支持的最大磁盘分区是 2 GB(64 K 个项,每个项 32 KB),支持最大 8 GB 的磁盘,即 4 个分区,每个分区 2 GB。

对于商业信函来说,这个限制不是问题,但对于存储采用 DV 标准的数字视频来说,一个 2 GB 的文件仅能保存 9 min 多一点的视频。结果就是无论磁盘有多大,PC 的磁盘也只能支持四个分区,能存储在磁盘中的最长的视频大约是 38 min。这一限制也意味着,能够在线编辑的最大的视频少于 19 min,因为同时需要输入和输出文件。

随着 Windows 95 第 2 版的发行,引入了 FAT - 32 文件系统,它只有 28 位磁盘地址。在 Windos 95 下的 MS - DOS 也被改造,以适应 FAT - 32。在这个系统中,分区理论上能达到极大字节,但实际上是限制在 2 TB(2 048 GB),因为系统在内部的 512 字节长的扇区中使用了一个 32 位的数字来记录分区的大小,这样是 2 TB。

除了支持更大的磁盘之外,FAT - 32 文件系统相比 FAT - 16 文件系统有另外两个优点。首先,一个用 FAT - 32 的 8 GB 磁盘可以是一个分区,而使用 FAT - 16 则必须是四个分区,对于 Windows 用户来说,就是"C:""D:""E:"和"F:"逻辑磁盘驱动器。用户可以自己决定哪个文件放在哪个盘以及记录的内容放在什么地方。

FAT - 32 相对于 FAT - 16 的另外一个优点是,对于一个给定大小的硬盘分区,可以使用一个小一点的块大小。例如,对于一个 2 GB 的硬盘分区,FAT - 16 必须使用 32 KB 的块,否则仅有的 64 K 个磁盘地址就不能覆盖整个分区。相反,FAT - 32 处理一个 2 GB 的硬盘分区的时候就能够使用 4 KB 的块。使用小块的好处是大部分文件都小于 32 KB。如果块大小是 32 KB,那么一个 10 字节的文件就占用 32 KB 的空间,如果文件平均大小是 8 KB,使用 32 KB 的块大小,3/4 的磁盘空间会被浪费,这不是使用磁盘的有效方法。而 8 KB 的文件用 4 KB 的块没有空间的损失,却会有更多的 RAM 被 FAT 系统占用。把 4 KB 的块应用到一个 2 GB 的磁盘分区,会有 512K 个块,所以 FAT 系统必须在内存里包含 512K 个项(占用了 2 MB 的 RAM)。

MS - DOS 使用 FAT 来跟踪空闲磁盘块。当前没有分配的任何块都会标上一个特殊的代码。当 MS - DOS 需要一个新的磁盘块时,它会搜索 FAT 以找到一个包含这个代码的项。所以不需要位图或者空闲表。

5.6.2　UNIX 文件系统

即使是早期版本的 UNIX 也有一个相当复杂的多用户文件系统,因为它是从 MULTICS 继承下来的。下面我们将会讨论 V7 文件系统,这是为 PDP - 11 创建的一个文件系统,它也使得 UNIX 闻名于世。

文件系统从根目录开始形成树状,加上链接,形成了一个有向无环图。文件名可以多达 14 个字符,能够容纳除了/和 NUL 之外的任何 ASCII 字符,NUL 也表示成数字数值 0。

UNIX 目录中为每个文件保留了一项。每项都很简单,因为 UNIX 使用 i 节点。一个目录项包含了两个域,文件名(14 个字节)和节点的编号(2 个字节)所示。这些参数决定了每个文件系统的文件数目为 64K。

UNIX 的节点包含一些属性,这些属性包括文件大小、三个时间(创建时间,最后访问时间,最后修改时间)、所有者、所在组、保护信息以及一个计数(用于记录指向 i 节点的目录项的数量)。最后一个域是为了链接而设的。当一个新的链接加到一个 i 节点上,i 节点里的计数就会加 1。当移走一个连接时,该计数就减 1。当计数为 0 时,就收回该节点,并将对应的磁盘块放进空闲表。

对于特别大的文件,可以跟踪磁盘块。前 10 个磁盘地址是存储在 i 节点自身中的,所以对于小文件来说,所有必需的信息恰好是在节点中。而当文件被打开时,i 节点将被从磁盘取到内存中。对于大一些的文件,i 节点内的其中一个地址是称为一次间接块(single indirect block)的磁盘块地址。这个块包含了附加的磁盘块地址。如果还不够的话,在 i 节点中还有另一个地址,称为二次间接块(double indirect block)。它包含一个块的地址,在这个块中包含若干个一次间接块。每一个这样的一次间接块指向数百个数据块。如果这样还不够的话,可以使用三次间接块(triple indirect block)。

当打开某个文件时,文件系统必须要获得文件名并且定位它所在的磁盘块。让我们来看一下怎样查找路径名/usr/ast/mbox。以 UNIX 为例,但对所有的层次目录系统来说,这个算法是大致相同的。首先,文件系统定位根目录。在 UNX 系统中,根目录的节点存放于磁盘上固定的位置。从这个 i 节点,系统将可以定位根目录,虽然根目录可以放在磁盘上的任何位置,但假定它放在磁盘块 1 的位置。

接下来,系统读根目录并且在根目录中查找路径的第一个分量 usr,以获取/usr 目录的 i 节点号。由 i 节点号来定位 i 节点是很直接的,因为每个节点在磁盘上都有固定的位置。根据这个节点,系统定位 usr 目录并在其中查找下一个分量 ast。一旦找到 ast 的项,便找到了/usr/ast 目录的节点。依据这个节点,可以定位该目录并在其中查找 mbox。然后,这个文件的点被读入内存,并且在文件关闭之前会一直保留在内存中。

相对路径名的查找同绝对路径的查找方法相同,只不过是从当前工作目录开始查找而不是从根目录开始。每个目录都有".."和".."项,它们是在目录创建的时候同时创建的。"."表项是当前目录的节点号,而表项是父目录(上一层目录)的节点号。这样,查找../dick/prog. c 的过程就成为在工作目录中查找,寻找父目录的点号,并查询 dick 目录。不需要专门的机制处理这些名字。目录系统只要把这些名字看作普通的 ASCII 符串即可,如同其他的名字样。这里唯一的巧妙之处是在根目录中指向自身。

第6章 设备管理

6.1 设备管理的基本概念

设备管理是指计算机系统中除 CPU、内存等器件以外的所有外部设备的管理。这些外部设备的主要功能是用于系统的输入、输出操作,所以又称为 I/O 系统。它们除了进行实际的 I/O 操作之外,也包括了诸如设备控制器、DMA 控制器、中断控制器等支持设备。

目前的计算机系统中的外部设备的种类繁多,如何有效而又方便地使用这些设备是操作系统的主要任务之一。操作系统的设备管理程序负责了所有外部设备的驱动、控制、分配等技术问题,普遍地使用中断、缓冲区管理、通道等各种技术。这些技术措施较好地克服了由于外部设备和 CPU 在速度上不匹配所带来的问题,使 CPU 和外部设备能够并行工作,显著地改善了它们的使用效率。同时,操作系统的设备管理程序又向用户提供了使用这些设备的命令、语句和系统调用功能。用户在调用外部设备时,不需要对接口、控制器以及设备的物理特性进行深入地了解,就能既方便又有效地使用它们。

6.1.1 设备的分类

对于种类繁多的外部设备,我们可以按使用方式、隶属关系和设备上的数据组织关系来对它们进行分类。

1. 按使用方式分类

按设备的使用方式,可分为独占设备、共享设备和虚拟设备三类。

(1) 独占设备。

这类设备一旦分配给某个用户作业或进程,在占用者未释放之前,其他用户作业或进程不得使用。大多数的传输速度较低的 I/O 设备,如终端机、打印机等属于这类设备。

(2) 共享设备。

这类设备允许多个用户同时使用。实际上是几个作业或进程交替地对它们进行读写,而宏观上可看作是同时对它们进行访问。大多数属于高速、直接存取的设备,如硬盘、软盘、磁带机等属于这类设备。

(3) 虚拟设备。

利用假脱机技术把低速的独占设备改变为共享设备,或者利用软件方法把共享设备分割为若干台虚拟的设备。这种假想逻辑上的独立设备称为虚拟设备。

2. 按隶属关系分类

按设备的隶属关系可分为系统设备和用户设备两类。

（1）系统设备。

系统设备是在操作系统生成时，由系统注册登记的标准配置的设备。系统对这类设备配置有完备的驱动程序和管理程序，用户只需调用系统提供的命令或子程序即可使用它们，如磁盘机、磁带机、打印机等就属于这类设备。

（2）用户设备。

用户设备一般是指用户根据自己的使用需要而配置的非标准设备。这类设备在系统生成时并未登记在系统中，要求由用户提供设备及其驱动程序，并通过适当的手段把它们纳入系统，让系统承认它们，对它们实施统一管理。

3. 按设备上的数据组织关系分类

按设备上的数据组织关系，可根据传输数据的多少分为字符设备和块设备两类。

（1）字符设备。

以字符为单位来组织和传输数据的设备称为字符设备。大多数的传输速度较低（如终端机、打印机、磁带机等）的设备都属于字符设备。

（2）块设备。

以数据块为单位来组织和传输数据的设备称为块设备。如磁盘机、磁带机等高速外存属于这类设备。

6.1.2　设备管理目标和功能

1. 设备管理的目标

一个完善的设备管理系统，必须要满足以下的要求。

（1）充分发挥外部设备的使用效率。

设备管理系统应能有效地解决 CPU 与外部设备之间在传输速度上不匹配的问题，要使 CPU 与外部设备之间能够启动并行地进行工作。综合地使用中断技术、直接内存存取（DMA）技术、通道技术和缓冲区技术是解决这一不匹配问题的较好技术方案。这些技术的采用使 CPU 与 I/O 设备之间的并行操作得以实现，从而极大地提高了计算机系统的工作速度和效率。

（2）为用户提供方便、完善的使用外部设备的各种手段。

设备管理系统的另一个主要目标就是为用户提供使用外部设备的方便、完善的各种手段。用户程序应能独立于设备，即实现设备与程序的无关性。不要求用户去了解具体 I/O 设备的各项物理细节，而让操作系统去实现具体设备的物理 I/O 操作，提供给用户的是种性能理想化、操作简便的逻辑设备。

2. 设备管理的功能

为实现上述设备的有效管理和方便使用两个目标，设备管理应具备以下功能。

（1）设备分配功能。

设备管理系统能够按照用户的请求将适当的外部设备进行分配。特别是在多道程序环境下，多个用户或进程争用同一设备时，应根据一定的算法和当时设备的忙闲情况统一进行分配。对请求而未获得设备的用户或进程，则按照一定的次序排队等待。

（2）缓冲区管理功能。

在内存中设置高速缓冲区，使 CPU 和外部设备通过缓冲区来传送数据，从而使高速的 CPU 与低速的外部设备之间，以及外部设备与外部设备之间的工作协调起来。

（3）实现物理 I/O 操作。

在设置通道的计算机系统中，I/O 操作一般是由通道执行通道程序来完成的。这就要求设备管理系统根据用户提出的 I/O 请求，生成相应的通道程序并提交给通道，然后用专门的通道指令启动通道对指定的设备进行 I/O 操作，并能响应通道的中断请求。

在没有设置通道的系统中，由设备管理系统对设备 I/O 请求做设备分配、缓冲区分配等必要的处理，并直接对设备接口编程，然后驱动指定的设备进行 I/O 操作。

6.1.3　系统总线和 I/O 设备

1. 总线的基本概念

什么是总线呢？简单说来，总线就是一组进行互连和传输信息、指令、数据和地址的信号线，它好比连接电脑系统各个部件之间的桥梁。

计算机总线是计算机内各部件之间进行信息传输的公共通道，是将计算机中不同类型的硬件组织在一起，并为它们提供通信保证的计算机关键硬件。可以说一台计算机的躯体就是由总线及总线相关的接口与设备组成的。总线定义了硬件之间进行通信的协议，是计算机体系结构的重要组成部分。

计算机总线技术包括通道控制功能、使用方法、仲裁方法和传输方式等。任何系统的研制和外围设备的开发，都必须服从一定的总线规范。总线的结构不同，性能差别很大。计算机总线的主要功能是负责计算机各模块之间的信息传输，因此总线的性能也是围绕这一功能而定义、测试和比较。总线的传输率是其性能的主要技术指标。

随着计算机技术的不断发展，微型计算机的体系结构发生了显著的变化。如 CPU 运算速度的提高，多处理器结构的出现，高速缓冲存储器的广泛应用等，都要求有高速的总线来传输数据，从而出现了多总线结构。

多总线结构是指 CPU 与存储器、I/O 等设备之间具有两种以上的总线，这样可以将慢速设备和快速设备挂接在不同的总线上，减小总线竞争现象，有效提高系统性能。

2. PC 机总线的分类

总线的分类方法有多种，其中，按照总线的物理位置的不同来划分是较为简单的一种。它可将总线分为三类：系统总线、局部总线和外设总线。

（1）系统总线。

系统总线是 PC 机系统所特有的总线。它是 PC 机系统内部各部件（插板）之间进行连接和传输信息的一组信号线，主要用于对 PC 机系统中各个部件之间的连接，以进一步扩充PC 机系统的功能，因此也称为标准总线和扩充总线。例如，ISA、EISA、MCA、VESA、AGP 等。

（2）局部总线。

局部总线是系统总线和 CPU 连接时的中间缓冲，通过桥接电路分别与 CPU 和系统总线相连。在物理位置上，由于局部总线离 CPU 最近，因此高速外设通过它和 CPU 相连可获得很高数据吞吐率，从而打破系统 I/O 瓶颈。这类总线有诸如 VL 总线和 PCI 总线。

局部总线是在传统的 ISA 总线和 CPU 总线之间增加的一级总线或管理层，是系统总线和 CPU 连接时的中间缓冲，通过桥接电路分别与 CPU 和系统总线相连。在物理位置上，由于局部总线离 CPU 最近，因此高速外设通过它和 CPU 相连可获得很高的数据吞吐率，从而打破系统 I/O 瓶颈。

局部总线的出现是由于计算机软、硬件功能的不断发展,系统原有的 ISA/ESA 等已远远不能适应系统高传输能力的要求,而成为整个系统的主要瓶颈。局部总线要可分为三种:专用局部总线、VL 总线(VESA Local Bus)、PCI 总线(Peripheral Component Interconnect)。前两种已被淘汰,PCI 总线近年来在微型计算机中得到了广泛的应用。采用 PCI 总线后,数据宽度可以升级到 64 位,总线工作频率为 33 ~ 66 MHz,数据传输率(带宽)最高可达 266 MB/s。

(3)外设总线。

外设总线是指与外部设备接口相连,实际上是一种外设的接口标准。如日前 PC 机上流行的接口标准 RS–232、LDE、SCSI、USB 和 IEEE1394 等。其中,IDE 和 SCSI 主要是与硬盘、光驱等 IDE 设备接口相连,USB 和 IEEE I394 两种新型外部总线可以用来连接多种外部设备。

决定总线性能的主要有总线时钟频率(总线的工作频率,单位 MHz)和总线宽度(即数据线的位数,单位为 bit)。

总线传输速率(即总线带宽),为在总线上每秒钟传输的最大字节数 MB/s。它们的相关计算公式为:传输速率 = 总线时钟频率 × 总线宽度/8。

6.1.4　PC 机常用总线结构及性能

为了改善 PC 机的 I/O 传输性能,先后提出了 ISA、MCA、EISA、VESA 和 PCI 等总线标准。事实上,各种总线都是从最早的构思,以及随着外部设备速度的提高和图形界面操作系统的应用逐渐发展起来。

1. ISA 总线

最早的 PC 机总线是 IBM 公司于 1981 年推出的基于 8 位机 PC/XT 的总线,称为 PC 总线。1984 年 IBM 公司推出了 16 位 PC 机 PC/AT,其总线称为 AT 总线。然而 IBM 公司从未公布过它们的 AT 总线规格。为了能够合理地开发外插接口卡,由 Intel 公司,IEEE 和 EISA 集团联合开发了与 IBM/AT 原装机总线意义相近的 ISA 总线,即 8/16 位的"工业标准结构"(Industry Component Interconnect, ISA)总线。

ISA 总线是总线的元老,它在 PC 机总线的发展里程中占有重要的位置,虽然已接近淘汰,可许多如声卡、Modem 等老设备还是离不开它。所以一些主板芯片组依然提供了对它的支持。在今天看来,ISA 缺少一个中枢寄存器,不能动态地分配系统资源,CPU 占用率高,插卡的数量亦有限。如果几个设备同时调用共享的系统资源,很容易出现冲突现象。

早期的 ISA 设备非常难安装,不仅要设置跳线或 DIP 开关来控制 I/O 地址,甚至中断和时钟速度也要通过手工来完成。1993 年 Intel 和微软共同制订了 PNP ISA 标准,支持即插即用,并用软件来控制各种设置。8 位 ISA 扩展 I/O 插槽由 62 个引脚组成,用于 8 位的插卡。8/16 位的扩展插槽除了具有一个 8 位 62 线的连接器外,还有一个附加的 36 线连接器,这种扩展 I/O 插槽既可支持 8 位的插卡,也可支持 16 位插卡。

另外,为了与 IBM 的基于 ISA 的 MCA 总线技术抗衡,Compaq、HP 等九家公司联合起来在 ISA 的基础上于 1988 年推出了为 32 位微机设计的"扩展工业标准结构"(Extended Industry Standard Architecture),即 FISA 总线。EISA 在结构上与 ISA 有良好的兼容性,但由于成本方面的限制很快被淘汰。

2. PCI 总线

PCI(Peripheral Component Interconnect)是目前主板上最为流行的一种总线插槽。它是由 Intel 公司 1991 年推出的一种局部总线。

PCI 总线是一种不依附于某个具体处理器的局部总线。它定义了 32 位数据总线,且可扩展为 64 位。从结构上看,PCI 是在 CPU 和原来的系统总线之间插入的一级总线,具体由一个桥接电路实现对这一层的管理,并实现上下之间的接口以协调数据的传送。管理器提供了信号缓冲,使之能支持 10 种外设,并能在高时钟频率下保持高性能。它为显卡、声卡、网卡、Moden 等设备提供了连接接口,它的工作频率为 3MHz/66MHz。

PCI 总线主板插槽的体积比原 ISA 总线插槽还小,其功能比 VESA、ISA 有极大的改善。支持突发读写操作,最大传输速率可达 132MB/s,可同时支持多组外围设备当前主流的 PC 机系统都是通过 PCI、ISA(EISA)和各类外设总线接口将 CPU 和其他外部设备连接在一起的。

3. 常用外设总线接口

(1)IDE(EIDE)设备接口。

连接于 IDE 外设总线接口上的硬盘和 CD – ROM 是 PC 机中主要的 IDE 设备。为了支持大容量硬盘,IDE 支持 3 种硬盘的工作模式:Normal、LBA 和 Large。

IDE 接口于 1989 年由 Imprimus、Western Digital 与 Compaq 这 3 家公司确立的。它只需用一根电缆将它们与主板或接口卡连接起来就可以了。把盘体与控制器集成在一起的做法减小了硬盘接口的电缆数目与长度,数据传输的可靠性也得到了增强,硬盘制造起来也就变得更容易,因为厂商不需要再担心自己的硬盘是否跟其他厂商生产的控制器兼容,对用户而言,硬盘的安装也变得更为方便。

1996 年,ATA 的增强型接口,ATA – 2(EIDE, Enhanced IDE)正式确立,它是对 ATA 的扩展,它增加了 2 种 PIO 和 2 种 DMA 模式,把最高传输率提高到了 167MB/s,这是老 IDE 接口类型的 3 ~ 4 倍,同时它引进了 LBA 地址转换方式,突破了老 BIOS 固有 504MB 的限制,支持最高可达 84GB 的硬盘。其两个插口分别可以连接个主设备和一个从设备从而可以支持四个设备。

由于 IDE 只具有 167MB/s 的数据传输率,各大生产商乂联合推出了 Multiword DMA Mode3 接口,它也叫 Ultra dma,它的突发数据传输率达到了 33.3MB/s。此接口类型使用的 40 针的接口电缆,并且向下兼容,大家现在熟悉的 Ultra ATA/33 接口也即是此接口类型。

紧接着在 Ultra ata/33 标准后推出的即为 Uitra ata/66 及 100 接口。Ultra ata/100 的突发数据传输率达到 100 MB/s,由于它具有这么高的传输率,原来为 5MB/s 数据传输率设计的 40 针接口电缆已不能满足 ATA66/100 的需求。因此在 Ultra ATA/66/100 的接口电缆中增加了 40 根地线,以减小数据传输时的电磁干扰。最新的 ATA/100 接口是可以完全向下兼容的,即在该类接口上也能使用 ATA/33、ATA/66 设备。

综上所述,作为 IDE 设备的硬盘支持多种传输模式,ATA33/66/100 是如今 IDE 设备的主流传输模式。但是 ATA66/100 模式需要主板、ROM – BOS 和 80 芯接口线缆的支持。

(2)SCSI 设备接口。

与 IDE 相比,SCSI 外设总线接口具有频带宽、适应面广、支持多任务操作等优点。对于拥有 SCSI 硬盘、光驱、刻录机等设备的用户而言,由于常用的主板并没有提供对 SCSI 设备的直接支持,那么我们就必须使用 SCSL 控制卡。SCSI 控制卡可以同时串接和控制多个

SCSI 设备。一块 SCSI 控制卡可以串接 7 ~ 30 台外设。

（3）USB 设备接口。

1994 年，Intel、Compaq、Digital、IBM、Microsoft、NEC、北方电讯等七家世界著名的计算机和通信公司成立了 USB（Universal Serial Bus，通用串行总线）论坛，历时近两年形成了统一意见，于 1995 年 11 月正式制订出 USB0.9 通用串行总线规范，并在 1997 年开始有真正符合 USB 技术标准的外设出现。

USB1.1 是目前推出的在支持 USB 的计算机与外设上普遍采用的标准。在 1999 年初的 Intel 开发者论坛大会上，与会者又介绍了 USB2.0 规范，该规范向下兼容 USB1.1，数据的传输率将达到 120 ~ 240 MBps，同时支持宽带数字摄像设备及下一代扫描仪、打印机及存储设备。目前普遍采用的 USB1.1 主要应用在中低速外部设备上，它提供的传输速度低速 1.5 MBps 和全速 12 MBps 两种。低速支持低速设备，如显示器、调制解调器、键盘、鼠标、扫描仪、打印机、光驱、磁带机、软驱等。全速将支持大范围的多媒体设备。

USB 的主要特点如下所述。

①使用方便。

使用 USB 接口可以连接多个不同的设备，能真正做到即插即用，支持热插拔。在软件方面，为 USB 设计的驱动程序和应用软件可以自动启动，无须用户干预。USB 设备也不涉及 IRQ 冲突等问题，它单独使用自己的保留中断，不会同其他设备争用 PC 机有限的资源，为用户省去了硬件配置的烦恼。

②较高的传输速率。

快速性能是 USB 技术的突出特点之一。它允许两种数据传送速度规格，USB1.1 的低速传送速率为 1.5 MBps，全速传送速率为 12 MBps，这比串口快了整整 100 倍，比并口也快了十几倍。全速传送时，结点间连接距离为 5 m，连接使用的 4 芯电缆（电源 2 条，信号线 2 条），因此，USB 能支持高速接口，使用户拥有足够的带宽供新的数字外设使用。

③连接灵活。

USB 接口允许外设在开机状态下热插拔，并且支持多个不同设备的串行连接。一个 USB 接口理论上：可以连接 127 个 USB 设备。连接方式也十分灵活，既可以使用串行连接，也可以使用中枢转接头（Hub），把多个设备连接在一起，再同 PC 机的 USB 口相接。在 USB 方式下，采用"级联"方式使每个 USB 设备用一个 USB 插头连接到一个外设的 USB 插座上，而其本身又提供一个 USB 插座供下一个 USB 外设连接用。通过这种类似菊花链式的连接，一个 USB 控制器可以连接多达 127 个外设，而每个外设间距离（线缆长度）可达 5 m。USB 还能智能识别 USB 链上外围设备的接入或拆卸。

④提供内置电源。

USB 电源能向低压设备提供 5 V 的电源，因此新的设备就不需要专门的交流电源了从而降低了这些设备的成本并提高了性价比。

⑤支持多媒体。

提供了对电话的两路数据支持。USB 可支持异步以及等时数据传输，使电话可以与 PC 集成，共享语音邮件及其他特性。

USB 还且有高保真音频。由于 USB 音频信息生成于计算机外，因而减小了电子噪音扰声音质量的机会，从而使音频系统具有更高的保真度。

简单说来，USB 需要主板、ROM - BIOS 操作系统和 USB 外设等 3 方面的支持才能工作。由于其卓越的性能,USB 有可能取代串行口和并行口成为连接 PC 机外设接口的标准方案。

一般的 PC 机主板上只有两个 USB 端口,你还可以利用 USB 集线器连接多个 USB 设备,该集线器可以提供多个 USB 端口,你只要将该集线器直接接到主板上的 USB 接口中即可。

(4)IEEE1394 设备接口。

IEEE1394 是一种串行接口标准,又名 Firewire(火线)。这种接口标准允许把计算机外部设备和各种家电非常简单地连接在一起。从 IEEE1394 可以连接多种不同外设的功能特点来看,也可以称它为总线,即一种连接外部设备的外部总线。

IEEE1394 是在 Apple mac 计算机上的 Firewire 上发展起来的,由 IEEE 采用并且重新进行了规范。它定义了数据的传输协议及连接系统,可用较低成本达到较高的性能,以增强计算机与外设的连接能力。

采用 1394 接口的数码摄像机,可以毫无延迟地编辑处理影像或声音数据。除数码相机之外,DVD 影碟机和一般消费性家电产品,如 VCR、HDTV、音响等也都可以利用 IEE1394 接口来互相连接。当然,计算机的外部设备,例如硬盘、光驱、打印机、扫描仪等,也可利用 IEEE1394 来传输数据。

IEEE1394 具有以下的主要性能特点。

①采用“级联”方式连接各个外部设备。IEEE1394 在一个端口:最多可以连接 63 个设备,设备间采用树形或菊花链结构。各设备间电缆的最大长度为 4.5 m,采用树形结构时可达 16 层,从主机到最末端外设距离可达 72 m。

②能够向被连接的设备提供电源。对扭曲的双导线组成一条 IEEE1394 电缆,连接电缆中共有六条芯线,其中两条线为电源线,可向被连接的设备提供电源,其他 4 条线被包装成两对双绞线,用来传输信号。电源的电压范围是 8 ~ 40 V 直流电压,最大电流 15 A。像数码相机之类的一些低功耗设备可以从总线电缆内部取得电力,而不必为每一台设备配置独立的供电系统。由于 1394 能够向设备提供电源,即使设备断电或者出现故障也不影响整个网终的运转。

③采用基于内存的地址编码,具有高速传输能力接口总线采用 64 位地址,将资源看作寄存器和内存单元,可以按照 CPU 与内存的传输速率进行读写操,其数据传输率最高可达 400 MBps,因此具有高速传输能力,适用于各种高速设备。

④采用点对点结构(Peer to peer)。

用任何两个支持 IEEE1394 的设备可以直接连接,不需要通过计算机控制。例如,在计算机关闭的情况下,仍可以将 DVD 播放机与数字电视机连接而直接播放视频光盘。

⑤安装方便、容易使用允许热拔插,即插即用。不必关机即可随时动态配置外部设备,增加或拆除外设后 IEEE1394 会自动调整拓扑结构,重设整个外设网络状态。

IEEE1394 设备的安装非常简单。我们只要将 IEEE1394 的连接线一头插入 IEEE394 外部设备的标准接口上,头插入主板或 IEEE1394 适配卡上的标准接口上。然后打开设备上的电源开关,重新启动计算机,按要求安装该设备的驱动程序即可。

6.1.5　外部设备与 CPU 的 I/O 控制方式

对于典型的 CPU 而言,它分别定义有 I/O 端口地址空间以及存储器地址空间,某些

CPU 例外,如 Alpha 芯片没有端口地址空间,对这两种地址空间的操作出不同的指令完成 I/O 设备一般将设备控制器的寄存器定义为 I/O 端口地址空间中的部分端口,CPU 可通过这些端口获取设备状态并向设备发送控制命令。例如,在 80x86 系统中,典型的 NE2000 网络卡的控制寄存器映射为 0x300 到 0x31F 的 I/O 地址空间。

除 I/O 端口地址空间之外,某些 I/O 设备将自己的存储器空间映射为系统物理存储器的一部分。典型的例子是显示卡,它将自己用来保存视频信息的存储器空间映射为系统主存储器空间的一部分,这对传送大量数据提供了非常快捷的方式。

尽管利用这些地址空间可控制外设完成一定的操作,但通常来讲,外设的操作耗时较长。因此,在计算机系统中,外部设备与 CPU 之间的信息交换方式一般分为查询等待、中断和直接内存存取(DMA)3 种方式。

1. 查询等待方式

查询等待方式要求在设备的接口中,设置一个反映设备忙闲状态的标志位(Busy),I/O 程序不断地用检测指令测试它的状态。如果测得标志位为"忙",则继续循环测试等待,直到该设备完成 I/O 操作,并将其置为"闲"时,才继续执行下一个 I/O 指令。

查询等待方式需要 CPU 等待 I/O 设备空闲,浪费 CPU 时间,也不支持多道程序。但因其管理方式简单,故常用于早期要求不高的,价格低廉的计算机中。

2. 中断处理方式

显然,查询等待方式白白浪费了大量的 CPU 时间,而中断方式才是多任务操作系统中最有效利用 CPU 的方式。中断方式避免了使 CPU 空转等待 I/O 设备的现象,CPU 和外部设备可以独立地并行工作。这就在设备的控制管理上前进了一大步中断方式虽然提高了 CPU 的利用率,但每次中断都要做现场信息进行保存和恢复等必不可少的辅助性操作,这仍然要占用 CPU 时间。所以在 I/O 量大,需要速度高的系统中,就不适宜采用中断处理的方式。利用直接内存访问(DMA)可解决这一问题。

3. 直接内存存取(DMA)方式

在目前的块设备的传输系统中,都普遍采用了直接内存存取(DMA)方式该方式采用偷窃总线控制权的方法,使外部设备直接和内存进行数据交换,而不用 CPU 干预。因此,该方式并不需要进入中断处理,只是要求 CPU 暂时停止几个周期,在传送完一块数据后,才产生中断,请求 CPU 进行结束处理。

但不管是中断方式,还是 DMA 方式,中断在计算机中都扮演着重要的角色。一般的 DMA 接口线路都比较简单,大多应用在微型计算机系统中。而在大、中型计算机系统中,是由专用的 I/O 处理机管理外部设备和内存之间的信息交换。这种专用处理机称为通道。

6.2　Windows 的设备管理

Windows 9x 之所以有较强的兼容性,它是通过在层次式体系结构中建构一个虚拟环境实现的。

6.2.1　虚拟设备驱动

Windows 9x 实现虚拟设备管理的结构组件包括 3 个:VM(Virtual Machine,虚拟机)、

VMM(Virtual Machine Manager,虚拟机管理器)、VxD(Virtual x Driver,虚拟设备驱动程序)。

1. Win VM(Win 虚拟机)

VM 是指执行应用程序的虚拟环境,它包括 MS－DOS VM 和 System VM 两种虚拟机环境。在每一个 MS－DOS VM 中都只运行一个 MS－DOS 进程。而所有的 Win16/Win32 应用程序,都运行在同一个 System VM 中。即它能为所有的 Windows 应用程序和动态链接库 DLL(Dynamic Link libraries)提供运行环境。

每个虚拟机都有独立的地址空间、寄存器状态、堆栈、局部描述符表、中断表状态和执行优先权。

虽然 Win16、Win32 应用程序都运行在 System VM 环境下,但 Win16 程序共享同问地址空间,而 Win32 应用程序却有自记独立的地址空间。

2. VMM(虚拟机器管理器)

VMM 和 VxDs 是 Windows 的核心,运行在特权级 0 上,拥有对 CPU 的绝对控制权 VMM 执行与系统资源有关的工作,提供 VM 环境(能产生、调度、卸载 VM)、负责调度多线程占先时间片及管理虚拟内存等工作。

VMM 本身与设备无关,它负责建立一个虚拟化物理设备的框架,并创建和管理各个 VM,还提供 VM 与 VxDs 之间的通信联络。

VMM 提供很多服务例程可供 VxDs 程序使用(包括有调度、时间、页面管理、VM 管理服务等)。

3. VxD(Virtual x Driver,虚拟设备驱动程序)

VxD 的主要作用是虚拟化具体的物理设备,使之适应多虚拟机和多任务环境,让每个 VM 都认为自己拥有一个完整的设备。

VxD 在虚拟机管理器 VMM 的监控下运行,而 VMM 实际上是一个特殊的 VxD。

VxD 与 VMM 运行在其他任何虚拟机之外,VxD 事实上就是实现虚拟机软件的一部分。

6.2.2 驱动程序开发

1. VxD 的分类

Windows 中,是 VMM 和 VxD 实现了硬件虚拟(VMM 本身就是一些 VxD 的集合)VxD 的分类。

(1)static XD(静态加载 VxD)。

加载需要把 VxD 放在 SYSTEMINI 或注册表中。例如,用户写了一个文件名为 Fool. VXI 的静态 VxD,则可在 SYSTEM INI 中添加语句:

……

[386Enh]

device = Fool. VxD

或者在注册表的如下位置加入如下一项:

\HKEK LOCAL MACHINE\System \Current Controlset\services\VXD Fool. VxD

这样 Windows 9x 在启动时就会自动加载 Fool. VxD。

(2)dynamic vxd(动态加载 VxD)。

在 Windows 9x 中,主要操纵 dynamic VxD 的是 Configuration Manager 和 Input/ Output Supervisor 这两功能模块,该两模块自己就是 static VxD。

2. VxD 编程

开发 VxD 需专用工具软件。

（1）微软公司针对各个版本的 Windows 提供 DDK 开发工具包,其中包括编写设备驱动程序(DRV 文件)和 VxD 所需的汇编工具和帮助文件。

（2）专用开发工具。如 Vireo Software 公司的 Vtoolsd for Windows9x,它可轻松地生成 C/C + +语言的 VxD 框架(具体功能由用户添加)。

（3）调试工具,如 Numega 公司的 Softice for Windows 是一个功能强大的系统级调试器,它能报告 Windows 内核的各种信息,并提供优秀的 0 级代码调试功能。

6.3　DOS 的设备管理

6.3.1　管理特点

DOS 在设备管理方面有以下的一些特点。

1. 将外部设备分为字符设备和块设备两大类

DOS 作为一个微型计算机上:的单用户、单任务操作系统,为管理上方便,简单地将外部设备分为字符设备和块设备两大类。

在 PC 机系统中,键盘、显示器、打印机(并口)、调制解调器(串口)等都是字符设备。它们都是以串行的字符流来接收或发送数据的。为方使用户使用,MS – DOS 为每一个字符设备保留了个逻辑设备名。例如,打印机的逻辑名为 PRN(或 LPTn);调制解调器等串行通信设备的逻辑名为 AUX(或 COMn);键盘和显示器是微机系统中最基本的 I/O 设备,MS – DOS 拥有一个共同的设备名 CON(Console,控制台),并由同一个设备驱动程序来驱动和控制,不同之处仅仅是:对 CON 的输入是键盘实现的,对 CON 的输出是显示器实现的。

PC 机中的软盘驱动器、硬盘驱动器、磁带机等高速外部设备属于块设备。这类设备每次传送的数据是以块(磁盘是以扇区,磁带是以记录块)为单位进行的。在 MS – DOS 中,一个块设备驱动程序可以驱动和控制多个磁盘驱动器,它们被称为驱动程序的子单元(Unit) DOS 对系统中的全部 Unit 统一编号,称为驱动器号。

2. 把设备操作视作文件操作

DOS 从 2.0 版开始,汲取了 Unix 的设备管理和文件管理的优点,可以把字符设备视作文件,称为设备文件。MS – DOS 为文件操作而提供的 DOS 命令及系统功能调用(文件的读、写、打开和关闭),同样也可以用于设备文件。以文件操作的方式实现字符设备的 I/O 操作,称为设备 I/O 的高级方式。这种方式不仅适于大量字符信息的连续输入输出,而且支持了 I/O 改向和管道操作。

3. 具有较强的设备扩充能力

除了 IO. SYS 向系统提供了一组在系统生成时,注册登记的标准配置的设备驱动程序之外。DOS 也允许用户在系统中根据自己的用机需要而配置新设备,并在系统中安装相应的设备驱动程序。这一个从 Unix 借鉴来的扩充手段非常简便,它是通过编辑文本文件 CONFIG. SYS 内容" Device = 设备驱动程序名"的语句代表了重构操作系统内核的工作。这方法使系统外部设备的扩充工作变得非常简单,而且它不仅允许安装硬设备的驱动程序,还可以安装诸如 XMS、EMS 内存管理程序这样的软设备驱动程序强大的系统扩充设备的能力,也是 DOS 普遍受到用户青睐的主要原因之一。

4. 缺乏对设备 I/O 的全面控制

MS－DOS 缺乏对设备 I/O 的全面控制主要表现在:用户程序可以不发出 I/O 系统功能调用,而是可以绕过操作系统,以直接调用 rom－bios 中的 I/O 中断功能,甚至可以直接对硬件端口编程的方式,同样能够实现对指定设备的 I/O 操作。

用户能够绕过操作系统直接驱动设备的功能,其优点是方使用户对系统的二次开发,其缺点也是非常明显:这种对设备 I/O 缺乏全面控制的机制,以及对系统核心数据区(中断向量表)缺乏全面保护的机制,极其容易在外界突发事件的干扰下造成系统崩溃。这也是 DOS 系统的主要缺陷之一。

DOS 作为一个短小精悍的单用户操作系统,在设备管理上缺乏对设备 I/O 的全面控制这特点,其功过很难评说。但在像 Unix 那样完善的操作系统中,是绝不允许这类事件发生的。

6.3.2　磁盘缓冲区管理

磁盘缓冲区 DBF(Disk buffer)就是通过配置文件 CONFIG. SYS 中的 BUFFERS 命令的给定值或缺省值,所建立起来的组内存缓冲区。在系统的运行过程中,它们承担着目录缓冲和文件缓冲的双重职能。在磁盘文件的读写操作中,磁盘缓冲区 DBF 与磁盘传输区 DTA(Disk Transfer Area)既有联系,又有区别。

1. 磁盘传输区(DTA)

DTA 是以文件、记录方式访问磁盘时,与磁盘进行数据交换的内存缓冲区。它是面向用户程序的,并且其大小与位置也可以由用户程序指定。

调用 DOS 的文件读写系统功能时,系统要求用户程序首先建立一个 DTA。1AH 号系统功能调用的输入参数"DSDX = DTA 地址",就能完成"当前 DTA"的设置。如果用户程序中没有设置,则程序段前缀的最后 128 字节就是缺省的"当前 DTA"。

系统在任何时刻都只有一个"当前 DTA"。DOS 的 INT21H 中 2FH 号系统功能调用,返回的"ESBX"值,就是"当前 DTA"位置的"段址:偏移量"。

2. 磁盘缓冲区(DBF)

磁盘缓冲区(DBF)是由用户在 CONFIG. SYS 文件中用 BUFFERS 语句定义,它具有以下的一些功能。

(1)解决不足一个整扇区的数据读写问题。

在进行读取操作的时候,如果出现如上所述的不足一个整扇区的情况,就要求有一种内存缓冲机构来进行读写的辅助操作。在 MS－DOS 中,这种内有缓冲机构就是磁盘缓冲区 DBF。

以文件、记录方式进行磁盘读写时,每次读写然长度由用户指定,这长度很少是扇区长度的整数倍。较为普遍的情况是所要读写的数据的头部和尾部都不足一扇区。而磁盘读写是以扇区为单位,无论是调用 ROM－BIOS 的中断 INT13H 还是 DOS 中断 INT25H、INT26HI,都只能读写一个或多个连续的整扇区。例如,在进行磁盘读取操作的时候,如果出现不是一个整扇区的情况,就要求有一种内存缓冲机构,先把一个整扇区的数据读入该缓冲机构,然后再在其中移动内存读写指针,找到所需要的那一部分数据,再将其写入 DTA。

（2）可减少磁盘的操作次数，提高文件的存取效率。

由于 DBF 中总是保留有一些最近曾发生读写操作的扇区数据。所以，每当系统要读取某扇区数据时，无论它是整扇区数据，还是不足一扇区的数据，DOS 都总是首先在 DBF 队列中查找有无该扇区的 DBF。若有，则不用再去读盘；若没有，再进行读盘操作。这就减少了磁盘的操作次数，提高了文件的存取效率。

适当设置较多的 DBF 数目，将使再次访问同一 DBF 的命中率提高，其结果是大大减少磁盘的操作次数。但是，DBF 数目太多也会使查找 DBF 链的时间太长，情况严重时甚至会超过直接读写磁盘扇区的时间。

（3）为磁盘文件读写的内务操作提供服务。

在进行磁盘文件的扇区读写操作之前，系统首先需要对该磁盘文件的扇区进行定位。这就要先根据文件的目录路径，读取根目录区、子目录文件，才能找到欲读写文件的首扇区位置。根据该文件的首扇区位置，再查找 FAT 表中的文件簇链，才能最后定位欲读写文件记录的扇区。因此，查找磁盘文件及读写记录的定位过程，所开销磁盘访问次数和时间，往往超过记录本身所开销的磁盘访问次数和时间。显然，这种为磁盘文件读写提供的内务操作服务所需的内存缓冲区，不能是 DTA 那类存有用户数据的缓冲区，而正是磁盘缓冲区 DBF。

综上所述，在磁盘文件的读写操作中，磁盘缓冲区 DBF 有别于磁盘传输区 DTA。可以说，DBF 承担着目录缓冲和文件缓冲的双重职能。

第7章 进程同步与进程通信

7.1 进程同步

在 OS 中引入进程后,虽然提高了资源的利用率和系统的吞吐量,但由于进程的异步性,也会给系统造成混乱,尤其是在它们争用临界资源时。例如,当多个进程去争用一台打印机时,有可能使多个进程的输出结果交织在一起,难于区分;而当多个进程去争用共享变量、表格、链表时,有可能致使数据处理出错。进程同步的主要任务是对多个相关进程在执行次序上进行协调,以使并发执行的诸进程之间能有效地共享资源和相互合作,从而使程序的执行具有可再现性。

7.1.1 进程同步的概念

1. 两种形式的制约关系

在多道程序环境下,当程序并发执行时,由于资源共享和进程合作,使同处于一个系统中的诸进程之间可能存在着以下两种形式的制约关系。

(1)间接相互制约关系。同处于一个系统中的进程,通常都共享着某种系统资源,如共享 CPU、共享 I/O 设备等。所谓间接相互制约即源于这种资源共享,例如,有两个进程 A 和 B,如果在 A 进程提出打印请求时,系统已将唯一的一台打印机分配给了进程 B,则此时进程 A 只能阻塞;一旦进程 B 将打印机释放,则 A 进程才能由阻塞改为就绪状态。

(2)直接相互制约关系。这种制约主要源于进程间的合作。例如,有一输入进程 A 通过单缓冲向进程 B 提供数据。当该缓冲空闲时,计算进程因不能获得所需数据而阻塞,而当进程 A 把数据输入缓冲区后,便将进程 B 唤醒;反之,当缓冲区已满时,进程 A 因不能再向缓冲区投放数据而阻塞,当进程 B 将缓冲区数据取走后便可唤醒 A。

2. 临界资源

许多硬件资源如打印机、磁带机等,都属于临界资源(Critical Resouce),诸进程间应采取互斥方式,实现对这种资源的共享。下面我们将通过一个简单的例子来说明这一过程。

生产者 - 消费者(producer - consumer)问题是一个著名的进程同步问题。它描述的是:有一群生产者进程在生产产品,并将这些产品提供给消费者进程去消费。为使生产者进程与消费者进程能并发执行,在两者之间设置了一个具有 n 个缓冲区的缓冲池,生产者进程将它所生产的产品放入一个缓冲区中;消费者进程可从一个缓冲区中取走产品去消费。尽管所有的生产者进程和消费者进程都是以异步方式运行的,但它们之间必须保持同步,既不允许消费者进程到一个空缓冲区去取产品,也不允许生产者进程向一个已装满产品且尚未被取走的缓冲区中投放产品。

我们可利用一个数组来表示上述的具有 n 个$(0,1,\cdots,n-1)$缓冲区的缓冲池。用输入指针 in 来指示下一个可投放产品的缓冲区,每当生产者进程生产并投放一个产品后,输入指针加1;用一个输出指针 out 来指示下一个可从中获取产品的缓冲区,每当消费者进程取走一个产品后,输出指针加1。由于这里的缓冲池是组织成循环缓冲的,故应把输入指针加1表示成 in: = $(in+1)$ mod n;输出指针加1表示成 out: = $(out+1)$ mod n。当 $(in+1)$ mod n = out 时表示缓冲池满;而 in = out 则表示缓冲池空。此外,还引入了一个整型变量 counter,其初始值为0。每当生产者进程向缓冲池中投放一个产品后,使 counter 加1;反之,每当消费者进程从中取走一个产品时,使 counter 减1。生产者和消费者两进程共享下面的变量:

```
Var n,integer;
type item = …;
var buffer: array[0,1,…,n-1] of item;
in,out: 0,1,…,n-1;
counter: 0,1,…,n;
```

指针 in 和 out 初始化为1。在生产者和消费者进程的描述中,noop 是一条空操作指令,while condition do no - op 语句表示重复的测试条件(condication),重复测试应进行到该条件变为 false(假),即到该条件不成立时为止。在生产者进程中使用一局部变量 nextp,用于暂时存放每次刚生产出来的产品;而在消费者进程中,则使用一个局部变量 nextc,用于存放每次要消费的产品。

```
producer: repeat
    produce an item in nextp;
    while counter = n do no - op;
    buffer[in]: = nextp;
    in: = in +1 mod n;
    counter: = counter +1;
    until false;
consumer: repeat
    while counter = 0 do no - op;
    nextc: = buffer[out];
    out: = (out +1) mod n;
    counter: = counter - 1;
    consumer the item in nextc;
    until false;
```

虽然上面的生产者程序和消费者程序在分别看时都是正确的,而且两者在顺序执行时其结果也会是正确的,但若并发执行时就会出现差错,问题就在于这两个进程共享变量 counter。生产者对它做加1操作,消费者对它做减1操作,这两个操作在用机器语言实现时,常可用下面的形式描述:

```
register1: = counter; register2: = counter;
register1: = register1 +1; register2: = register2 -1;
counter: = register1; counter: = register2;
```

假设 counter 的当前值是5。如果生产者进程先执行左列的三条机器语言语句,然后消费者进程再执行右列的三条语句,则最后共享变量 counter 的值仍为5;反之,如果让消费者进程先执行右列的三条语句,然后再让生产者进程执行左列的三条语句,则 counter 值也还是 5,但是,如果按下述顺序执行:

正确的 counter 值应当是 5,但现在是 4。读者可以自己试试,倘若再将两段程序中各语句交叉执行的顺序改变,将可看到又可能得到 counter = 6 的答案,这表明程序的执行已经失去了再现性。为了预防产生这种错误,解决此问题的关键是应把变量 counter 作为临界资源处理,亦即,令生产者进程和消费者进程互斥地访问变量 counter。

3. 临界区

由前所述可知,不论是硬件临界资源,还是软件临界资源,多个进程必须互斥地对它进行访问。人们把在每个进程中访问临界资源的那段代码称为临界区(critical section)。显然,若能保证诸进程互斥地进入自己的临界区,便可实现诸进程对临界资源的互斥访问。为此,每个进程在进入临界区之前,应先对欲访问的临界资源进行检查,看它是否正被访问。如果此刻该临界资源未被访问,进程便可进入临界区对该资源进行访问,并设置它正被访问的标志;如果此刻该临界资源正被某进程访问,则本进程不能进入临界区。因此,必须在临界区前面增加一段用于进行上述检查的代码,把这段代码称为进入区(entry section)。相应地,在临界区后面也要加上一段称为退出区(exit section)的代码,用于将临界区正被访问的标志恢复为未被访问的标志。进程中除上述进入区、临界区及退出区之外的其他部分的代码,在这里都称为剩余区。这样,可把一个访问临界资源的循环进程描述如下:

```
repeat
    entry section
    critical section;
    exit section
    remainder section;
until false;
```

4. 同步机制应遵循的规则

为实现进程互斥地进入自己的临界区,可用软件方法,更多的是在系统中设置专门的同步机构来协调各进程间的运行。所有同步机制都应遵循下述四条准则。

(1)空闲让进。当无进程处于临界区时,表明临界资源处于空闲状态,应允许一个请求进入临界区的进程立即进入自己的临界区,以有效地利用临界资源。

(2)忙则等待。当已有进程进入临界区时,表明临界资源正在被访问,因而其他试图进入临界区的进程必须等待,以保证对临界资源的互斥访问。

(3)有限等待。对要求访问临界资源的进程,应保证在有限时间内能进入自己的临界区,以免陷入"死等"状态。

(4)让权等待。当进程不能进入自己的临界区时,应立即释放处理机,以免进程陷入"忙等"状态。

7.1.2　信号量机制

1965 年,荷兰学者 Dijkstra 提出的信号量(Semaphores)机制是一种卓有成效的进程同步工具。在长期且广泛的应用中,信号量机制又得到了很大的发展,它从整型信号量经记录型信号量,进而发展为"信号量集"机制。现在,信号量机制已被广泛地应用于单处理机和多处理机系统以及计算机网络中。

1. 整型信号量

最初由 Dijkstra 把整型信号量定义为一个用于表示资源数目的整型量 S,它与一般整型量不同,除初始化外,仅能通过两个标准的原子操作(Atomic Operation)wait(S)和 signal(S)来访问。很长时间以来,这两个操作一直被分别称为 P、V 操作。Wait(S)和 signal(S)操作可描述为:

```
wait(S): while S < =0 do no - op;
         S: = S - 1;
signal(S): S: = S + 1;
```

wait(S)和 signal(S)是两个原子操作,因此,它们在执行时是不可中断的。亦即,当一个进程在修改某信号量时,没有其他进程可同时对该信号量进行修改。此外,在 wait 操作中,对 S 值的测试和做 S: = S - 1 操作时都不可中断。

2. 记录型信号量

在整型信号量机制中的 wait 操作,只要是信号量 S≤0,就会不断地测试。因此,该机制并未遵循"让权等待"的准则,而是使进程处于"忙等"的状态。记录型信号量机制则是一种不存在"忙等"现象的进程同步机制。但在采取了"让权等待"的策略后,又会出现多个进程等待访问同一临界资源的情况。为此,在信号量机制中,除了需要一个用于代表资源数目的整型变量 value 外,还应增加一个进程链表指针 L,用于链接上述的所有等待进程。记录型信号量是由于它采用了记录型的数据结构而得名的。它所包含的上述两个数据项可描述为:

```
type semaphore = record
                 value: integer;
                 L: list of process;
                 end
```

相应地,wait(S)和 signal(S)操作可描述为:

```
procedure wait(S)
         var S:semaphore;
         begin
           S.value: = S.value - 1;
           if S.value < 0 then block(S.L);
         end
procedure signal(S)
         var S: semaphore;
         begin
           S.value: = S.value + 1;
           if S.value < =0 then wakeup(S.L);
         end
```

在记录型信号量机制中,S. value 的初值表示系统中某类资源的数目,因而又称为资源信号量。对它的每次 wait 操作,意味着进程请求一个单位的该类资源,使系统中可供分配的该类资源数减少一个,因此描述为 S. value: = S. value - 1;当 S. value < 0 时,表示该类资源已分配完毕,因此进程应调用 block 原语,进行自我阻塞,放弃处理机,并插入到信号量链表 S. L 中。可见,该机制遵循了"让权等待"准则。此时 S. value 的绝对值表示在该信号量

链表中已阻塞进程的数目。对信号量的每次 signal 操作,表示执行进程释放一个单位资源,使系统中可供分配的该类资源数增加一个,故 S. value:= S. value + 1 操作表示资源数目加 1。若加 1 后仍是 S. value≤0,则表示在该信号量链表中,仍有等待该资源的进程被阻塞,故还应调用 wakeup 原语,将 S. L 链表中的第一个等待进程唤醒。如果 S. value 的初值为 1,表示只允许一个进程访问临界资源,此时的信号量转化为互斥信号量,用于进程互斥。

3. AND 型信号量

上述的进程互斥问题,是针对各进程之间只共享一个临界资源而言的。在有些应用场合,是一个进程需要先获得两个或更多的共享资源后方能执行其任务。假定现有两个进程 A 和 B,他们都要求访问共享数据 D 和 E。当然,共享数据都应作为临界资源。为此,可为这两个数据分别设置用于互斥的信号量 Dmutex 和 Emutex,并令它们的初值都是 1。相应地,在两个进程中都要包含两个对 Dmutex 和 Emutex 的操作,即

```
process A: process B:
wait(Dmutex); wait(Emutex);
wait(Emutex); wait(Dmutex);
```

若进程 A 和 B 按下述次序交替执行 wait 操作:

```
process A: wait(Dmutex); 于是 Dmutex = 0
process B: wait(Emutex); 于是 Emutex = 0
process A: wait(Emutex); 于是 Emutex = -1 A 阻塞
process B: wait(Dmutex); 于是 Dmutex = -1 B 阻塞
```

最后,进程 A 和 B 处于僵持状态。在无外力作用下,两者都将无法从僵持状态中解脱出来。我们称此时的进程 A 和 B 已进入死锁状态。显然,当进程同时要求的共享资源愈多时,发生进程死锁的可能性也就愈大。

AND 同步机制的基本思想是:将进程在整个运行过程中需要的所有资源,一次性全部地分配给进程,待进程使用完后再一起释放。只要尚有一个资源未能分配给进程,其他所有可能为之分配的资源也不分配给它。亦即,对若干个临界资源的分配,采取原子操作方式:要么把它所请求的资源全部分配到进程,要么一个也不分配。由死锁理论可知,这样就可避免上述死锁情况的发生。为此,在 wait 操作中,增加了一个"AND"条件,故称为 AND 同步,或称为同时 wait 操作,即 Swait(Simultaneous wait)定义如下:

```
Swait(S1,S2,…,Sn)
  if Si > =1 and …and Sn > =1 then
    for i:=1 to n do
    Si:= Si -1;
    endfor
  else
place the process in the waiting queue associated with the first Si found with Si
<1,and set the program count of this process to the beginning of Swait operation
  endif
Ssignal(S1,S2,…,Sn)
for i:=1 to n do
  Si:= Si +1;
Remove all the process waiting in the queue associated with Si into the ready
queue.
```

endfor；

4.信号量集

在记录型信号量机制中，wait(S)或 signal(S)操作仅能对信号量施以加 1 或减 1 操作，意味着每次只能获得或释放一个单位的临界资源。而当一次需要 N 个某类临界资源时，便要进行 N 次 wait(S)操作，显然这是低效的。此外，在有些情况下，当资源数量低于某一下限值时，便不予以分配。因而，在每次分配之前，都必须测试该资源的数量，看其是否大于其下限值。基于上述两点，可以对 AND 信号量机制加以扩充，形成一般化的"信号量集"机制。Swait 操作可描述如下，其中 S 为信号量，d 为需求值，而 t 为下限值。

```
Swait(S1,t1,d1,…,Sn,tn,dn)
    if Si >= t1 and …and Sn >= tn then
      for i：= 1 to n do
        Si：= Si - di；
      endfor
    else
Place the executing process in the waiting queue of the first Si with Si < ti and
set its program counter to the beginning of the Swait Operation.
    endif
Ssignal(S1,d1,…,Sn,dn)
   for i：= 1 to n do
     Si：= Si + di；
   Remove all the process waiting in the queue associated with Si into the
ready queue
     endfor；
```

下面我们讨论一般"信号量集"的几种特殊情况。

(1)Swait(S,d,d)。此时在信号量集中只有一个信号量 S，但允许它每次申请 d 个资源，当现有资源数少于 d 时，不予分配。

(2)Swait(S,1,1)。此时的信号量集已蜕化为一般的记录型信号量(S>1 时)或互斥信号量(S = 1 时)。

(3)Swait(S,1,0)。这是一种很特殊且很有用的信号量操作。当 S≥1 时，允许多个进程进入某特定区；当 S 变为 0 后，将阻止任何进程进入特定区。换言之，它相当于一个可控开关。

7.1.3 信号量应用

1.利用信号量实现进程互斥

为使多个进程能互斥地访问某临界资源，只需为该资源设置一互斥信号量 mutex，并设其初始值为 1，然后将各进程访问该资源的临界区 CS 置于 wait(mutex)和 signal(mutex)操作之间即可。这样，每个欲访问该临界资源的进程在进入临界区之前，都要先对 mutex 执行wait 操作，若该资源此刻未被访问，本次 wait 操作必然成功，进程便可进入自己的临界区，这时若再有其他进程也欲进入自己的临界区，此时由于对 mutex 执行 wait 操作定会失败，因而该进程阻塞，从而保证了该临界资源能被互斥地访问。当访问临界资源的进程退出临界区后，又应对 mutex 执行 signal 操作，以便释放该临界资源。利用信号量实现进程互斥的进程

可描述如下:

```
Var mutex: semaphore: =1;
  begin
  parbegin
    process 1: begin
      repeat
      wait(mutex);
      critical section
      signal(mutex);
      remainder seetion
      until false;
    end
    process 2: begin
      repeat
      wait(mutex);
      critical section
      signal(mutex);
      remainder section
      until false;
    end
  parend
```

在利用信号量机制实现进程互斥时应注意,wait(mutex)和 signal(mutex)必须成对地出现。缺少 wait(mutex)将会导致系统混乱,不能保证对临界资源的互斥访问;而缺少 signal(mutex)将会使临界资源永远不被释放,从而使因等待该资源而阻塞的进程不能被唤醒。

2. 利用信号量实现前趋关系

还可利用信号量来描述程序或语句之间的前趋关系。设有两个并发执行的进程 P1 和 P2。P1 中有语句 S1;P2 中有语句 S2。我们希望在 S1 执行后再执行 S2。为实现这种前趋关系,我们只需使进程 P1 和 P2 共享一个公用信号量 S,并赋予其初值为 0,将 signal(S)操作放在语句 S1 后面;而在 S2 语句前面插入 wait(S)操作,即

在进程 P1 中,用 S1;signal(S);

在进程 P2 中,用 wait(S);S2;

由于 S 被初始化为 0,这样,若 P2 先执行必定阻塞,只有在进程 P1 执行完 S1;signal(S);操作后使 S 增为 1 时,P2 进程方能执行语句 S2 成功。同样,我们可以利用信号量,按照语句间的前趋关系(见图 7-1),写出一个更为复杂的可并发执行的程序。

图 7-1 示出了一个前趋图,其中 S1,S2,S3,…,S6 是最简单的程序段(只有一条语句)。为使各程序段能正确执行,应设置若干个初始值为"0"的信号量。如为保证 S1→S2,S1→S3 的前趋关系,应分别设置信号量 a 和 b,同样,为了保证 S2→S4,S2→S5,S3→S6,S4→S6 和 S5→S6,应设置信号量 c,d,e,f,g。

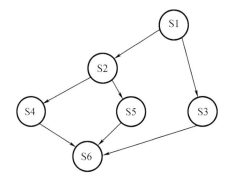

图 7 - 1　前趋图举例

```
Var a,b,c,d,e,f,g:semaphore: =0,0,0,0,0,0,0;
  begin
    parbegin
      begin S1; signal(a); signal(b); end;
      begin wait(a); S2; signal(c); signal(d); end;
      begin wait(b); S3; signal(e); end;
      begin wait(c); S4; signal(f); end;
      begin wait(d); S5; signal(g); end;
      begin wait(e); wait(f); wait(g); S6; end;
    parend
  end
```

7.1.4　管程机制

虽然信号量机制是一种既方便,又有效的进程同步机制,但每个要访问临界资源的进程都必须自备同步操作 wait(S)和 signal(S)。这就使大量的同步操作分散在各个进程中。这不仅给系统的管理带来了麻烦,而且还会因同步操作的使用不当而导致系统死锁。这样,在解决上述问题的过程中,便产生了一种新的进程同步工具——管程(Monitors)。

1. 管程的定义

系统中的各种硬件资源和软件资源,均可用数据结构抽象地描述其资源特性,即用少量信息和对该资源所执行的操作来表征该资源,而忽略了它们的内部结构和实现细节。例如,对一台电传机,可用与分配该资源有关的状态信息(busy 或 free)和对它执行请求与释放的操作,以及等待该资源的进程队列来描述。又如,一个 FIFO 队列,可用其队长、队首和队尾以及在该队列上执行的一组操作来描述。

利用共享数据结构抽象地表示系统中的共享资源,而把对该共享数据结构实施的操作定义为一组过程,如资源的请求和释放过程 request 和 release。进程对共享资源的申请、释放和其他操作,都是通过这组过程对共享数据结构的操作来实现的,这组过程还可以根据资源的情况,或接受或阻塞进程的访问,确保每次仅有一个进程使用共享资源,这样就可以统一管理对共享资源的所有访问,实现进程互斥。

代表共享资源的数据结构,以及由对该共享数据结构实施操作的一组过程所组成的资源管理程序,共同构成了一个操作系统的资源管理模块,我们称之为管程。管程被请求和释放资源的进程所调用。Hansan 为管程所下的定义是:"一个管程定义了一个数据结构和能为并发进程所执行(在该数据结构上)的一组操作,这组操作能同步进程和改变管程中的数据。"

由上述的定义可知,管程由四部分组成:① 管程的名称;② 局部于管程内部的共享数据结构说明;③ 对该数据结构进行操作的一组过程;④ 对局部于管程内部的共享数据设置初始值的语句。

管程的语法描述如下:

```
type monitor_name = MONITOR;
<共享变量说明>;
define <(能被其他模块引用的)过程名列表>;
use <(要调用的本模块外定义的)过程名列表>;
procedure <过程名>(<形式参数表>);
  begin
  end;
function <函数名>(<形式参数表>):值类型;
  begin
  end;
begin
  <管程的局部数据初始化语句序列>;
end
```

需要指出的是,局部于管程内部的数据结构,仅能被局部于管程内部的过程所访问,任何管程外的过程都不能访问它;反之,局部于管程内部的过程也仅能访问管程内的数据结构。由此可见,管程相当于围墙,它把共享变量和对它进行操作的若干过程围了起来,所有进程要访问临界资源时,都必须经过管程(相当于通过围墙的门)才能进入,而管程每次只准许一个进程进入管程,从而实现了进程互斥。

管程是一种程序设计语言结构成分,它和信号量有同等的表达能力,从语言的角度看,管程主要有以下特性。

(1)模块化。管程是一个基本程序单位,可以单独编译。

(2)抽象数据类型。管程中不仅有数据,而且有对数据的操作。

(3)信息掩蔽。管程中的数据结构只能被管程中的过程访问,这些过程也是在管程内部定义的,供管程外的进程调用,而管程中的数据结构以及过程(函数)的具体实现外部不可见。

管程和进程不同,主要体现在以下几个方面:

(1)虽然二者都定义了数据结构,但进程定义的是私有数据结构 PCB,管程定义的是公共数据结构,如消息队列等;

(2)二者都存在对各自数据结构上的操作,但进程是由顺序程序执行有关的操作,而管程主要是进行同步操作和初始化操作;

(3)设置进程的目的在于实现系统的并发性,而管程的设置则是解决共享资源的互斥使用问题;

(4)进程通过调用管程中的过程对共享数据结构实行操作,该过程就如通常的子程序一样被调用,因而管程为被动工作方式,进程则为主动工作方式;

(5)进程之间能并发执行,而管程则不能与其调用者并发;

（6）进程具有动态性，由"创建"而诞生，由"撤销"而消亡，而管程则是操作系统中的一个资源管理模块，供进程调用。

2. 条件变量

在利用管程实现进程同步时，必须设置同步工具，如两个同步操作原语 wait 和 signal。当某进程通过管程请求获得临界资源而未能满足时，管程便调用 wait 原语使该进程等待，并将其排在等待队列上。仅当另一进程访问完成并释放该资源之后，管程才又调用 signal 原语，唤醒等待队列中的队首进程。

但是仅仅有上述的同步工具是不够的。考虑一种情况：当一个进程调用了管程，在管程中时被阻塞或挂起，直到阻塞或挂起的原因解除，而在此期间，如果该进程不释放管程，则其他进程无法进入管程，被迫长时间地等待。为了解决这个问题，引入了条件变量 condition。通常，一个进程被阻塞或挂起的条件（原因）可有多个，因此在管程中设置了多个条件变量，对这些条件变量的访问，只能在管程中进行。

管程中对每个条件变量都须予以说明，其形式为：Var x,y:condition。对条件变量的操作仅仅是 wait 和 signal，因此条件变量也是一种抽象数据类型，每个条件变量保存了一个链表，用于记录因该条件变量而阻塞的所有进程，同时提供的两个操作即可表示为 x.wait 和 x.signal，其含义为以下两方面。

（1）x.wait：正在调用管程的进程因 x 条件需要被阻塞或挂起，则调用 x.wait 将自己插入到 x 条件的等待队列上，并释放管程，直到 x 条件变化。此时其他进程可以使用该管程。

（2）x.signal：正在调用管程的进程发现 x 条件发生了变化，则调用 x.signal，重新启动一个因 x 条件而阻塞或挂起的进程。如果存在多个这样的进程，则选择其中的一个，如果没有，则继续执行原进程，而不产生任何结果。这与信号量机制中的 signal 操作不同，因为后者总是要执行 s：=s+1 操作，因而总会改变信号量的状态。

如果有进程 Q 因 x 条件处于阻塞状态，当正在调用管程的进程 P 执行了 x.signal 操作后，进程 Q 被重新启动，此时两个进程 P 和 Q，如何确定哪个执行，哪个等待，可采用下述两种方式之一进行处理。

（1）P 等待，直至 Q 离开管程或等待另一条件。

（2）Q 等待，直至 P 离开管程或等待另一条件。

采用哪种处理方式，当然是各执一词。Hoare 采用了第一种处理方式，而 Hansan 选择了两者的折中，他规定管程中的过程所执行的 signal 操作是过程体的最后一个操作，于是，进程 P 执行 signal 操作后立即退出管程，因而进程 Q 马上被恢复执行。

7.2　经典进程的同步问题

在多道程序环境下，进程同步问题十分重要，也是相当有趣的问题，因而吸引了不少学者对它进行研究，由此而产生了一系列经典的进程同步问题，其中较有代表性的是"生产者—消费者问题""读者—写者问题""哲学家进餐问题"等。通过对这些问题的研究和学习，可以帮助我们更好地理解进程同步的概念及实现方法。

7.2.1 生产者—消费者问题

前面我们已经对生产者—消费者问题(The proceducer – consumer problem)做了一些描述,但未考虑进程的互斥与同步问题,因而造成了数据(Counter)的不定性。由于生产者—消费者问题是相互合作的进程关系的一种抽象,例如,在输入时,输入进程是生产者,计算进程是消费者;而在输出时,计算进程是生产者,而打印进程是消费者。因此,该问题有很大的代表性及实用价值。本小节将利用信号量机制来解决生产者—消费者问题。

1. 利用记录型信号量解决生产者—消费者问题

假定在生产者和消费者之间的公用缓冲池中,具有 n 个缓冲区,这时可利用互斥信号量 mutex 实现诸进程对缓冲池的互斥使用。利用信号量 empty 和 full 分别表示缓冲池中空缓冲区和满缓冲区的数量。又假定这些生产者和消费者相互等效,只要缓冲池未满,生产者便可将消息送入缓冲池;只要缓冲池未空,消费者便可从缓冲池中取走一个消息。对生产者—消费者问题可描述如下:

```
Var mutex,empty,full: semaphore: =1,n,0;
  buffer:array[0,…,n-1] of item;
  in,out: integer: =0,0;
  begin
    parbegin
    proceducer: begin
              repeat
              producer an item nextp;
              wait(empty);
              wait(mutex);
              buffer(in): =nextp;
              in: =(in+1) mod n;
              signal(mutex);
              signal(full);
              until false;
              end
    consumer: begin
              repeat
              wait(full);
              wait(mutex);
              nextc: =buffer(out);
              out: =(out+1) mod n;
              signal(mutex);
              signal(empty);
              consumer the item in nextc;
              until false;
              end
    parend
  end
```

在生产者—消费者问题中应注意:首先,在每个程序中用于实现互斥的 wait(mutex)和

signal(mutex)必须成对地出现;其次,对资源信号量 empty 和 full 的 wait 和 signal 操作,同样需要成对地出现,但它们分别处于不同的程序中。例如,wait(empty)在计算进程中,而signal(empty)则在打印进程中,计算进程若因执行 wait(empty)而阻塞,则以后将由打印进程将它唤醒;最后,在每个程序中的多个 wait 操作顺序不能颠倒,应先执行对资源信号量的wait 操作,然后再执行对互斥信号量的 wait 操作,否则可能引起进程死锁。

2. 利用 AND 信号量解决生产者—消费者问题

对于生产者—消费者问题,也可利用 AND 信号量来解决,即用 Swait(empty,mutex)来代替 wait(empty)和 wait(mutex);用 Ssignal(mutex,full)来代替 signal(mutex)和 signal(full);用 Swait(full,mutex)来代替 wait(full)和 wait(mutex),以及用 Ssignal(mutex,empty)代替 Signal(mutex)和 Signal(empty)。利用 AND 信号量来解决生产者—消费者问题的算法描述如下:

```
Var mutex,empty,full: semaphore: = 1,n,0;
  buffer:array[0,…,n-1] of item;
  in out: integer: = 0,0;
  begin
    parbegin
      producer: begin
                repeat
                produce an item in nextp;
                Swait(empty,mutex);
                buffer(in): = nextp;
                in: = (in +1)mod n;
                Ssignal(mutex,full);
              until false;
              end
    consumer:begin
              repeat
                Swait(full,mutex);
                Nextc: = buffer(out);
                Out: = (out +1) mod n;
                Ssignal(mutex,empty);
                consumer the item in nextc;
              until false;
            end
  parend
    end
```

3. 利用管程解决生产者—消费者问题

在利用管程方法来解决生产者—消费者问题时,首先便是为它们建立一个管程,并命名为 Proclucer Consumer,或简称为 PC,其中包括两个过程。

(1)put(item)过程。生产者利用该过程将自己生产的产品投放到缓冲池中,并用整型变量 count 来表示在缓冲池中已有的产品数目,当 count ≥ n 时,表示缓冲池已满,生产者须等待。

（2）get(item)过程。消费者利用该过程从缓冲池中取出一个产品,当 count≤0 时,表示缓冲池中已无可取用的产品,消费者应等待。

PC 管程可描述如下：

```
type producer - consumer = monitor
  Var in,out,count: integer;
    buffer: array[0, ··, n-1] of item;
    notfull,notempty:condition;
    procedure entry put(item)
      begin
        if count > = n then notfull.wait;
          buffer(in): = nextp;
          in: = (in+1) mod n;
          count: = count+1;
          if notempty.queue then notempty.signal;
        end
    procedure entry get(item)
      begin
        if count < =0 then notempty.wait;
        nextc: = buffer(out);
        out: = (out+1) mod n;
        count: = count-1;
        if notfull.quene then notfull.signal;
      end
    begin in: = out: =0;
count: =0
end
```

在利用管程解决生产者—消费者问题时,其中的生产者和消费者可描述为：

```
producer: begin
            repeat
                produce an item in nextp;
              PC.put(item);
            until false;
          end
consumer: begin
            repeat
              PC.get(item);
              consume the item in nextc;
            until false;
          end
```

7.2.2　哲学家进餐问题

由 Dijkstra 提出并解决的哲学家进餐问题(The Dinning Philosophers Problem)是典型的同步问题。该问题是描述有五个哲学家共用一张圆桌,分别坐在周围的五张椅子上,在圆桌上有五个碗和五只筷子,他们的生活方式是交替地进行思考和进餐。平时,一个哲学家进行思考,饥饿时便试图取用其左右最靠近他的筷子,只有在他拿到两只筷子时才能进餐。进餐完毕,放下筷子继续思考。

1. 利用记录型信号量解决哲学家进餐问题

经分析可知,放在桌子上的筷子是临界资源,在一段时间内只允许一位哲学家使用。为了实现对筷子的互斥使用,可以用一个信号量表示一只筷子,由这五个信号量构成信号量数组。其描述如下:

```
Var chopstick: array[0,…,4] of semaphore;
```

所有信号量均被初始化为1,第 i 位哲学家的活动可描述为:

```
repeat
  wait(chopstick[i]);
  wait(chopstick[(i+1)mod 5]);
  eat;
  signal(chopstick[i]);
  signal(chopstick[(i+1)mod 5]);
  think;
until false;
```

在以上描述中,当哲学家饥饿时,总是先去拿他左边的筷子,即执行 wait(chopstick[i]);成功后,再去拿他右边的筷子,即执行 wait(chopstick[(i+1)mod 5]);又成功后便可进餐。进餐完毕,又先放下他左边的筷子,然后再放右边的筷子。虽然,上述解法可保证不会有两个相邻的哲学家同时进餐,但有可能引起死锁。假如五位哲学家同时饥饿而各自拿起左边的筷子时,就会使五个信号量 chopstick 均为0;当他们再试图去拿右边的筷子时,都将因无筷子可拿而无限期地等待。对于这样的死锁问题,可采取以下几种解决方法。

(1)至多只允许有四位哲学家同时去拿左边的筷子,最终能保证至少有一位哲学家能够进餐,并在用毕时能释放出他用过的两只筷子,从而使更多的哲学家能够进餐。

(2)仅当哲学家的左、右两只筷子均可用时,才允许他拿起筷子进餐。

(3)规定奇数号哲学家先拿他左边的筷子,然后再去拿右边的筷子,而偶数号哲学家则相反。按此规定,将是1、2 号哲学家竞争1 号筷子;3、4 号哲学家竞争3 号筷子。即五位哲学家都先竞争奇数号筷子,获得后,再去竞争偶数号筷子,最后总会有一位哲学家能获得两只筷子而进餐。

2. 利用 AND 信号量机制解决哲学家进餐问题

在哲学家进餐问题中,要求每个哲学家先获得两个临界资源(筷子)后方能进餐,这在本质上就是前面所介绍的 AND 同步问题,故用 AND 信号量机制可获得最简洁的解法。描述如下:

```
Var chopsiick array of semaphore: = (1,1,1,1,1);
  processi
    repeat
      think;
      Sswait(chopstick[(i+1)mod 5],chopstick[i]);
      eat;
      Ssignat(chopstick[(i+1)mod 5],chopstick[i]);
```

until false;

7.2.3 读者—写者问题

一个数据文件或记录，可被多个进程共享，我们把只要求读该文件的进程称为"Reader 进程"，其他进程则称为"Writer 进程"。允许多个进程同时读一个共享对象，因为读操作不会使数据文件混乱。但不允许一个 Writer 进程和其他 Reader 进程或 Writer 进程同时访问共享对象，因为这种访问将会引起混乱。所谓"读者—写者问题（Reader – Writer Problem）"是指保证一个 Writer 进程必须与其他进程互斥地访问共享对象的同步问题。读者—写者问题常被用来测试新同步原语。

1. 利用记录型信号量解决读者—写者问题

为实现 Reader 与 Writer 进程间在读或写时的互斥而设置了一个互斥信号量 Wmutex。另外，再设置一个整型变量 Readcount 表示正在读的进程数目。由于只要有一个 Reader 进程在读，便不允许 Writer 进程去写。因此，仅当 Readcount = 0，表示尚无 Reader 进程在读时，Reader 进程才需要执行 Wait（Wmutex）操作。若 Wait（Wmutex）操作成功，Reader 进程便可去读，相应地，做 Readcount + 1 操作。同理，仅当 Reader 进程在执行了 Readcount 减 1 操作后其值为 0 时，才须执行 signal（Wmutex）操作，以便让 Writer 进程写。又因为 Readcount 是一个可被多个 Reader 进程访问的临界资源，因此，也应该为它设置一个互斥信号量 rmutex。读者—写者问题可描述如下：

```
Var rmutex,wmutex: semaphore: =1,1;
    Readcount: integer: =0;
    Begin
    parbegin
      Reader: begin
              Repeat
              wait(rmutex);
              if readcount =0 then wait(wmutex);
                Readcount: = Readcount +1;
              signal(rmutex);
              perform read operation;
              wait(rmutex);
              readcount: = readcount -1;
              if readcount =0 then signal(wmutex);
              signal(rmutex);
          until false;
        end
      writer: begin
        repeat
          wait(wmutex);
          perform write operation;
          signal(wmutex);
        until false;
        end
```

```
        parend
    end
```

2. 利用信号量集机制解决读者—写者问题

这里的读者—写者问题与前面的略有不同,它增加了一个限制,即最多只允许 RN 个读者同时读。为此,又引入了一个信号量 L,并赋予其初值为 RN,通过执行 wait(L,1,1)操作,来控制读者的数目。每当有一个读者进入时,就要先执行 wait(L,1,1)操作,使 L 的值减1。当有 RN 个读者进入读后,L 便减为0,第 RN +1 个读者要进入读时,必然会因 wait(L,1,1)操作失败而阻塞。对利用信号量集来解决读者—写者问题的描述如下:

```
Var RN integer;
    L,mx: semaphore: = RN,1;
  begin
    parbegin
      reader: begin
              repeat
                  Swait(L,1,1);
                  Swait(mx,1,0);
                  perform read operation;
                  Ssignal(L,1);
                  until false;
              end
      writer: begin
              repeat
                  Swait(mx,1,1;L,RN,0);
                  perform write operation;
                  Ssignal(mx,1);
                  until false;
              end
    parend
  end
```

其中,Swait(mx,1,0)语句起着开关的作用。只要无 writer 进程进入写,mx = 1,reader 进程就都可以进入读。但只要一旦有 writer 进程进入写时,其 mx = 0,则任何 reader 进程就都无法进入读。Swait(mx,1,1;L,RN,0)语句表示仅当既无 writer 进程在写(mx = 1),又无 reader 进程在读(L = RN)时,writer 进程才能进入临界区写。

7.3   进程通信

进程通信,是指进程之间的信息交换,其所交换的信息量少者是一个状态或数值,多者则是成千上万个字节。进程之间的互斥和同步,由于其所交换的信息量少而被归结为低级通信。在进程互斥中,进程通过只修改信号量来向其他进程表明临界资源是否可用。在生产者—消费者问题中,生产者通过缓冲池将所生产的产品传送给消费者。

应当指出,信号量机制作为同步工具是卓有成效的,但作为通信工具,则不够理想,主要表现在下述两方面：

（1）效率低，生产者每次只能向缓冲池投放一个产品（消息），消费者每次只能从缓冲区中取得一个消息；

（2）通信对用户不透明。可见，用户要利用低级通信工具实现进程通信是非常不方便的。因为共享数据结构的设置、数据的传送、进程的互斥与同步等，都必须由程序员去实现，操作系统只能提供共享存储器。

本节所要介绍的是高级进程通信，是指用户可直接利用操作系统所提供的一组通信命令高效地传送大量数据的一种通信方式。操作系统隐藏了进程通信的实现细节。或者说，通信过程对用户是透明的。这样就大大减少了通信程序编制上的复杂性。

7.3.1　进程通信的类型

随着 OS 的发展，用于进程之间实现通信的机制也在发展，并已由早期的低级进程通信机制发展为能传送大量数据的高级通信工具机制。目前，高级通信机制可归结为三大类：共享存储器系统、消息传递系统以及管道通信系统。

1. 共享存储器系统

在共享存储器系统（Shared – Memory System）中，相互通信的进程共享某些数据结构或共享存储区，进程之间能够通过这些空间进行通信。据此，又可把它们分成以下两种类型。

（1）基于共享数据结构的通信方式。在这种通信方式中，要求诸进程公用某些数据结构，借以实现诸进程间的信息交换。如在生产者—消费者问题中，就是用有界缓冲区这种数据结构来实现通信的。这里，公用数据结构的设置及对进程间同步的处理，都是程序员的职责。这无疑增加了程序员的负担，而操作系统却只需提供共享存储器。因此，这种通信方式是低效的，只适于传递相对少量的数据。

（2）基于共享存储区的通信方式。为了传输大量数据，在存储器中划出了一块共享存储区，诸进程可通过对共享存储区中数据的读或写来实现通信。这种通信方式属于高级通信。进程在通信前，先向系统申请获得共享存储区中的一个分区，并指定该分区的关键字；若系统已经给其他进程分配了这样的分区，则将该分区的描述符返回给申请者，继之，由申请者把获得的共享存储分区连接到本进程上；此后，便可像读、写普通存储器一样地读、写该公用存储分区。

2. 消息传递系统

消息传递系统（Message Passing System）是当前应用最为广泛的一种进程间的通信机制。在该机制中，进程间的数据交换是以格式化的消息（message）为单位的；在计算机网络中，又把 message 称为报文。程序员直接利用操作系统提供的一组通信命令（原语），不仅能实现大量数据的传递，而且还隐藏了通信的实现细节，使通信过程对用户是透明的，从而大大简化了通信程序编制的复杂性，因而获得了广泛的应用。

特别值得一提的是，在当今最为流行的微内核操作系统中，微内核与服务器之间的通信，无一例外地都采用了消息传递机制。又由于它能很好地支持多处理机系统、分布式系统和计算机网络，因此它也成为这些领域最主要的通信工具。消息传递系统的通信方式属于高级通信方式。又因其实现方式的不同而进一步分成直接通信方式和间接通信方式两种。

3. 管道通信系统

所谓"管道",是指用于连接一个读进程和一个写进程以实现它们之间通信的一个共享文件,又名 pipe 文件。向管道(共享文件)提供输入的发送进程(即写进程),以字符流形式将大量的数据送入管道;而接受管道输出的接收进程(即读进程),则从管道中接收(读)数据。由于发送进程和接收进程是利用管道进行通信的,故又称为管道通信。这种方式首创于 UNIX 系统,由于它能有效地传送大量数据,因而又被引入到许多其他的操作系统中。

为了协调双方的通信,管道机制必须提供以下三方面的协调能力:

(1)互斥,即当一个进程正在对 pipe 执行读/写操作时,其他(另一)进程必须等待。

(2)同步,指当写(输入)进程把一定数量(如 4 KB)的数据写入 pipe,便去睡眠等待,直到读(输出)进程取走数据后,再把它唤醒。当读进程读一空 pipe 时,也应睡眠等待,直至写进程将数据写入管道后,才将之唤醒。

(3)确定对方是否存在,只有确定了对方已存在时,才能进行通信。

7.3.2　消息传递通信方法

在进程之间通信时,源进程可以直接或间接地将消息传送给目标进程,由此可将进程通信分为直接通信和间接通信两种通信方式。

1. 直接通信方式

这是指发送进程利用 OS 所提供的发送命令,直接把消息发送给目标进程。此时,要求发送进程和接收进程都以显式方式提供对方的标识符。通常,系统提供下述两条通信命令(原语):

Send(Receiver,message);发送一个消息给接收进程;

Receive(Sender,message);接收 Sender 发来的消息;

例如,原语 Send(P2,m1)表示将消息 m1 发送给接收进程 P2;而原语 Receive(P1,m1)则表示接收由 P1 发来的消息 m1。

在某些情况下,接收进程可与多个发送进程通信,因此,它不可能事先指定发送进程。例如,用于提供打印服务的进程,它可以接收来自任何一个进程的"打印请求"消息。对于这样的应用,在接收进程接收消息的原语中,表示源进程的参数,也是完成通信后的返回值,接收原语可表示为:

Receive (id,message);

我们还可以利用直接通信原语来解决生产者—消费者问题。当生产者生产出一个产品(消息)后,便用 Send 原语将消息发送给消费者进程;而消费者进程则利用 Receive 原语来得到一个消息。如果消息尚未生产出来,消费者必须等待,直至生产者进程将消息发送过来。生产者—消费者的通信过程可分别描述如下:

```
repeat
    produce an item in nextp;
    send(consumer,nextp);
    until false;
    repeat
    receive(producer,nextc);
    consume the item in nextc;
until false;
```

2.间接通信方式

间接通信方式指进程之间的通信需要通过作为共享数据结构的实体。该实体用来暂存发送进程发送给目标进程的消息;接收进程则从该实体中取出对方发送给自己的消息。通常把这种中间实体称为信箱。消息在信箱中可以安全地保存,只允许核准的目标用户随时读取。因此,利用信箱通信方式,既可实现实时通信,又可实现非实时通信。

系统为信箱通信提供了若干条原语,分别用于信箱的创建、撤销和消息的发送、接收等。

(1)信箱的创建和撤销。进程可利用信箱创建原语来建立一个新信箱。创建者进程应给出信箱名字、信箱属性(公用、私用或共享);对于共享信箱,还应给出共享者的名字。当进程不再需要读信箱时,可用信箱撤销原语将之撤销。

(2)消息的发送和接收。当进程之间要利用信箱进行通信时,必须使用共享信箱,并利用系统提供的下述通信原语进行通信:

Send(mailbox,message); 将一个消息发送到指定信箱;

Receive(mailbox,message); 从指定信箱中接收一个消息;

信箱可由操作系统创建,也可由用户进程创建,创建者是信箱的拥有者。据此,可把信箱分为以下三类。

①私用信箱。

用户进程可为自己建立一个新信箱,并作为该进程的一部分。信箱的拥有者有权从信箱中读取消息,其他用户则只能将自己构成的消息发送到该信箱中。这种私用信箱可采用单向通信链路的信箱来实现。当拥有该信箱的进程结束时,信箱也随之消失。

②公用信箱。

它由操作系统创建,并提供给系统中的所有核准进程使用。核准进程既可把消息发送到该信箱中,也可从信箱中读取发送给自己的消息。显然,公用信箱应采用双向通信链路的信箱来实现。通常,公用信箱在系统运行期间始终存在。

③共享信箱。

它由某进程创建,在创建时或创建后指明它是可共享的,同时须指出共享进程(用户)的名字。信箱的拥有者和共享者都有权从信箱中取走发送给自己的消息。在利用信箱通信时,在发送进程和接收进程之间存在以下四种关系。

(a)一对一关系。这时可为发送进程和接收进程建立一条两者专用的通信链路,使两者之间的交互不受其他进程的干扰。

(b)多对一关系。允许提供服务的进程与多个用户进程之间进行交互,也称为客户/服务器交互(client/server interaction)。

(c)一对多关系。允许一个发送进程与多个接收进程进行交互,使发送进程可用广播方式向接收者(多个)发送消息。

(d)多对多关系。允许建立一个公用信箱,让多个进程都能向信箱中投递消息;也可从信箱中取走属于自己的消息。

7.3.3　消息传递中的若干问题

在单机和计算机网络环境下,高级进程通信广泛采用消息传递系统。故本小节将对这种通信中的几个主要问题做扼要的阐述。

1. 通信链路

为使在发送进程和接收进程之间能进行通信,必须在两者之间建立一条通信链路(communication link)。有两种方式建立通信链路。第一种方式是由发送进程在通信之前用显式的"建立连接"命令(原语)请求系统为之建立一条通信链路;在链路使用完后,也用显式方式拆除链路。这种方式主要用于计算机网络中。第二种方式是发送进程无须明确提出建立链路的请求,只需利用系统提供的发送命令(原语),系统会自动地为之建立一条链路。这种方式主要用于单机系统中。

根据通信链路的连接方法,又可把通信链路分为以下两类:

(1)点一点连接通信链路,这时的一条链路只连接两个结点(进程);

(2)多点连接链路,指用一条链路连接多个($n > 2$)结点(进程)。

而根据通信方式的不同,则又可把链路分成以下两类:

(1)单向通信链路,只允许发送进程向接收进程发送消息,或者相反;

(2)双向链路,既允许由进程 A 向进程 B 发送消息,也允许进程 B 同时向进程 A 发送消息。

还可根据通信链路容量的不同而把链路分成两类:一是无容量通信链路,在这种通信链路上没有缓冲区,因而不能暂存任何消息;二是有容量通信链路,指在通信链路中设置了缓冲区,因而能暂存消息。缓冲区数目愈多,通信链路的容量愈大。

2. 消息的格式

在消息传递系统中所传递的消息,必须具有一定的消息格式。在单机系统环境中,由于发送进程和接收进程处于同一台机器中,有着相同的环境,故其消息格式比较简单;但在计算机网络环境下,不仅源和目标进程所处的环境不同,而且信息的传输距离很远,可能要跨越若干个完全不同的网络,致使所用的消息格式比较复杂。通常,可把一个消息分成消息头和消息正文两部分。消息头包括消息在传输时所需的控制信息,如源进程名、目标进程名、消息长度、消息类型、消息编号及发送的日期和时间;而消息正文则是发送进程实际上所发送的数据。

在某些 OS 中,消息采用比较短的定长消息格式,这便减少了对消息的处理和存储开销。这种方式可用于办公自动化系统中,为用户提供快速的便笺式通信;但这对要发送较长消息的用户是不方便的。在有的 OS 中,采用变长的消息格式,即进程所发送消息的长度是可变的。系统无论在处理还是在存储变长消息时,都可能会付出更多的开销,但这方便了用户。这两种消息格式各有其优缺点,故在很多系统(包括计算机网络)中,是同时都用的。

3. 进程同步方式

在进程之间进行通信时,同样需要有进程同步机制,以使诸进程间能协调通信。不论是发送进程,还是接收进程,在完成消息的发送或接收后,都存在两种可能性,即进程或者继续发送(接收),或者阻塞。由此,我们可得到以下三种情况。

(1)发送进程阻塞,接收进程阻塞。这种情况主要用于进程之间紧密同步(tight synchronization),发送进程和接收进程之间无缓冲时。这两个进程平时都处于阻塞状态,直到有消息传递时。这种同步方式称为汇合(rendezrous)。

(2)发送进程不阻塞,接收进程阻塞。这是一种应用最广的进程同步方式。平时,发送进程不阻塞,因而它可以尽快地把一个或多个消息发送给多个目标;而接收进程平时则处于阻塞状态,直到发送进程发来消息时才被唤醒。例如,在服务器上通常都设置了多个服务进程,它们分别用于提供不同的服务,如打印服务。平时,这些服务进程都处于阻塞状态,一旦有请求服务的消息到达时,系统便唤醒相应的服务进程,去完成用户所要求的服务。处理完后,若无新的服务请求,服务进程又阻塞。

(3)发送进程和接收进程均不阻塞。这也是一种较常见的进程同步形式。平时,发送进程和接收进程都在忙于自己的事情,仅当发生某事件使它无法继续运行时,才把自己阻塞起来等待。例如,在发送进程和接收进程之间联系着一个消息队列时,该消息队列最多能接纳 n 个消息,这样,发送进程便可以连续地向消息队列中发送消息而不必等待;接收进程也可以连续地从消息队列中取得消息,也不必等待。只有当消息队列中的消息数已达到 n 个时,即消息队列已满,发送进程无法向消息队列中发送消息时才会阻塞;类似地,只有当消息队列中的消息数为 0,接收进程已无法从消息队列中取得消息时才会阻塞。

7.3.4　消息缓冲队列通信机制

消息缓冲队列通信机制首先由美国的 Hansan 提出,并在 RC 4000 系统上实现,后来被广泛应用于本地进程之间的通信中。在这种通信机制中,发送进程利用 Send 原语将消息直接发送给接收进程;接收进程则利用 Receive 原语接收消息。

1. 消息缓冲队列通信机制中的数据结构

(1)消息缓冲区。

在消息缓冲队列通信方式中,主要利用的数据结构是消息缓冲区。它可描述如下:

```
type message buffer = record
                    sender ;发送者进程标识符
                    size ; 消息长度
                    text ; 消息正文
                    next ; 指向下一个消息缓冲区的指针
end
```

(2)PCB 中有关通信的数据项。

在操作系统中采用了消息缓冲队列通信机制时,除了需要为进程设置消息缓冲队列外,还应在进程的 PCB 中增加消息队列队首指针,用于对消息队列进行操作,以及用于实现同步的互斥信号量 mutex 和资源信号量 sm。在 PCB 中应增加的数据项可描述如下:

```
type processcontrol block = record
                    mq ;消息队列队首指针
                    mutex ;消息队列互斥信号量
                    sm ;消息队列资源信号量
                    end
```

2. 发送原语

发送进程在利用发送原语发送消息之前,应先在自己的内存空间设置一发送区 a。把待发送的消息正文、发送进程标识符、消息长度等信息填入其中,然后调用发送原语,把消息发送给目标(接收)进程。发送原语首先根据发送区 a 中所设置的消息长度 a. size 来申请一缓冲区 i,接着把发送区 a 中的信息复制到缓冲区 i 中。为了能将 i 挂在接收进程的消息队列 mq 上,应先获得接收进程的内部标识符 j,然后将 i 挂在 j. mq 上。由于该队列属于临界资源,故在执行 insert 操作的前后,都要执行 wait 和 signal 操作。

发送原语可描述如下：

```
procedure send(receiver,a)
  begin
    getbuf(a.size,i); 根据 a.size 申请缓冲区;
    i.sender:= a.sender; 将发送区 a 中的信息复制到消息缓冲区 i 中;
    i.size:=a.size;
    i.text:=a.text;
    i.next:=0;
    getid(PCB set,receiver.j); 获得接收进程内部标识符;
    wait(j.mutex);
    insert(j.mq,i); 将消息缓冲区插入消息队列;
    signal(j.mutex);
    signal(j.sm);
  end
```

3. 接收原语

接收进程调用接收原语 receive(b)，从自己的消息缓冲队列 mq 中摘下第一个消息缓冲区 i，并将其中的数据复制到以 b 为首址的指定消息接收区内。接收原语描述如下：

```
procedure receive(b)
  begin
    j:= internal name; j 为接收进程内部的标识符;
    wait(j.sm);
    wait(j.mutex);
    remove(j.mq,i); 将消息队列中第一个消息移出;
    signal(j.mutex);
    b.sender:=i.sender; 将消息缓冲区 i 中的信息复制到接收区 b;
    b.size:=i.size;
    b.text:=i.text;
  end
```

7.4　线　　程

自从在 20 世纪 60 年代人们提出了进程的概念后，在 OS 中一直都是以进程作为能拥有资源和独立运行的基本单位的。直到 20 世纪 80 年代中期，人们又提出了比进程更小的能独立运行的基本单位——线程(Threads)，试图用它来提高系统内程序并发执行的程度，从而可进一步提高系统的吞吐量。特别是在进入 20 世纪 90 年代后，多处理机系统得到迅速发展，线程能比进程更好地提高程序的并行执行程度，充分地发挥多处理机的优越性，因而在近几年所推出的多处理机 OS 中也都引入了线程，以改善 OS 的性能。

7.4.1　线程的概念

1. 线程的引入

如果说，在操作系统中引入进程的目的，是为了使多个程序能并发执行，以提高资源利用率和系统吞吐量,那么,在操作系统中再引入线程,则是为了减少程序在并发执行时所付出的时空开销,使 OS 具有更好的并发性。为了说明这一点,我们首先来回顾进程的两个基本属性:①进程是一个可拥有资源的独立单位;②进程同时又是一个可独立调度和分派的基本单位。正是由于进程有这两个基本属性,才使之成为一个能独立运行的基本单位,从而也就构成了进程并发执行的基础。然而,为使程序能并发执行,系统还必须进行以下的一系列操作。

（1）创建进程。

系统在创建一个进程时,必须为它分配其所必需的、除处理机以外的所有资源,如内存空间、I/O 设备,以及建立相应的 PCB。

（2）撤销进程。

系统在撤销进程时,又必须先对其所占有的资源执行回收操作,然后再撤销 PCB。

（3）进程切换。

对进程进行切换时,由于要保留当前进程的 CPU 环境和设置新选中进程的 CPU 环境,因而须花费不少的处理机时间。

换言之,由于进程是一个资源的拥有者,因而在创建、撤销和切换中,系统必须为之付出较大的时空开销。正因如此,在系统中所设置的进程,其数目不宜过多,进程切换的频率也不宜过高,这也就限制了并发程度的进一步提高。

如何能使多个程序更好地并发执行同时又尽量减少系统的开销,已成为近年来设计操作系统时所追求的重要目标。有不少研究操作系统的学者们想到,若能将进程的上述两个属性分开,由操作系统分开处理,亦即对于作为调度和分派的基本单位,不同时作为拥有资源的单位,以做到"轻装上阵";而对于拥有资源的基本单位,又不对之进行频繁地切换。正是在这种思想的指导下,形成了线程的概念。

随着 VLSI 技术和计算机体系结构的发展,出现了对称多处理机(SMP)计算机系统。它为提高计算机的运行速度和系统吞吐量提供了良好的硬件基础。但要使多个 CPU 很好地协调运行,充分发挥它们的并行处理能力,以提高系统性能,还必须配置性能良好的多处理机 OS。但利用传统的进程概念和设计方法,已难以设计出适合于 SMP 结构的计算机系统的 OS。这是因为进程"太重",致使实现多处理机环境下的进程调度、分派和切换时,都需花费较大的时间和空间开销。如果在 OS 中引入线程,以线程作为调度和分派的基本单位,则可以有效地改善多处理机系统的性能。因此,一些主要的 OS(UNIX、OS/2、Windows)厂家都又进一步对线程技术做了开发,使之适用于 SMP 的计算机系统。

2. 线程与进程的比较

线程具有许多传统进程所具有的特征,所以又称为轻型进程(Light - Weight Process)或进程元,相应地把传统进程称为重型进程(Heavy - Weight Process),传统进程相当于只有一个线程的任务。在引入了线程的操作系统中,通常一个进程都拥有若干个线程,至少也有一个线程。下面我们从调度性、并发性、拥有资源和系统开销等方面对线程和进程进行比较。

（1）调度性。

在传统的操作系统中,作为拥有资源的基本单位和独立调度、分派的基本单位都是进程。而在引入线程的操作系统中,则把线程作为调度和分派的基本单位,而进程作为资源拥有的基本单位,把传统进程的两个属性分开,使线程基本上不拥有资源,这样线程便能轻装前进,从而可显著地提高系统的并发程度。在同一进程中,线程的切换不会引起进程的切换,但从一个进程中的线程切换到另一个进程中的线程时,将会引起进程的切换。

(2)并发性。

在引入线程的操作系统中,不仅进程之间可以并发执行,而且在一个进程中的多个线程之间亦可并发执行,使得操作系统具有更好的并发性,从而能更加有效地提高系统资源的利用率和系统的吞吐量。例如,在一个未引入线程的单 CPU 操作系统中,若仅设置一个文件服务进程,当该进程由于某种原因而被阻塞时,便没有其他的文件服务进程来提供服务。在引入线程的操作系统中,则可以在一个文件服务进程中设置多个服务线程。当第一个线程等待时,文件服务进程中的第二个线程可以继续运行,以提供文件服务;当第二个线程阻塞时,则可由第三个继续执行,提供服务。显然,这样的方法可以显著地提高文件服务的质量和系统的吞吐量。

(3)拥有资源。

不论是传统的操作系统,还是引入了线程的操作系统,进程都可以拥有资源,是系统中拥有资源的一个基本单位。一般而言,线程自己不拥有系统资源(也有一点必不可少的资源),但它可以访问其隶属进程的资源,即一个进程的代码段、数据段及所拥有的系统资源,如已打开的文件、I/O 设备等,可以供该进程中的所有线程所共享。

(4)系统开销。

在创建或撤销进程时,系统都要为之创建和回收进程控制块,分配或回收资源,如内存空间和 I/O 设备等,操作系统所付出的开销明显大于线程创建或撤销时的开销。类似地,在进程切换时,涉及当前进程 CPU 环境的保存及新被调度运行进程的 CPU 环境的设置,而线程的切换则仅需保存和设置少量寄存器内容,不涉及存储器管理方面的操作,所以就切换代价而言,进程也是远高于线程的。此外,由于一个进程中的多个线程具有相同的地址空间,在同步和通信的实现方面线程也比进程容易。在一些操作系统中,线程的切换、同步和通信都无须操作系统内核的干预。

3. 线程的属性

在多线程 OS 中,通常是在一个进程中包括多个线程,每个线程都是作为利用 CPU 的基本单位,是花费最小开销的实体。线程具有下述属性。

(1)轻型实体。线程中的实体基本上不拥有系统资源,只是有一点必不可少的、能保证其独立运行的资源,比如,在每个线程中都应具有一个用于控制线程运行的线程控制块 TCB,用于指示被执行指令序列的程序计数器,保留局部变量、少数状态参数和返回地址等的一组寄存器和堆栈。

(2)独立调度和分派的基本单位。在多线程 OS 中,线程是能独立运行的基本单位,因而也是独立调度和分派的基本单位。由于线程很"轻",故线程的切换非常迅速且开销小。

(3)可并发执行。在一个进程中的多个线程之间可以并发执行,甚至允许在一个进程中的所有线程都能并发执行;同样,不同进程中的线程也能并发执行。

(4)共享进程资源。在同一进程中的各个线程都可以共享该进程所拥有的资源,这首先表现在所有线程都具有相同的地址空间(进程的地址空间)。这意味着线程可以访问该地址空间中的每一个虚地址;此外,还可以访问进程所拥有的已打开文件、定时器、信号量机构等。

4. 线程的状态

(1)状态参数。在 OS 中的每一个线程都可以利用线程标识符和一组状态参数进行描述。状态参数通常有这样几项:①寄存器状态,它包括程序计数器 PC 和堆栈指针中的内容;②堆栈,在堆栈中通常保存有局部变量和返回地址;③线程运行状态,用于描述线程正处于何种运行状态;④优先级,描述线程执行的优先程度;⑤线程专有存储器,用于保存线程自己的局部变量拷贝;⑥信号屏蔽,即对某些信号加以屏蔽。

(2)线程运行状态。如同传统的进程一样,在各线程之间也存在着共享资源和相互合作的制约关系,致使线程在运行时也具有间断性。相应地,线程在运行时也具有下述三种基本状态:①执行状态,表示线程正获得处理机而运行;②就绪状态,指线程已具备了各种执行条件,一旦获得 CPU 便可执行的状态;③阻塞状态,指线程在执行中因某事件而受阻,处于暂停执行时的状态。

5. 线程的创建和终止

在多线程 OS 环境下,应用程序在启动时,通常仅有一个线程在执行,该线程被人们称为"初始化线程"。它可根据需要再去创建若干个线程。在创建新线程时,需要利用一个线程创建函数(或系统调用),并提供相应的参数,如指向线程主程序的入口指针、堆栈的大小,以及用于调度的优先级等。在线程创建函数执行完后,将返回一个线程标识符供以后使用。

如同进程一样,线程也是具有生命期的。终止线程的方式有两种:一种是在线程完成了自己的工作后自愿退出;另一种是线程在运行中出现错误或由于某种原因而被其他线程强行终止。但有些线程(主要是系统线程),在它们一旦被建立起来之后,便一直运行下去而不再被终止。在大多数的 OS 中,线程被中止后并不立即释放它所占有的资源,只有当进程中的其他线程执行了分离函数后,被终止的线程才与资源分离,此时的资源才能被其他线程利用。

虽已被终止但尚未释放资源的线程,仍可以被需要它的线程所调用,以使被终止线程重新恢复运行。为此,调用者线程须调用一条被称为"等待线程终止"的连接命令,来与该线程进行连接。如果在一个调用者线程调用"等待线程终止"的连接命令试图与指定线程相连接时,若指定线程尚未被终止,则调用连接命令的线程将会阻塞,直至指定线程被终止后才能实现它与调用者线程的连接并继续执行;若指定线程已被终止,则调用者线程不会被阻塞而是继续执行。

6. 多线程 OS 中的进程

在多线程 OS 中,进程是作为拥有系统资源的基本单位,通常的进程都包含多个线程并为它们提供资源,但此时的进程就不再作为一个执行的实体。多线程 OS 中的进程有以下属性。

(1)作为系统资源分配的单位。在多线程 OS 中,仍是将进程作为系统资源分配的基本单位,在任一进程中所拥有的资源包括受到分别保护的用户地址空间、用于实现进程间和线程间同步和通信的机制、已打开的文件和已申请到的 I/O 设备,以及一张由核心进程维护的地址映射表,该表用于实现用户程序的逻辑地址到其内存物理地址的映射。

(2)可包括多个线程。通常,一个进程都含有多个相对独立的线程,其数目可多可少,但至少也要有一个线程,由进程为这些(个)线程提供资源及运行环境,使这些线程可并发执行。在 OS 中的所有线程都只能属于某一个特定进程。

(3)进程不是一个可执行的实体。在多线程 OS 中,是把线程作为独立运行的基本单位,所以此时的进程已不再是一个可执行的实体。虽然如此,进程仍具有与执行相关的状态。例如,所谓进程处于"执行"状态,实际上是指该进程中的某线程正在执行。此外,对进程所施加的与进程状态有关的操作,也对其线程起作用。例如,在把某个进程挂起时,该进程中的所有线程也都将被挂起;又如,在把某进程激活时,属于该进程的所有线程也都将被激活。

7.4.2　线程同步和通信

为使系统中的多线程能有条不紊地运行,在系统中必须提供用于实现线程间同步和通信的机制。为了支持不同频率的交互操作和不同程度的并行性,在多线程 OS 中通常提供多种同步机制,如互斥锁、条件变量、计数信号量以及多读、单写锁等。

1. 互斥锁(mutex)

互斥锁是一种比较简单的、用于实现线程间对资源互斥访问的机制。由于操作互斥锁的时间和空间开销都较低,因而较适合于高频度使用的关键共享数据和程序段。互斥锁可以有两种状态,即开锁(unlock)和关锁(lock)状态。相应地,可用两条命令(函数)对互斥锁进行操作。其中的关锁 lock 操作用于将 mutex 关上,开锁操作 unlock 则用于打开 mutex。

当一个线程需要读/写一个共享数据段时,线程首先应为该数据段所设置的 mutex 执行关锁命令。命令首先判别 mutex 的状态,如果它已处于关锁状态,则试图访问该数据段的线程将被阻塞;而如果 mutex 是处于开锁状态,则将 mutex 关上后便去读/写该数据段。在线程完成对数据的读/写后,必须再发出开锁命令将 mutex 打开,同时还须将阻塞在该互斥锁上的一个线程唤醒,其他的线程仍被阻塞在等待 mutex 打开的队列上。

另外,为了减少线程被阻塞的机会,在有的系统中还提供了一种用于 mutex 上的操作命令 Trylock。当一个线程在利用 Trylock 命令去访问 mutex 时,若 mutex 处于开锁状态,Trylock 将返回一个指示成功的状态码;反之,若 mutex 处于关锁状态,则 Trylock 并不会阻塞该线程,而只是返回一个指示操作失败的状态码。

2. 条件变量

在许多情况下,只利用 mutex 来实现互斥访问可能会引起死锁,我们通过一个例子来说明这一点。有一个线程在对 mutex 1 执行关锁操作成功后,便进入一临界区 C,若在临界区内该线程又须访问某个临界资源 R,同样也为 R 设置另一互斥锁 mutex 2。假如资源 R 此时正处于忙碌状态,线程在对 mutex 2 执行关锁操作后必将被阻塞,这样将使 mutex 1 一直保持关锁状态;如果保持了资源 R 的线程也要求进入临界区 C,但由于 mutex 1 一直保持关锁状态而无法进入临界区,这样便形成了死锁。为了解决这个问题便引入了条件变量。

每一个条件变量通常都与一个互斥锁一起使用,亦即,在创建一个互斥锁时便联系着一个条件变量。单纯的互斥锁用于短期锁定,主要是用来保证对临界区的互斥进入。而条件变量则用于线程的长期等待,直至所等待的资源成为可用的资源。

现在,我们看看如何利用互斥锁和条件变量来实现对资源 R 的访问。线程首先对 mutex 执行关锁操作,若成功便进入临界区,然后查找用于描述该资源状态的数据结构,以了解资源的情况。只要发现所需资源 R 正处于忙碌状态,线程便转为等待状态,并对 mutex 执行开锁操作后,等待该资源被释放;若资源处于空闲状态,表明线程可以使用该资源,于是将该资源设置为忙碌状态,再对 mutex 执行开锁操作。下面给出了对上述资源的申请(左半部分)和释放(右半部分)操作的描述。

```
Lock mutex Lock mutex
  check data structures; mark resource as free;
  while(resource busy); unlock mutex;
    wait(condition variable); wakeup(condition variable);
  mark resource as busy;
  unlock mutex;
```

原来占有资源 R 的线程在使用完该资源后,便按照右半部分的描述释放该资源,其中的 wakeup(condition variable)表示去唤醒在指定条件变量上等待的一个或多个线程。在大多数情况下,由于所释放的是临界资源,此时所唤醒的只能是在条件变量上等待的某一个线程,其他线程仍继续在该队列上等待。但如果线程所释放的是一个数据文件,该文件允许多个线程同时对它执行读操作。在这种情况下,当一个写线程完成写操作并释放该文件后,如果此时在该条件变量上还有多个读线程在等待,则该线程可以唤醒所有的等待线程。

3. 信号量机制

前面所介绍的用于实现进程同步的最常用工具——信号量机制,也可用于多线程 OS 中,实现诸线程或进程之间的同步。为了提高效率,可为线程和进程分别设置相应的信号量。

(1)私用信号量(private samephore)。

当某线程需利用信号量来实现同一进程中各线程之间的同步时,可调用创建信号量的命令来创建一私用信号量,其数据结构存放在应用程序的地址空间中。私用信号量属于特定的进程所有,OS 并不知道私用信号量的存在,因此,一旦发生私用信号量的占用者异常结束或正常结束,但并未释放该信号量所占有空间的情况时,系统将无法使它恢复为 0(空),也不能将它传送给下一个请求它的线程。

(2)公用信号量(public semaphort)。

公用信号量是为实现不同进程间或不同进程中各线程之间的同步而设置的。由于它有着一个公开的名字供所有的进程使用,故而把它称为公用信号量。其数据结构是存放在受保护的系统存储区中,由 OS 为它分配空间并进行管理,故也称为系统信号量。如果信号量的占有者在结束时未释放该公用信号量,则 OS 会自动将该信号量空间回收,并通知下一进程。可见,公用信号量是一种比较安全的同步机制。

7.4.3　线程的实现方式

线程已在许多系统中实现,但各系统的实现方式并不完全相同。在有的系统中,特别是一些数据库管理系统如 Infomix,所实现的是用户级线程(User Level Threads);而另一些系统(如 Macintosh 和 OS/2 操作系统)所实现的是内核支持线程(Kernel Supported Threads);还有一些系统如 Solaris 操作系统,则同时实现了这两种类型的线程。

1. 内核支持线程

对于通常的进程,无论是系统进程还是用户进程,进程的创建、撤销,以及要求由系统设备完成的 I/O 操作,都是利用系统调用而进入内核,再由内核中的相应处理程序予以完成的。进程的切换同样是在内核的支持下实现的。因此我们说,不论什么进程,它们都是在操作系统内核的支持下运行的,是与内核紧密相关的。

这里所谓的内核支持线程(Kernel Supported Threads,KST),也都同样是在内核的支持下运行的,即无论是用户进程中的线程,还是系统进程中的线程,他们的创建、撤销和切换等也是依靠内核,在内核空间实现的。此外,在内核空间还为每一个内核支持线程设置了一个线程控制块,内核是根据该控制块而感知某线程的存在,并对其加以控制。

这种线程实现方式主要有如下四个优点:

(1)在多处理器系统中,内核能够同时调度同一进程中多个线程并行执行;

(2)如果进程中的一个线程被阻塞了,内核可以调度该进程中的其他线程占有处理器运行,也可以运行其他进程中的线程;

(3)内核支持线程具有很小的数据结构和堆栈,线程的切换比较快,切换开销小;

(4)内核本身也可以采用多线程技术,可以提高系统的执行速度和效率。

内核支持线程的主要缺点是:对于用户的线程切换而言,其模式切换的开销较大,在同一个进程中,从一个线程切换到另一个线程时,需要从用户态转到内核态进行,这是因为用户进程的线程在用户态运行,而线程调度和管理是在内核实现的,系统开销较大。

2.用户级线程

用户级线程(User Level Threads,ULT)仅存在于用户空间中。对于这种线程的创建、撤销、线程之间的同步与通信等功能,都无须利用系统调用来实现。对于用户级线程的切换,通常发生在一个应用进程的诸多线程之间,这时,也同样无须内核的支持。由于切换的规则远比进程调度和切换的规则简单,因而使线程的切换速度特别快。可见,这种线程是与内核无关的。我们可以为一个应用程序建立多个用户级线程。在一个系统中的用户级线程的数目可以达到数百个至数千个。由于这些线程的任务控制块都是设置在用户空间,而线程所执行的操作也无须内核的帮助,因而内核完全不知道用户级线程的存在。

值得说明的是,对于设置了用户级线程的系统,其调度仍是以进程为单位进行的。在采用轮转调度算法时,各个进程轮流执行一个时间片,这对诸进程而言似乎是公平的。但假如在进程 A 中包含了一个用户级线程,而在另一个进程 B 中含有 100 个用户级线程,这样,进程 A 中线程的运行时间将是进程 B 中各线程运行时间的 100 倍;相应地,其速度要快上 100 倍。

假如系统中设置的是内核支持线程,则调度便是以线程为单位进行的。在采用轮转法调度时,是各个线程轮流执行一个时间片。同样假定进程 A 中只有一个内核支持线程,而在进程 B 中有 100 个内核支持线程。此时进程 B 可以获得的 CPU 时间是进程 A 的 100 倍,且进程 B 可使 100 个系统调用并发工作。

使用用户级线程方式有许多优点,主要表现在如下三个方面。

(1)线程切换不需要转换到内核空间,对一个进程而言,其所有线程的管理数据结构均在该进程的用户空间中,管理线程切换的线程库也在用户地址空间运行。因此,进程不必切换到内核方式来做线程管理,从而节省了模式切换的开销,也节省了内核的宝贵资源。

(2)调度算法可以是进程专用的。在不干扰操作系统调度的情况下,不同的进程可以根据自身需要,选择不同的调度算法对自己的线程进行管理和调度,而与操作系统的低级调度算法是无关的。

(3)用户级线程的实现与操作系统平台无关,因为对于线程管理的代码是在用户程序内的,属于用户程序的一部分,所有的应用程序都可以对之进行共享。因此,用户级线程甚至可以在不支持线程机制的操作系统平台上实现。

用户级线程实现方式的主要缺点在于如下两个方面。

（1）系统调用的阻塞问题。在基于进程机制的操作系统中，大多数系统调用将阻塞进程，因此，当线程执行一个系统调用时，不仅该线程被阻塞，而且进程内的所有线程都会被阻塞。而在内核支持线程方式中，则进程中的其他线程仍然可以运行。

（2）在单纯的用户级线程实现方式中，多线程应用不能利用多处理机进行多重处理的优点。内核每次分配给一个进程的仅有一个 CPU，因此进程中仅有一个线程能执行，在该线程放弃 CPU 之前，其他线程只能等待。

3. 组合方式

有些操作系统把用户级线程和内核支持线程两种方式进行组合，提供了组合方式 ULT/KST 线程。在组合方式线程系统中，内核支持多 KST 线程的建立、调度和管理，同时，也允许用户应用程序建立、调度和管理用户级线程。一些内核支持线程对应多个用户级线程，程序员可按应用需要和机器配置对内核支持线程数目进行调整，以达到较好的效果。组合方式线程中，同一个进程内的多个线程可以同时在多处理器上并行执行，而且在阻塞一个线程时，并不需要将整个进程阻塞。所以，组合方式多线程机制能够结合 KST 和 ULT 两者的优点，并克服了其各自的不足。

7.4.4　线程的实现

不论是进程还是线程，都必须直接或间接地取得内核的支持。由于内核支持线程可以直接利用系统调用为它服务，故线程的控制相当简单；而用户级线程必须借助于某种形式的中间系统的帮助方能取得内核的服务，故在对线程的控制上要稍复杂些。

1. 内核支持线程的实现

在仅设置了内核支持线程的 OS 中，一种可能的线程控制方法是，系统在创建一个新进程时，便为它分配一个任务数据区（Per Task Data Area，PTDA），其中包括若干个线程控制块 TCB 空间。在每一个 TCB 中可保存线程标识符、优先级、线程运行的 CPU 状态等信息。虽然这些信息与用户级线程 TCB 中的信息相同，但现在却是被保存在内核空间中。

每当进程要创建一个线程时，便为新线程分配一个 TCB，将有关信息填入该 TCB 中，并为之分配必要的资源，如为线程分配数百至数千个字节的栈空间和局部存储区，于是新创建的线程便有条件立即执行。当 PTDA 中的所有 TCB 空间已用完，而进程又要创建新的线程时，只要其所创建的线程数目未超过系统的允许值（通常为数十至数百个），系统可再为之分配新的 TCB 空间；在撤销一个线程时，也应回收该线程的所有资源和 TCB。可见，内核支持线程的创建、撤销均与进程的相类似。在有的系统中为了减少创建和撤销一个线程时的开销，在撤销一个线程时，并不立即回收该线程的资源和 TCB，当以后再要创建一个新线程时，便可直接利用已被撤销但仍保持有资源和 TCB 的线程作为新线程。

内核支持线程的调度和切换与进程的调度和切换十分相似，也分抢占式方式和非抢占方式两种。在线程的调度算法上，同样可采用时间片轮转法、优先权算法等。当线程调度选中一个线程后，便将处理机分配给它。当然，线程在调度和切换上所花费的开销，要比进程的小得多。

2. 用户级线程的实现

用户级线程是在用户空间实现的。所有的用户级线程都具有相同的结构，它们都运行在一个中间系统的上面。当前有两种方式实现的中间系统，即运行时系统和内核控制线程。

（1）运行时系统（Runtime System）。

所谓"运行时系统"，实质上是用于管理和控制线程的函数（过程）的集合，其中包括用于创建和撤销线程的函数、线程同步和通信的函数以及实现线程调度的函数等。正因为有这些函数，才能使用户级线程与内核无关。运行时系统中的所有函数都驻留在用户空间，并作为用户级线程与内核之间的接口。

在传统的 OS 中，进程在切换时必须先由用户态转为核心态，再由核心来执行切换任务；而用户级线程在切换时则不需转入核心态，而是由运行时系统中的线程切换过程来执行切换任务。该过程将线程的 CPU 状态保存在该线程的堆栈中，然后按照一定的算法选择一个处于就绪状态的新线程运行，将新线程堆栈中的 CPU 状态装入到 CPU 相应的寄存器中，一旦将栈指针和程序计数器切换后，便开始了新线程的运行。由于用户级线程的切换无须进入内核，且切换操作简单，因而使用户级线程的切换速度非常快。

不论在传统的 OS 中，还是在多线程 OS 中，系统资源都是由内核管理的。在传统的 OS 中，进程是利用 OS 提供的系统调用来请求系统资源的，系统调用通过软中断（如 trap）机制进入 OS 内核，由内核来完成相应资源的分配。用户级线程是不能利用系统调用的。当线程需要系统资源时，是将该要求传送给运行时系统，由后者通过相应的系统调用来获得系统资源的。

（2）内核控制线程。

这种线程又称为轻型进程（Light Weight Process，LWP）。每一个进程都可拥有多个 LWP，同用户级线程一样，每个 LWP 都有自己的数据结构（如 TCB），其中包括线程标识符、优先级、状态，另外还有栈和局部存储区等。它们也可以共享进程所拥有的资源。LWP 可通过系统调用来获得内核提供的服务，这样，当一个用户级线程运行时，只要将它连接到一个 LWP 上，此时它便具有了内核支持线程的所有属性。这种线程实现方式就是组合方式。

在一个系统中的用户级线程数量可能很大，为了节省系统开销，不可能设置太多的 LWP，而把这些 LWP 做成一个缓冲池，称为"线程池"。用户进程中的任一用户线程都可以连接到 LWP 池中的任何一个 LWP 上。为使每一用户级线程都能利用 LWP 与内核通信，可以使多个用户级线程多路复用一个 LWP，但只有当前连接到 LWP 上的线程才能与内核通信，其余进程或者阻塞，或者等待 LWP。而每一个 LWP 都要连接到一个内核级线程上，这样，通过 LWP 可把用户级线程与内核线程连接起来，用户级线程可通过 LWP 来访问内核，但内核所看到的总是多个 LWP 而看不到用户级线程。亦即，由 LWP 实现了在内核与用户级线程之间的隔离，从而使用户级线程与内核无关。

当用户级线程不需要与内核通信时，并不需要 LWP；而当要通信时，便需借助于 LWP，而且每个要通信的用户级线程都需要一个 LWP。例如，在一个任务中，如果同时有 5 个用户级线程发出了对文件的读、写请求，这就需要有 5 个 LWP 来予以帮助，即由 LWP 将对文件的读、写请求发送给相应的内核级线程，再由后者执行具体的读、写操作。如果一个任务中只有 4 个 LWP，则只能有 4 个用户级线程的读、写请求被传送给内核线程，余下的一个用户级线程必须等待。

在内核级线程执行操作时，如果发生阻塞，则与之相连接的多个 LWP 也将随之阻塞，进而使连接到 LWP 上的用户级线程也被阻塞。如果进程中只包含了一个 LWP，此时进程也应阻塞。这种情况与前述的传统 OS 一样，在进程执行系统调用时，该进程实际上是阻塞的。但如果在一个进程中含有多个 LWP,则当一个 LWP 阻塞时,进程中的另一个 LWP 可继续执行;即使进程中的所有 LWP 全部阻塞,进程中的线程也仍然能继续执行,只是不能再去访问内核。

3.用户级线程与内核控制线程的连接

实际上,在不同的操作系统中,实现用户级线程与内核控制线程的连接有三种不同的模型:一对一模型、多对一模型和多对多模型。

(1)一对一模型。

该模型是为每一个用户线程都设置一个内核控制线程与之连接,当一个线程阻塞时,允许调度另一个线程运行。在多处理机系统中,则有多个线程并行执行。

该模型并行能力较强,但每创建一个用户线程相应地就需要创建一个内核线程,开销较大,因此需要限制整个系统的线程数。Windows 2000、Windows NT、OS/2 等系统上都实现了该模型。

(2)多对一模型。

该模型是将多个用户线程映射到一个内核控制线程,为了管理方便,这些用户线程一般属于一个进程,运行在该进程的用户空间,对这些线程的调度和管理也是在该进程的用户空间中完成。当用户线程需要访问内核时,才将其映射到一个内核控制线程上,但每次只允许一个线程进行映射。

该模型的主要优点是线程管理的开销小,效率高,但当一个线程在访问内核时发生阻塞,则整个进程都会被阻塞,而且在多处理机系统中,一个进程的多个线程无法实现并行。

(3)多对多模型。

该模型结合上述两种模型的优点,将多个用户线程映射到多个内核控制线程,内核控制线程的数目可以根据应用进程和系统的不同而变化,可以比用户线程少,也可以与之相同。

第8章 死 锁

8.1 资 源

在计算机系统中有很多独占性的资源,在任一时刻它们都只能被一个进程使用。常见的有打印机磁带以及系统内部表中的表项。打印机同时让两个进程打印将造成混乱的打印结果;两个进程同时使用同一文件系统表中的表项会引起文件系统的瘫痪。正因为如此,操作系统都具有授权一个进程(临时)排他地访问某一种资源的能力。

在很多应用中,需要一个进程排他性地访问若十种资源而不是一种。例如,有两个进程准备分别将扫描的文档记录到 CD 上。进程 A 请求使用扫描仪,并被授权使用。但进程 B 首先请求 CD 刻录机,也被授权使用。现在,A 请求使用 CD 刻录机,但该请求在 B 释放 CD 刻录机前会被拒绝。但是,进程 B 非但不放弃 CD 刻录机,而且去请求扫描仪。这时,两个进程都被阻塞,并且一直处于这样的状态。这种状况就是死锁(deadlock)。

死锁也可能发生在机器之间。例如,许多办公室中都用计算机连成局域网,扫描仪、CD 刻录机打印机和磁带机等设备也连接到局域网上,成为共享资源,供局域网中任何机器上的人和用户使用。如果这些设备可以远程保留给某一个用户(比如,在用户家里的机器使用这些设备),那么,也会发生上面描述的死锁现象。更复杂的情形会引起三个、四个或更多设备和用户发生死锁。

除了请求独占性的 I/O 设备之外,别的情况也有可能引起死锁。例如,在一个数据库系统中,为了避免竞争,可对若干记录加锁。如果进程 A 对记录 R1 加了锁,进程 B 对记录 R2 加了锁,接着,这两个进程又试图各自把对方的记录也加锁,这时也会产生死锁。所以,软件、硬件资源都有可能出现死锁。

在本章里,我们准备考察几类死锁,了解它们是如何出现的,学习防止或者避免死锁的办法。尽管我们所讨论的是操作系统环境下出现的死锁问题,但是在数据库系统和许多计算机应用环境中都可能产生死锁,所以我们所介绍的内容实际上可以应用到包含多个进程的系统中。有很多有关死锁的著作。

8.1.1 资源分类

大部分死锁都和资源相关,所以我们首先来看看资源是什么。在进程对设备、文件等取得了排他性访问权时,有可能会出现死锁。为了尽可能使关于死锁的讨论通用,我们把这类需要排他性使用的对象称为资源(resource)。资源可以是硬件设备(如磁带机)或是一组信息(如数据库中一个加锁的记录)通常在计算机中有多种(可获取的)资源。一些类型的资源会有若干个相同的实例,如三合磁带机。当某一资源有若下实例时,其中任何一个都可以用来满足对资源的请求。简单来说,资源就是随着时间的推移,必须能获得、使用以及释放的任何东西。

资源分为两类:可抢占的和不可抢占的。可抢占资源(preemptable resource)可以从拥有它的进程中抢占而不会产生任何副作用,存储器就是一类可抢占的资源。例如,一个系统拥有 256MB 的用户内存和一台打印机。如果有两个 256MB 内存的进程都想进行打印,进程 A 请求并获得了打印机,然后开始计算要打印的值。在它没有完成计算任务之前,它的时间片就已经用完并被换出。

然后,进程 B 开始运行并请求打印机,但是没有成功。这时有潜在的死锁危险。由于进程 A 拥有打印机,而进程 B 占有了内存,两个进程都缺少另外一个进程拥有的资源,所以任何一个都不能继续执行。不过,幸运的是通过把进程 B 换出内存、把进程 A 换入内存就可以实现抢占进程 B 的内存。这样,进程 A 继续运行并执行打印任务,然后释放打印机。在这个过程中不会产生死锁。

相反,不可抢占资源(nonpreemptable resource)是指在不引起相关的计算失败的情况下,无法把它从占有它的进程处抢占过来。如果一个进程已开始刻盘,突然将 CD 刻录机分配给另一个进程,那么将划坏 CD 盘。在任何时刻 CD 刻录机都是不可抢占的。

总的来说,死锁和不可抢占资源有关,有关可抢占资源的潜在死锁通常可以通过在进程之间重新分配资源而化解。所以,我们的重点放在不可抢占资源上。

使用一个资源所需要的事件顺序可以用抽象的形式表示如下。

(1)请求资源。

(2)使用资源。

(3)释放资源。

若请求时资源不可用,则请求进程被迫等待。在一些操作系统中,资源请求失败时进程会自动被阻塞,在资源可用时再唤醒它。在其他的系统中,资源请求失败会返回一个错误代码,请求的进程会等待段时间,然后重试。

当一个进程请求资源失败时,它通常会处于这样一个小循环中:请求资源—休眠—再请求。这个进程虽然没有被阻塞,但是从各角度来说,它不能做任何有价值的工作,实际和阻塞状态一样。在后面的讨论中,我们假设:如果某个进程请求资源失败,那么它就进入休眠状态。

请求资源的过程是非常依赖于系统的。在某些系统中,提供了 request 系统调用,用下允许进程资源请求。在另一些系统中,操作系统只知道资源是一些特殊文件,在任何时刻它们最多只能被一个进程打开。一般情况下,这些特殊文件用 open 调用打开。如果这些文件正在被使用,那么,发出 open 调用的进程会被阻塞,一直到文件的当前使用者关闭该文件为止。

8.1.2　资源获取

对于数据库系统中的记录这类资源,应该用户进程来管理其使用。一种允许用户管理资源的可能方法是为每一个资源配置一个信号量。这些信号量都被初始化为 1。互斥信号量也能起到相同的作用。上述的三个步骤可以实现为信号量的 down 操作来获取资源,使用资源,最后使用 up 操作来释放资源。这三个步骤如图 8 – 1(a)所示。

```
typedef int semaphore;
semaphore resource_1;
void process A(void){
    down(&resource_1);
    use_resource_1();
    up(&resource_1);
    }
```

(a)

```
typedef int semaphore;
semaphore resource_1;
semaphore resource_2;
void process_A(void){
    down(&resource_1);
    down(&resource_2);
    use_both_resources();
    up(&resource_2);
    up(&resource_1);
    }
```

(b)

图 8 - 1　使用信号量保护资源

（a）一个资源；（b）两个资源

有时候,进程需要两个或更多的资源,它们可以顺序获得,如图 8 - 1（b）所示。如果需要两个以上的资源,通常都是连续获取。

到目前为止,进程的执行不会出现问题。在只有一个进程参与时,所有的工作都可以很好地完成。当然,如果只有一个进程,就没有必要这么慎重地获取资源,因为不存在资源竞争。

现在考虑两个进程（A 和 B）以及两个资源的情况。图 8 - 2 描述了两种不同的方式。在图 8 - 2（a）中,两个进程以相同的次序请求资源;在图 8 - 2（b）中,它们以不同的次序请求资源。这种不同看似微不足道,实则不然在图 8 - 2（a）中,其中一个进程先于另一个进程获取资源。这个进程能够成功地获取第二个资源并完成它的任务。如果另一个进程想在第一个资源被释放之前获取该资源,那么它会由于资源加锁而被阻塞,直到该资源可用为止。

```
typedef int semaphore;
    semaphore resource_1;
    semaphore resource_2;
    void process_A(void){
        down(&resource_1);
        down(&resource_2);
        use_both_resources();
        up(&resource_2);
        up(&resource_1);
        }
    void process_B(void){
        down(&resource_1);
        down(&resource_2);
        use_both_resources();
        up(&resource_1);
        up(&resource_2);
        }
```

(a)

```
typedef int semaphore;
    semaphore resource_1;
    semaphore resource_2;
    void process_A(void){
        down(&resource_1);
        down(&resource_2);
        use_both_resources();
        up(&resource_2);
        up(&resource_1);
        }
    void process_B(void){
        down(&resource_1);
        down(&resource_2);
        use_both_resources();
        up(&resource_2);
        up(&resource_1);
        }
```

(b)

图 8 - 2　两种编码的情况

（a）无死锁编码；（b）有死锁编码

图 8 - 2（b）的情况就不同了。可能其中一个进程获取了两个资源并有效地阻塞了另外一个进程,直到它使用完这两个资源为止。但是,也有可能进程 A 获取了资源 1,进程 B 获

取了资源2,每个进程如果都想请求另一个资源就会被阻塞,那么,每个进程都无法继续运行,这种情况就是死锁。

这里我们可以看到一个编码风格上的细微差别(哪一个资源先获取)造成了可以执行的程序和不能执行而且无法检测错误的程序之间的差别。因为死锁是非常容易发生的,所以有很多人研究如何处理这种情况。这一章就会详细讨论死锁问题,并给出一些对策。

8.2 死锁简介

死锁的规范定义如下所述。

如果一个进程集合中的每个进程都在等待只能由该进程集合中的其他进程才能引发的事件,那么,该进程集合就是死锁的。

由于所有的进程都在等待,所以没有一个进积能引发可以唤醒该进程集合中的其他进程的事件,这样,所有的进程都只好无限期等待下去。在这一模型中,我们假设进程只含有一个线程,并且被阻塞的进程无法由中断唤醒。无中断条件使死锁的进程不能被时钟中断等唤醒,从而不能引发释放该集合中的其他进程的事件。

在大多数情况下,每个进程所等待的事件是释放该进程集合中其他进程所占有的资源。换言之,这个死锁进程集合中的每一个进程都在等待另一个死锁的进程已经占有的资源。但是由于所有进程都不能运行,它们中的任何一个都无法释放资源,所以没有一个进程可以被唤醒。进程的数量以及占有或者请求的资源数量和种类都是无关紧要的,而且无论资源是何种类型(软件或者硬件)都会发生这种结果。这种死锁称为源死锁(resource deadlock)。这是最常见的类型,但并不是唯一的类型。本节我们会详细介绍一下资源死锁,本章末再概述其他类型的死锁。

8.2.1 死锁条件

Coffman 等人总结了发生(资源)死锁的四个必要条件。

(1)互斥条件。每个资源要么已经分配给了一个进程,要么就是可用的。

(2)占有和等待条件。已经得到了某个资源的进程可以再请求新的资源。

(3)不可抢占条件。已经分配给一个进程的资源不能强制性地被抢占,它只能被占有它的进程显式地释放。

(4)环路等待条件。死锁发生时,系统中一定有由两个或两个以上的进程组成的一条环路,该环路中的每个进程都在等待着下一个进程所占有的资源。

死锁发生时,以上四个条件一定是同时满足的。如果其中任何一个条件不成立,死锁就不会发生。

值得注意的是,每一个条件都与系统的一种可选策略相关。一种资源能不时分配给不同的进程?一个进程能否在占有一个资源的同时请求另一个资源?资源能否被抢占?循环等待环路是否存在?我们在后面会看到怎样通过破坏上述条件来预防死锁。

8.2.2 死锁建模

Holt 指出如何用有向图建立上述四个条件的模型。在有向图中有两个节点:用圆形表示的进程,用方形表示的资源。从资源节点到进程节点的有向边代表该资源已被请求、授权并被进程占用。在图 8 – 3(a)中,当前资源 R 正被进程 A 占用。

由进程节点到资源节点的有向边表明当前进程正在请求该资源,并且该进程已被阻塞,处于等待该资源的状态。在图 8 – 3(b)中,进程 B 正等待着资源 S。图 8 – 3(c)说明进入了死锁状态:进程 C 等待着资源 T,资源 T 被进程 D 占用着,进程 D 又等待着由进程 C 占用着的资源 U。

这样两个进程都得等待下去。图中的环表示与这些进程和资源有关的死锁。在本例中,环是 C – T – D – U – C。

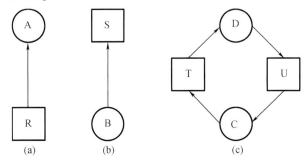

图 8 – 3　资源分配图

(a)占有资源;(b)请求资源;(c)死锁

我们再看看使用资源分配图的方法。假设有三个进程(A,B,C)及三个资源(R,S,T)。三个进程对资源的请求和释放如图 8 – 4 所示。操作系统可以随时选择任一非阻塞进程运行,所以它可选择 A 运行一直到 A 完成其所有工作,接着运行 B,最后运行 C。

上述的执行次序不会引起死锁(因为没有资源的竞争),但程序也没有任何并行性。进程在执行过程中,不仅要请求和释放资源,还要做计算成者输入输出工作。如果进程是串行运行,不会出现当个进程等待 I/O 时让另一个进程占用 CPU 进行计算的情形。因此,严格的串行操作有可能不是最优的。不过,如果所有的进程都不执行 I/O 操作,那么最短作业优先调度会比轮转调度优越,所以在这种情况下,串行运行有可能是最优的。

如果假设进程操作包含 I/O 和计算,那么轮转法是一种合适的调度算法。对资源请求的次序可能会如图 8 – 4 所示。假如按这个次序执行,图 8 – 4(a)至图 8 – 4(f)是相应的资源分配图。在出现请求后,如图 8 – 4(e)所示,进程 A 被阻塞等待 S,后续两步中的 B 和 C 也会被阻塞,结果如图 8 – 4(f)所示,产生环路并导致死锁。

不过正如前面所讨论的,并没有规定操作系统要按照某一特定的次序来运行这些进程。特别地,对于一个有可能引起死锁的资源请求,操作系统可以干脆不批准请求,并把该进程挂起(即不参与调度)一直到处于安全状态为止。在图 8 – 4 中,假设操作系统知道有引起死锁的可能,那么它可以不把资源 S 分配给 B,这样 B 被挂起。假如只运行进程 A 和 C,那么资源请求和释放的过程会如图 8 – 4 所示。这一过程的资源分配图在图 8 – 4(g)至图 8 – 4(l)中给出,其中没有死锁产生。

在第 1 步执行完后,就可以把资源 S 分配给 B 了,因为 A 已经完成,而且 C 获得了它所需要的所有资源。尽管 B 会因为请求 T 而等待,但是不会引起死锁,B 只需要等待 C 结束。

在本章后面我们将考察一个具体的算法,用以做出不会引起死锁的资源分配决策。在这里需要说明的是,资源分配图可以用作一种分析工具,考察对一给定的请求/释放的序列是否会引起死锁。只需要按照请求和释放的次序一步步进行,每一步之后都检查图中是否包括了坏路。如果有环路,那么就有死锁;反之,则没有死锁。在我们的例子中,虽然只和同一类资源有关,而且只包含一个实例,但是上面的原理完全可以推广到有多种资源并含有若干个实例的情况中去。

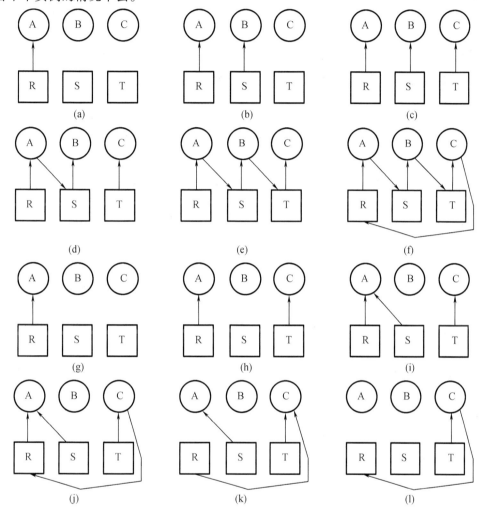

图 8-4 死锁产生的例子

总而言之,有四种处理死锁的策略。

(1)忽略该问题。也许如果你忽略它,它也会忽略你。

(2)检测死锁并恢复。让死锁发生,检测它们是否发生,一旦发生死锁,采取行动解决问题。

(3)仔细对资源进行分配,动态地避免死锁。

(4)通过破坏引起死锁的四个必要条件之一,防止死锁的产生。

最简单的解决方法是鸵鸟算法:把头埋到沙子里,假装根本没有问题发生。每个人对该方法的看法都不相同。数学家认为这种方法根本不能接受,不论代价有多大,都要彻底防止死锁的产生;工程师们想要了解死锁发生的频度、系统因各种原因崩溃的发生次数以及死锁的严重性。如果死锁平均每5年发生一次,而每个月系统都会因硬件故障、编译器错误或者操作系统故障而崩溃一次,那么大多数的工程不会以性能损失和可用性的代价去防止死锁。

为了能够让这一对比更具体,考虑如下情况的一个操作系统:当一个 open 系统调用因物理设备(例如 cd–rom 驱动程序成者打印机)忙而不能得到响应的时候,操作系统会阻塞调用该系统调用的进程。通常是由设备驱动来决定在这种情况下应该采取何种措施。显然,阻塞或者返回一个错误代码是两种选择。如果一个进程成功地打开了 cd–rom 驱动器,而另一个进程成功地打开了打印机,这时每个进程都会试图去打开另外一个设备,然后系统会阻塞这种尝试,从而发生死锁。现有系统很少能够检测到这种死锁。

8.3 死锁检测与恢复

第二种技术是死锁检测和恢复。在使用这种技术时,系统并不试图阻止死锁的产生,而是允许死锁发生,当检测到死锁发生后,采取措施进行恢复。本节我们将考察检测死锁的几种方法以及恢复死锁的几种方法。

8.3.1 单资源死锁检测

我们从最简单的例子开始,即每种类型只有一个资源。这样的系统可能有一台扫描仪、一台 CD 刻录机、一台绘图仪和一台磁带机,但每种类型的资源都不超过一个,即排除了同时有两台打印机的情况。稍后我们将用另一种方法来解决两台打印机的情况。

可以对这样的系统构造一张资源分配,如果包含了一个或一个以上的环,那么死锁就存在。在此环中的任何一个进程都是死锁进程。如果没有这样的环,系统就没有发生死锁。

我们讨论一下更复杂的情况,假设一个系统包括 A 到 G 共 7 个进程,R 到 W 共 6 种资源。资源的占有情况和进程对资源的请求情况如下。

(1)A 进程持有 R 资源,且需要 S 资源。

(2)B 进程不持有任何资源,但需要 T 资源

(3)C 进程不持有任何资源,但需要 S 资源。

(4)D 进程持有 U 资源,且需要 S 资源和 T 资源。

(5)E 进程持有 T 资源,且需要 V 资源。

(6)F 进程持有 W 资源,且需要 S 资源。

(7)G 进程持有 V 资源,且需要 U 资源。

问题是:"系统是否存在死锁? 如果存在的话,死锁涉及了哪些进程?"

要回答这一问题,我们可以构造一张资源分配图,如图 8–5(a)所示。可以直接观察到这张图中包含了几个环,图 8–5(b)所示。在这个环中,我们可以看出进程 D、E、G 已经死锁。进程 A、C、F 没有死锁,这是因为可把 S 资源分配给它们中的任一个,而且它们中的任一进程完成后都能释放 S,于是其他两个进程可依次执行,直至执行完毕(请注意,为了让这个例子更有趣,我们允许进程 D 每次请求两个资源)。

虽然通过观察一张简单的图就能够很容易地找出死锁进程,但为了实用,我们仍然需

要一个正规的算法来检测死锁。众所周知,有很多检测有向图环路的方法。下面将给出一个简单的算法,这种算法对有向图进行检测,并在发现图中有环路存在或无环路时结束。这一算法使用数据结构 L,L 代表一些节点的集合。在这一算法中,对已经检查过的弧(有向边)进行标记,以免重复检查。

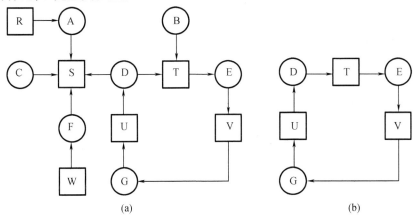

图 8 - 5 构造出的资源分配图

(a)资源分配图;(b)从(a)中抽取的环

通过执行下列步骤完成上述算法。

(1)对图中的每一个节点 N,将 N 作为起始点执行下面 5 个步骤。

(2)将 L 初始化为空表,并清除所有的有向边标记。

(3)将当前节点添加到 L 的尾部,并检测该节点是否在 L 中已出现过两次。如果是,那么该图包含了几个环(已列在 L 中),算法结束。

(4)从给定的节点开始,检测是否存没有标记的从该节点出发的弧(有向边)。如果存在的话,做第 5 步,如果不存在,跳到第 6 步。

(5)随机选取一条没有标记的从该节点出发的弧(有向边),标记它。然后顺着这条弧线找到新的当前节点,返回到第 3 步。

(6)如果这一节点是起始节点,那么表明该图不存在任何坏,算法结束。否则意味着我们走进了死胡同,所以需要移走该节点,返回到前一个节点,即当前节点前面的一个节点,并将它作为新的当前节点。同时转到第 3 步。

这一算法是依次将每一个节点作为一棵树的根节点,并进行深度优先搜索。如果再次碰到已经遇到过的节点,那么就算找到了一个环。如果从任何给定的节点出发的弧都被穷举了,那么就回溯到前面的节点。如果回溯到根,并且不能再深入下去,那么从当前节点出发的子图中就不包含任何环。如果所有的节点都是如此,那么整个图就不存在环,也就是说系统不存在死锁。

为了验证一下该算法是如何工作的,我们对图 8 - 5(a)运用该算法。算法对节点次序的要求是任意的,所以可以选择从左到右、从上到下进行检测,首先从 R 节点开始运行该算法,然后依次从 A、B、C、S、D、T、E、F 开始。如果遇到了一个环,那么算法停止。

我们先从 R 节点开始,并将 L 初始化为空表。然后将 R 添加到空表中,并移动到唯一可能的节点 A,将它添加到 L 中,变成 L = [R,A]。从 A 我们到达 S,并使 L = [R,A,S]。S 没有出发的弧,所以它是条死路,迫使我们回溯到 A。既然 A 没有任何没有标记的弧,我们再回溯到 R,从而完成了以 R 为起始点的检测。

现在我们重新以 A 为起始点启动该算法,并重置 L 为空表。这次检索也很快就结束了,所以我们又从 B 开始。从 B 节点我们顺着弧到达 D,这时 L = [B,T,E,V,G,U,D]。现在我们必须随机选择。如果选 S 点,那么走进了死胡同并回溯到 D。接着选 T 并将 L 更新为 [B,T,E,V,G,U,D,T],在这点上我们发现了环,算法结束。这种算法远不是最佳算法,但毫无疑问,该实例表明确实存在检测死锁的算法。

8.3.2　多资源死锁检测

如果有多种相同的资源存在,就需要采用另一种方法来检测死锁。现在我们提供一种基于矩阵的算法来检测从 P 到 P 这 n 个进程中的死锁。假设资源的类型数为 m,E_1 代表资源类型 1,E_2 代表资源类型 2,E_i 代表资源类型 $i(1 \leqslant i \leqslant m)$。E 是现有资源向量(existing resource vector),代表每种已存在的资源总数。

比如,如果资源类型 1 代表磁带机,那么 $E_1 = 2$ 就表示系统有两台磁带机。

在任意时刻,某些资源已被分配所以不可用。假设 A 是可用资源向量(available resource vector),那么 A_i 表示当前可供使用的资源数(即没有被分配的资源)。如果仅有的两台磁带机都已经分配出去了,那么 A_i 的值为 0。

现在我们需要两个数组:C 代表当前分配矩阵(current allocation matrix),R 代表请求矩阵(request matrix)。C 的第 i 代表 P_i 当前所持有的每一种类型资源的资源数。所以,C_{ij} 代表进程 i 所持有的资源 j 数量。同理,R_{ij} 代表 P 所需要的资源的数量。这四种数据结构如图 8 - 6 所示。

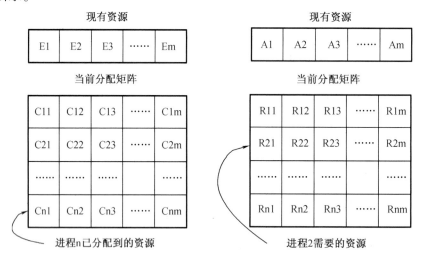

图 8 - 6　死锁检测算法所需的四种数据结构

这四种数据结构之间有一个重要的恒等式。具体地说,某种资源要么已分配要么可用。这个结论意味着:

$$\sum_{i=1}^{n} C_{ij} + A_j = E_j$$

换言之,如果我们将所有已分配的资源 j 数量加起来再和所有可供使用的资源数相加,结果就是该类资源的资源总数。

死锁检测算法就是基于向量的比较。我们定义向量 A 和向量 B 之间的关系为 A≤B 以表明 A 的每一个分量要么等于要么小于和 B 向量相对应的分量。从数学上来说,A≤B 当且仅当 A2≤BA(0≤i≤m)。

每个进程起初都是没有标记过的。算法开始会对进程做标记,进程被标记后就表明它们能够被执行,不会进入死锁。当算法结束时,任何没有标记的进程都是死锁进程。该算法假定一个最坏情形:所有的进程在退出以前都会不停地获取资源。

死锁检测算法如下所述。

(1)寻找一个没有标记的进程 P_i,对于它而言 R 矩阵的第 i 行向量小于或等于 A。

(2)如果找到了这样一个进程,那么将 C 矩阵的第 i 行向量加到 A 中,标记该进程,并转到第 1 步。

(3)如果没有这样的进程,那么算法终止。

算法结束时,所有没有标记过的进程(如果存在的话)都是死锁进程。

算法的第 1 步是寻找可以运行完毕的进程,该进程的特点是它有资源请求并且该请求可被当前的可用资源满足。这一选中的进程随后就被运行完毕,在这段时间内它释放自己持有的所有资源并将它们返回到可用资源库中。然后,这一进程被标记为完成。如果所有的进程最终都能运行完毕的话,就不存在死锁的情况。如果其中某些进程一直不能运行,那么它们就是死锁进程。虽然算法的运行过程是不确定的(因为进程可按任何行得通的次序执行),但结果总是相同的。

作为一个例子,在图 8 - 7 中展示了用该算法检测死锁的工作过程。

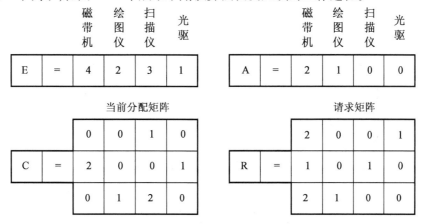

图 8 - 7 死锁检测算法的一个例子

这里我们有 3 个进程、4 种资源(可以任意地将它们标记为磁带机、绘图仪、扫描仪和 CD - ROM 驱动器)。进程 1 有一台扫描仪。进程 2 有 2 台磁带机和 1 个 cd - rom 驱动器。进程 3 有 1 个绘图仪和 2 台扫描仪。每一个进程都需要额外的资源。

要运行死锁检测算法,首先找出哪一个进程的资源请求可被满足。第 1 个不能被满足,因为没有 CD - ROM 驱动器可供使用。第 2 个也不能被满足,由于没有打印机空闲。幸运的是,第 3 个可被满足,所以进程 3 运行并最终释放它所拥有的资源,给出:

$$A = (2\ 2\ 2\ 0)$$

接下来,进程 2 也可运行并释放它所拥有的资源,给出:

$$A = (4\ 2\ 2\ 1)$$

现在剩下的进程都能够运行,所以这个系统中不存在死锁。

假设图 8 - 7 的情况有所改变。进程 2 需要 1 个 CD - ROM 驱动器、2 台磁带机和 1 台绘图仪。在这种情况下,所有的请求都不能得到满足,整个系统进入死锁。

现在我们知道了如何检测死锁(至少是在这种预先知道静态资源请求的情况下),但问题在于何时去检测它们。一种方法是每当有资源请求时去检测。毫无疑问越早发现越好,但这种方法会占用昂贵的 CPU 时间。另一种方法是每隔 k 分钟检测一次,或者当 CPU 的使用率降到某一域值时去检测。考虑到 CPU 使用效率的原因,如果死锁进程数达到一定数量,就没有多少进程可运行了,所以 CPU 会经常空闲。

8.3.3 死锁恢复

假设我们的死锁检测算法已成功地检测到了死锁,那么下一步该怎么办? 当然需要一些方法使系统重新正常工作。在本小节中,我们会讨论各种从死锁中恢复的方法,尽管这些方法看起来都不那么令人满意。

1. 利用抢占恢复

在某些情况下,可能会临时将某个资源从它的当前所有者那里转移到另一个进程。许多情况下,尤其是对运行在大型主机上的批处理操作系统来说,需要人工进行干预。

比如,要将激光打印机从它的持有进程那里拿走,管理员可以收集已打印好的文档并将其堆积在一旁。然后,该进程被挂起(标记为不可运行)。接着,打印机被分配给另一个进积。当那个进程结束后,堆在一旁的文档再被重新放回原处,原进程可重新继续工作。

在不通知原进程的情况下,将某一资源从一个进程强行取走给另一个进程使用,接着又送回,这种做法是否可行主要取决于该资源本身的特性。用这种方法恢复通常比较困难或者说不太可能。若选择挂起某个进程,则在很大程度上取决于哪一个进程拥有比较容易收回的资源。

2. 利用回滚恢复

如果系统设计人员以及主机操作员了解到死锁有可能发生,他们就可以周期性地对进程进行检查点检查(checkpointed)。进程检查点检查就是将进程的状态写入一个文件以备以后重启。该检查点中不仅包括存储映像,还包括了资源状态,即哪些资源分配给了该进程。为了使这一过程更有效,新的检查点不应覆盖原有的文件,而应写到新文件中。这样,当进程执行时,将会有一系列的检查点文件被累积起来。

一旦检测到死锁,就很容易发现需要哪些资源。为了进行恢复,要从一个较早的检查点上开始,这样拥有所需要资源的进程会回滚到一个时间点,在此时间点之前该进程获得了一些其他的资源。在该检查点后所做的所有工作都丢失(例如,检查点之后的输出必须丢弃,因为它们还会被重新输出)。实际上,是将该进程复位到一个更早的状态,那时它还没有取得所需的资源,接着就把这个资源分配给一个死锁进程。如果复位后的进程试图重新获得对该资源的控制,它就必须一直等到该资源可用时为止。

3. 通过杀死进程恢复

最直接也是最简单的解决死锁的方法是"杀死"一个或若干个进程。一种方法是"杀掉"环中的一个进程。如果走运的话,其他进程将可以继续。如果这样做行不通的话,就需要继续杀死别的进程直到打破死锁环。

另一种方法是选一个环外的进程作为牺牲品以释放该进程的资源。在使用这种方法时,选择一个要被杀死的进程要特别小心,它应该正好持有环中某些进程所需的资源。比如,一个进程可能持有一台绘图仪而需要一台打印机,而另一个进程可能持有一台打印机而需要一台绘图仪,因而这两个进程是死锁的。第三个进程可能持有另一台同样的打印机和另一台同样的绘图仪而且正在运行着。杀死第三个进程将释放这些资源,从而打破前两个进程的死锁有可能的话,最好杀死可以从头开始重新运行而且不会带来副作用的进程。比如,编译进程可以被重复运行,由于它只需要读入个源文件和产生一个标文件。如果将它中途杀死,它的第一次运行不会影响到第二次运行。

另一方面,更新数据库的进程往第二次运行时并非总是安全的。如果一个进程将数据库的某个记录加 1,那么运行它一次,将它杀死后,再次执行,就会对该记录加 2,这显然是错误的。

8.4　死锁避免

在讨论死锁检测时,我们假设当一个进程请求资源时,它一次就请求所有的资源。不过在大多数系统中,一次只请求一个资源。系统必须能够判断分配资源是否安全,并且只能在保证安全的条件下分配资源。问题是:是否存在一种算法总能做出正确的选择从而避免死锁? 答案是肯定的,但条件是必须事先获得一些特定的信息。本节我们会讨论几种死锁避免的方法。

8.4.1　资源轨迹图

避免死锁的主要算法是基于一个安全状态的概念。在描述算法前,我们先讨论有关安全的概念。通过图的方式,能更容易理解。虽然图的方式不能被直接翻译成有用的算法,但它给出了一个解决问题的直观感受。

在图 8 - 8 中,我们看到一个处理两个进程和两种资源(打印机和绘图仪)的模型。横轴表示进程 A 执行的指令,纵轴表示进程 B 执行的指令。进程 A 在 I1 处请求一台打印机,在 I3 处释放,在 I2 处请求一台绘图仪,在 I4 处释放。进程 B 在 I5 到 I7 之间需要绘图仪,在 I6 到 I8 之间需要打印机。

图 8 - 8 中的每一点都表示出两个进程的连接状态。初始点为 p,没有进程执行任何指令。如果调度程序选中 A 先运行,那么在 A 执行一段指令后到达 q,此时 B 没有执行任何指令。在 q 点,如果轨迹沿垂直方向移动,表示调度程序选中 B 运行。在单处理机情况下,所有路径都只能是水平或垂直方向的,不会出现斜向的。因此,运动方向一定是向上或向右,不会向左或向下,因为进程的执行不可能后退。

当进程 A 由 r 向移动穿过线时,它请求并获得打印机。当进程 B 到达 t 时,它请求绘图仪。图 8 - 8 中的阴影部分是我们感兴趣的,画着从左下到右上斜线的部分表示在该区域中两个进程都拼有打印机,而互斥使用的规则决定了不可能进入该区域。另一种斜线的区域表示两个进程都拥有绘图仪,且同样不可进入。

如果系统一旦进入由 I1、I2 和 I5、I6 组成的矩形区域,那么最后一定会到达 I2 和 I6 的交叉点,这时就产生死锁。在该点处,A 请求绘图仪,B 请求打印机,而且这两种资源均已被分配。这整个矩形区域都是不安全的,因此决不能进入这个区域。在点 t 处唯一的办法是运行进程 A 直到 I4,过了 I4 后,可以按任何路线前进,直到终点 u。

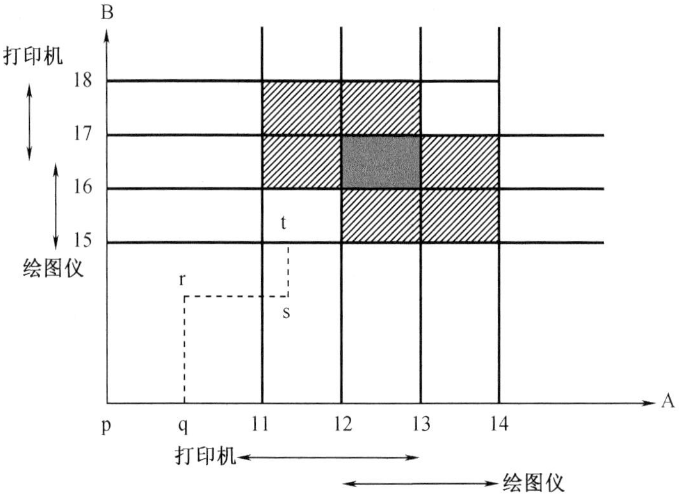

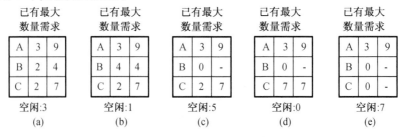

图 8 - 8   两个进程的资源轨迹图

需要注意的是,在点 t 进程 B 请求资源。系统必须决定是否分配。如果系统把资源分配给 B,系统进入不安全区域,最终形成死锁。要避免死锁,应该将 B 挂起,直到 A 请求并释放绘图仪。

8.4.2   安全状态

我们将要研究的死锁避免算法使用了图 8 - 6 中的有关信息。在任何时刻,当前状态包括了 E、A、C 和 R。如果没有死锁发生,并且即使所有进程突然请求对资源的最大需求,也仍然存在某种调度次序能够使得每一个进程运行完毕,则称该状态是安全的。通过使用一个资源的例子很容易说明这个概念。在图 8 -9(a)中 A 拥有 3 个资源实例,但最终可能会需要 9 个资源实例的状态。B 当前拥有 2 个资源实例,将来共需要 4 个资源实例。同样,C 拥有 2 个资源实例,还需要另外 5 个资源实例。总共有 10 个资源实例,其中有 7 个资源已经分配,还有 3 个资源是空闲的。

	已有	最大数量需求			已有	最大数量需求			已有	最大数量需求			已有	最大数量需求			已有	最大数量需求
A	3	9		A	3	9		A	3	9		A	3	9		A	3	9
B	2	4		B	4	4		B	0	-		B	0	-		B	0	-
C	2	7		C	2	7		C	2	7		C	7	7		C	0	-

空闲:3 　　　空闲:1 　　　空闲:5 　　　空闲:0 　　　空闲:7

(a) 　　　　(b) 　　　　(c) 　　　　(d) 　　　　(e)

图 8 - 9   资源的安全状态

图 8 -9(a)的状态是安全的,这是由于存在一个分配序列使得所有的进程都能完成。也就是说,这个方案可以单独地运行 B,直到它请求并获得另外两个资源实例,从而到达图 8 -9(b)的状态。当 B 完成后,就到达了图 8 -9(c)的状态。然后调度程序可以运行 C,再达到图 8 -9(d)的状态。当 C 完成后,达到图 8 -9(e)的状态。

现在 A 可以获得它所需要的 6 个资源实例,并且完成。这样系统通过仔细的调度,就能够避免死锁,所以图 8 - 9 的状态是安全的。

现在假设初始状态如图 8 - 10(a)所示。但这次 A 请求并得到另一个资源,如图 8 - 10 (b)所示。我们还能找到一个序列来完成所有工作吗? 我们来试一试。调度程序可以运行 B,直到 B 获得所需资源,如图 8 - 10(c)所示。

最终,进程 B 完成,状态如图 8 - 10(d)所示,此时进入困境了。只有 4 个资源实例空闲,并且所有活动进程都需要 5 个资源实例。任何分配资源实例的序列都无法保证工作的完成。于是,从图 8 - 10(a)到图 8 - 10(b)的分配方案,从安全状态进入了不安全状态。从图 8 - 10(c)的状态出发运行进程 A 或 C 也都不行。回过头来再看,A 的请求不应该满足。

值得注意的是,不安全状态并不是死锁。从图 8 - 10(b)出发,系统能运行一段时间。实际上,甚至有一个进程能够完成。而且,在 A 请求其他资源实例前,A 可能先释放一个资源实例,这就可以让 C 先完成,从而避免了死锁。因而,安全状态和不安全状态的区别是:从安全状态出发,系统能够保证所有进程都能完成;而从不安全状态出发,就没有这样的保证。

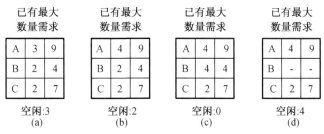

图 8 - 10　资源的不安全状态

8.4.3　单资源银行家算法

Dijkstra 提出了一种能够避免死锁的调度算法,称为银行家算法(banker's algorithm),这是之前给出的死锁检测算法的扩展。该模型基于一个小城镇的银行家,他向一群客户分别承诺了一定的贷款额度。算法要做的是判断对请求的满足是否会导致进入不安全状态。如果是,就拒绝请求;如果满足请求后系统仍然是安全的,就予以分配。在图 8 - 11(a)中我们看到 4 个客户 A、B、C、D,每个客户都被授予一定数量的货款单位(比如 1 单位是 1 000 美元),银行家知道不可能所有客户同时都需要最大贷款额,所以他只保留 10 个单位而不是 22 个单位的资金来为客户服务。这里将客户比作进程,贷款单位比作资源,银行家比作操作系统。

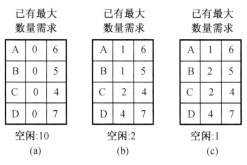

图 8 - 11　三种资源分配状态

客户们各自做生意,在某些时刻需要贷款(相当于请求资源)。在某一时刻,具体情况如图8-11(b)所示。这个状态是安全的,由于保留着2个单位,银行家能够拖延除了C以外的其他请求。因而可以让C先完成,然后释放C所占的4个单位资源。有了这4个单位资源,银行家就可以给D或B分配所需的贷款单位,以此类推。

考虑假如向B提供了另一个他所请求的货款单位,如图8-11(b)所示,那么我们就有如图8-11(c)所示的状态,该状态是不安全的。如果忽然所有的客户都请求最大的限额,而银行家无法满足其中任何一个的要求,那么就会产生死锁。不安全状态并不一定引起死锁,由于客户不一定需要其最大贷款额度,但银行家不敢报这种侥幸心理。

银行家算法就是对每一个请求进行检查,检查如果满足这一请求是否会达到安全状态。若是,那么就满足该请求,若否,那么就推迟对这一请求的满足。为了看状态是否安全,银行家看他是否有足够的资源满足某一个客户。如果可以,那么这笔投资认为是能够收回的,并且接着检查最接近最大限额的一个客户,以此类推。如果所有投资最终都被收回,那么该状态是安全的,最初的请求可以批准。

8.4.4　多资源银行家算法

可以把银行家算法进行推广以处理多个资源。图8-12说明了多个资源的银行家算法如何工作在图8-12中我们看到两个矩阵。左边的矩阵显示出为5个进程分别已分配的各种资源数,右边的矩阵显示了使各进程完成运行所需的各种资源数。这些矩阵就是图8-6中的C和R。和一个资源的情况一样,各进程在执行前给出其所需的全部资源量,所以在系统的每一步中都可以计算出右边的矩阵。

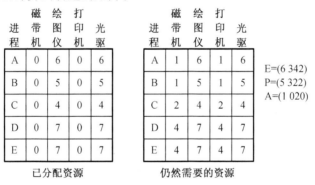

图8-12　多个资源的银行家算法

图8-12最右边的三个向量分别表示现有资源E、已分配资源P和可用资源A。由E可知系统中共有6台磁带机、3台绘图仪、4台打印机和2台CD-ROM驱动器。由P可知当前已分配了5台磁带机、3台绘图仪、2台打印机和2台CD-ROM驱动器。该向量可通过将左边矩阵的各列相加获得,可用资源向量可通过从现有资源中减去已分配资源获得。

检查一个状态是否安全的算法如下所述。

(1)查找右边矩阵中是否有一行,其没有被满足的资源数均小于或等于A。如果不存在这样的行,那么系统将会死锁,因为任何进程都无法运行结束(假定进程会一直占有资源直到它们终止为止)。

(2)假若找到这样一行,那么可以假设它获得所需的资源并运行结束,将该进程标记为终止,并将其资源加到向量 A 上。

(3)重复以上两步,或者直到所有的进程都标记为终止,其初始状态是安全的;或者所有进程的资源需求都得不到满足,此时就是发生了死锁。

如果在第 1 步中同时有若干进程均符合条件,那么不管挑选哪一个运行都没有关系,因为可用资源或者会增多,或者至少保持不变。

图 8 – 12 中所示的状态是安全的,若进程 B 现在再请求一台打印机,可以满足它的请求,因为所得系统状态仍然是安全的(进程 D 可以结束,然后是 A 或 E 结束,剩 F 的进程相继结束)。

假设进程 B 获得两台可用打印机中的一台以后,E 试图获得最后一台打印机,假若分配给 E,可用资源向量会减到(1000),这时会引起死锁。显然 E 的请求不能立即满足,必须延迟一段时间。

银行家算法最早由 Dijkstra 发表。从那之后几乎每本操作系统的专著都详细地描述它,很多论文的内容也围绕该算法讨论了它的不同方面。但很少有作者指出该算法虽然很有意义但缺乏实用价值,因为很少有进程能够在运行前就知道其所需资源的最大值。而且进程数也不是固定的,往往在不断地变化(如新用户的登录或退出),况且原本可用的资源也可能突然间变成不可用(如磁带机可能会坏掉)。因此,在实际中,如果有,也只有极少的系统使用银行家算法来避免死锁。

8.5 死锁预防

通过前面的学习我们知道,死锁避免从本质上来说是不可能的,因为它需要获知未来的请求,而这些请求是不可知的。那么实际的系统又是如何避免死锁的呢? 我们回顾 Coffman 等人所述的四个条件,看是否能发现线索。如果能够保证四个条件中至少有一个不成立,那么死锁将不会产生。

8.5.1 破坏互斥条件

先考虑破坏互斥使用条件。如果资源不被一个进程所独占,那么死锁肯定不会产生。当然,允许两个进程同时使用打印机会造成混乱,通过采用假脱机打印机(spooling printer)技术可以允许若干个进程同时产生输出。该模型中唯一真正请求使用物理打印机的进程是打印机守护进程,由于守护进程决不会请求别的资源,所以不会因打印机而产生死锁。

假设守护进程被设计为在所有输出进入假脱机之前就开始打印,那么如果一个输出进程在头一轮打印之后决定等待几个小时,打印机就可能空置。为了避免这种现象,一般将守护进程设计成在完整的输出文件就绪后才开始打印。例如,若两个进程分别占用了可用的假脱机磁盘空间的一半用于输出,而任何一个也没有能够完成输出,那么会怎样? 在这种情形下,就会有两个进程,其中每一个都完成了部分的输出,但不是它们的全部输出,于是无法继续进行下去。没有一个进程能够完成,结果在磁盘上出现了死锁。

不过,有一个小思路是经常可适用的。那就是,避免分配那些不是绝对必需的资源,尽量做到尽可能少的进程可以真正请求资源。

8.5.2 破坏占有并等待

Coffman 等表述的第二个条件似乎更有希望。只要禁止已持有资源的进程再等待其他资源便可以消除死锁。一种实现方法是规定所有进程在开始执行前请求所需的全部资源。如果所需的全部资源可用,那么就将它们分配给这个进程,于是该进程肯定能够运行结束。如果有一个或多个资源正被使用,那么就不进行分配,进程等待。

这种方法的一个直接问题是很多进程直到运行时才知道它需要多少资源。实际上,如果进程能够知道它需要多少资源,就可以使用银行家算法。另一个问题是这种方法的资源利用率不是最优的。例如,有一个进程先从输入磁带上读取数据,进行一小时的分析,最后会写到输出磁带上,同时会在绘图仪上绘出。如果所有资源都必须提前请求,这个进程就会把输出磁带机和绘图仪控制住一小时。

不过,一些大型机处理系统要求用户在所提交的作业的第一行列出它们需要多少资源。然后,系统立即分配所需的全部资源,并且直到作业完成才回收资源。虽然这加重了编程人员的负担,也造成了资源的浪费,但这的确防止了死锁。

另一种破坏占有和等待条件的略有不同的方案是,要求当一个进程请求资源时,先暂时释放其当前占用的所有资源,然后再尝试一次获得所需的全部资源。

8.5.3 破坏不可抢占条件

破坏第三个条件(不可抢占)也是可能的。假若一个进程已分配到一台打印机,且正在进行打印输出,如果由于它需要的绘图仪无法获得而强制性地把它占有的打印机抢占掉,会引起一片混乱。但是,些资源可以通过虚拟化的方式来避免发生这样的情况。假脱机打印机向磁盘输出,并且只允许打印机守护进程访问真正的物理打印机,这种方式可以消除涉及打印机的死锁,然而却可能带来由磁盘空间导致的死锁。但是对于大容量磁盘,要消耗完所有的磁盘空间一般是不可能的。

然而,并不是所有的资源都可以进行类似的虚拟化。例如,数据库中的记录或者操作系统中的表都必须被锁定,因此存在出现死锁的可能。

8.5.4 破坏环路等待条件

现在只剩下一个条件了。消除环路等待有几种方法。一种是保证每一个进程在任何时刻只能占用个资源,如果要请求另外一个资源,它必须先释放第一个资源。但假若进程正在把一个大文件从磁带机上读入并送到打印机打印,那么这种限制是不可接受的。

另一种避免出现环路等待的方法是将所有资源统一编号,如图 8 – 13(a)所示。现在的规则是:进程可以在任何时刻提出资源请求,但是所有请求必须按照资源编号的顺序(升序)提出。进程可以先请求打印机后请求磁带机,但不可以先请求绘图仪后请求打印机。

若按此规则,资源分配图中肯定不会出现环。让我们看看在有两个进程的情形下为何可行,参看图 8 – 13(b)。只有在 A 请求资源 j 且 B 请求资源 i 情况下会产生死锁。假设 i 和是不同的资源,它们会具有不同的编号。若 i > j,那么 A 不允许请求 j,因为这个编号小于 A 已有资源的编号;若 i < j,那么 B 不允许请求 i,因为这个编号小于 B 已有资源的编号。不论哪种情况都不可能产生死锁。

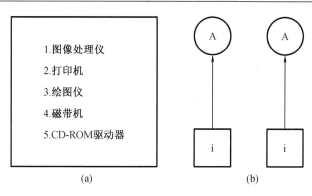

图 8 - 13　对资源排序编号和资源分配图

对于多于两个进程的情况,同样的逻辑依然成立。在任何时候,总有一个已分配的资源是编号最高的。占用该资源的进程不可能请求其他已分配的各种资源。它或者会执行完毕,或者最坏的情形是去请求编号更高的资源,而编号更高的资源肯定是可用的。最终,它会结束并释放所有资源,这时其他占有最高编号资源的进程也可以执行完。简言之,存在一种所有进程都可以执行完毕的情景,所以不会产生死锁。

该算法的一个变种是摈弃必须按升序请求资源的限制,而仅仅要求不允许进程请求比当前所占有资源编号低的资源。所以,若一个进程起初请求 9 号和 10 号资源,而随后释放两者,那么它实际上相当于从头开始,所以没有必要阻止它现在请求 1 号资源。

尽管对资源编号的方法消除了死锁的问题,但几乎找不出一种使每个人都满意的编号次序。当资源包括进程表项、假脱机磁盘空间、加锁的数据库记录及其他抽象资源时,潜在的资源及各种不同用途的数目会变得很大,以至于使编号方法根本无法使用。

8.6　其他问题

在本节中,我们会讨论一些和死锁相关的问题,包括两阶段加锁、通信死锁、活锁和饥饿。

8.6.1　两阶段加锁

虽然在一般情况下避免死锁和预防死锁并不是很有希望,但是在一些特殊的应用方面,有很多卓越的专用算法。例如,在很多数据库系统中,一个经常发生的操作是请求锁住一些记录,然后更新所有锁住的记录。当同时有多个进程运行时,就有出现死锁的危险。

常用的方法是两阶段加锁(two - phase lockin)。在第一阶段,进程试图对所有所需的记录进行加锁,一次锁一个记录。如果第一阶段加锁成功,就开始第二阶段,完成更新然后释放锁。在第一阶段并没有做实际的工作。

如果在第一阶段某个进程需要的记录已经被加锁,那么该进程释放它所有加锁的记录,然后重新开始第一阶段。从某种意义上说,这种方法类似于提前或者至少是未实施一些不可逆的操作之前请求所有资源。在两阶段加锁的一些版本中,如果在第一阶段遇到了已加锁的记录,并不会释放锁然后重新开始,这就可能产生死锁。

不过,在一般意义下,这种策略并不通用。例如,在实时系统和进程控制系统中,由于一个进程缺少一个可用资源就半途中断它,并重新开始该进程,这是不可接受的。如果一个进程已经在网络上读写消息、更新文件或从事任何不能安全地重复做的事,那么重新运行进程也是不可接受的。只有当程序员仔细地安排了程序,使得在第一阶段程序可以在任意一点停下来,并重新开始而不会产生错误,这时这个算法才可行。但很多应用并不能按这种方式来设计。

8.6.2　通信死锁

到目前为止,我们所有的工作都着眼于资源死锁。一个进程需要使用另外一个进程拥有的资源,因此必须等待直至该进程停止使用这些资源。有时资源是硬件或者软件,比如说 cd-rom 驱动器或者数据库记录,但是有时它们更加抽象。在图 8-2 中,可以看到当资源互斥时发生的资源死锁。这比 cd-rom 驱动器更抽象一点,但是在这个例子中,每个进程都成功调用一个资源(互斥锁之一)而且死锁的进程尝试去调用另外的资源(另一个互斥锁)。这种情况是典型的资源死锁。

然而,正如我们在本章开始提到的,资源死锁是最普遍的一种类型,但不是唯一的。另一种死锁发生在通信系统中(比如说网络),即两个或两个以上进程利用发送信息来通信时。一种普遍的情形是进程 A 向进程 B 发送请求信息,然后阻塞直至 B 回复。假设请求信息丢失,A 将阻塞以等待回复,而 B 会阻塞等待一个向其发送命令的请求,因此发生死锁。

仅仅如此并非经典的资源死锁。A 没有占有 B 所需的资源,反之亦然。事实上,并没有完全可见的资源。但是,根据标准的定义,在一系列进程中,每个进程因为等待另外一个进程引发的事件而产生阻塞,这就是一种死锁。相比于更加常见的资源死锁,我们把上面这种情况叫作通信死锁(communication deadlock)。

通信死锁不能通过对资源排序(因为没有)或者通过仔细地安排调度来避免(因为任何时刻的请求都是不被允许延迟的)。幸运的是,另外一种技术通常可以用来中断通信死锁。在大多数网络通信系统中,只要一个信息被发送至一个特定的地方,并等待其返回一个预期的回复,发送者就同时启动计时器。若计时器在回复到达前计时就停止了,则信息的发送者可以认定信息已经丢失,并重新发送(如果需要,则一直重复)。通过这种方式,可以避免死锁。

当然,如果原始信息没有丢失,而仅仅是回复延时,接收者可能收到两次或者更多次信息,甚至导致意想不到的结果。想象电子银行系统中包含付款说明的信息。很明显,不应该仅仅因为网速缓慢或者超时设定太短,就重复(并执行)多次。应该将通信规则——通常称为协议(protocol)——设计为让所有事情都正确,这是一个复杂的课题,超出了本书的范围。

并非所有在通信系统或者网络发生的死锁都是通信死锁。资源死锁也会发生,如图 8-14 中的网络。这张图是因特网的简化图(极其简化)。因特网由两类计算机组成:主机和路由器。主机(host)是一台用户计算机,可以是某人家里的 PC 机、公司的个人计算机,也可能是一个共享服务器,主机由人来操作。路由器(router)是专用的通信计算机,将数据包从源发送至目的地。每台主机都连接一个或更多的路由器,可以用一条 DSL 线、有线电视连接、局域网、拨号线路、无线网络、光纤等来连接。

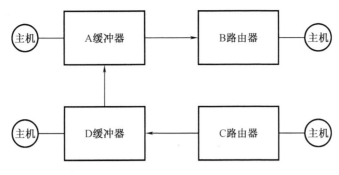

图 8 – 14   一个网络中的资源死锁

当一个数据包从一个主机进入路由器时,它被放入一个缓冲器中,然后传输到另外一个路图 8 – 14 一个网络中的资源死锁由器,再到另一个,直至目的地。这些缓冲器都是资源并且数目有限。在图 8 – 14 中,每个路由器都有 8 个缓冲器(实际应用中有数以百万计,但是并不能改变潜在死锁的本质,只是改变了它的频率)。假设路由器 A 的所有数据包需要发送到 B,B 的所有数据包需要发送到 C,C 的所有数据包需要发送到 D,然后 D 的所有数据包需要发送到 A。那么没有数据包可以移动,因为在另一端没有缓冲器。这就是一个典型的资源死锁,尽管它发生在通信系统中。

8.6.3   活锁

在某种情形下,轮询(忙等待)可用于进入临界区或存取资源。采用这一策略的主要原因是,相比所做的工作而言,互斥的时间很短而挂起等待的时间开销很大。考虑一个原语、通过该原语,调用进程测试一个互斥信号量,然后或者得到该信号量或者返回失败信息。

现在假设有一对进程使用两种资源,如图 8 – 15 所示。每个进程需要两种资源,它们利用轮询原语 enter_region 去尝试取得必要的锁,如果尝试失败,则该进程继续尝试。在图 8 – 15 中,如果进程 A 先运行并得到资源 1,然后进程 2 运行并得到资源 2,以后不管哪一个进程运行,都不会有任何进展,但是哪一个进程也没有被阻塞。结果是两个进程总是一再消耗完分配给它们的 CPU 配额,但是没有进展也没有阻塞。因此,没有出现死锁现象(因为没有进程阻塞),但是从现象上看好像死锁发生了,这就是活锁(livelock)。

```
void process_Avoid){
    enter_region(&resource_1);
    enter_region(&resource_2);
    use_both_resources();
    leave_region(&resource_2);
    leave_region(&resource_1);
    }
void process_(void){
    enter_region(&resource_2);
    enter_region(&resource_1);
    use_both_resources();
    leave_region(&resource_1);
    leave_region(&resource_2);
    }
```

图 8 – 15   忙等待可能导致活锁

活锁也经常出人意料地产生。在一些系统中,进程表中容纳的进程数决定了系统允许的如图 8－15 所示忙等待可能导致活锁大进程数量,因此进程表属于有限的资源。如果由于进程表满了而导致一次 fork 运行失败,那么一个合理的方法是:该程序等待一段随机长的时间,然后再次尝试运行 fork。

现在假设一个 UNIX 系统有 100 个进程槽,10 个程序正在运行,每个程序需要创建 12 个(子)进程。在每个进程创建了 9 个进程后,10 个源进程和 90 个新的进程就已经占满了进程表。10 个源进程此时便进入了死锁——不停地进行分支循环和运行失败。发生这种情况的可能性是极小的,但是,这是可能发生的! 我们是否应该放弃进程以及 fork 调用来消除这个问题呢?

限制打开文件的最大数量与限制索引节点表的大小的方式很相像,因此,当它被完全占用的时候,也会出现相似的问题。硬盘上的交换空间是另一个有限的资源。事实上,几乎操作系统中的每种表都代表了一种有限的资源。如果有 n 个进程,每个进程都中请了 1/n 的资源,然后每一个又试图申请更多的资源,这种情况下我们是不是应该禁掉所有的呢? 也许这不是一个好主意。

大多数的操作系统(包括 UNIX 和 Windows)都忽略了一个问题,即比起限制所有用户去使用一个进程、一个打开的文件或任意一种资源来说,大多数用户可能更愿意选择一次偶然的活锁(或者甚至是死锁)。如果这些问题能够免费消除,那就不会有争论。但问题是代价非常高,因而几乎都是给进程加上不便的限制来处理。因此我们面对的问题是从便捷性和正确性中做出取舍,以及一系列关于哪个更重要、对谁更重要的争论。

值得一提的是,一些人对饥饿(缺乏资源)和死锁并不做区分,因为在两种情况下都没有下一步操作了。还有些人认为它们从根本上不同,因为可以很轻易地编写一个进程,让它做某个操作 n 次,并且如果它们都失败了,再试试其他的就可以了。一个阻塞的进程就没有那样的选择了。

8.6.4　饥饿

与死锁和活锁非常相似的一个问题是饥饿(starvation)。在动态运行的系统中,在任何时刻都可能请求资源。这就需要一些策略来决定在什么时候谁获得什么资源。虽然这个策略表面上很有道理,但依然有可能使一些进程永远得不到服务,虽然它们并不是死锁进程。

作为一个例子,考虑打印机分配。设想系统采用某种算法来保证打印机分配不产生死锁。现在假设若干进程同时都请求打印机,究竟哪一个进程能获得打印机呢?

一个可能的分配方案是把打印机分配给打印最小文件的进程(假设这个信息可知)。这个方法让尽量多的顾客满意,并且看起来很公平。我们考虑下面的情况:在一个繁忙的系统中,有一个进程有一个很大的文件要打印,每当打印机空闲,系统纵观所有进程,并把打印机分配给打印最小文件的进程。如果存在一个固定的进程流,其中的进程都是只打印小文件,那么,要打印大文件的进程永远也得不到打印机。很简单,它会"饥饿而死"(无限制地推后,尽管它没有被阻塞)。

饥饿可以通过先来先服务资源分配策略来避免。在这种机制下,等待最久的进程会是下一个被调度的进程。随着时间的推移,所有进程都会变成最老的,因而,最终能够获得资源而完成。

第9章　计算机操作系统实验

9.1　Linux 操作系统基本命令

9.1.1　实验目的

(1)了解 Linux 运行环境,熟悉交互式分时系统、多用户环境的运行机制。

(2)练习 Linux 系统命令接口的使用,学会 Linux 基本命令、后台命令、管道命令等命令的操作要点。

9.1.2　实验准备

复习操作系统中相关的用户接口概念。

查阅 Linux 中 Shell 资料,它既是一个命令解释程序,又是一个程序设计语言。

9.1.3　实验内容

通过终端或虚拟终端,在基于字符的交互界面中进行 Shell 基本命令的操作。

9.1.4　实验步骤

(1)登录进入 Linux 命令操作界面。

(2)使用主机终端的用户可以用 < Alt + F1 >、< Alt + F2 >、…、< Alt + F6 > 切换屏幕,转换到其他虚拟终端,试着再登录进入系统,以实现多个用户同时登录到同一台计算机。

(3)执行以下各类命令,熟悉 Linux 用户命令接口。

查看信息命令:

[1] man[命令] 显示联机手册

[2] [命令]——help 显示联机帮助

[3] pwd 显示当前目录

[4] date 显示系统日期和时间

[5] who 查看当前注册到系统的每个用户的信息

[6] who am I 显示本用户信息

[7] w[选项][用户名] 显示目前注册的用户及用户正在运行的命令

[8] id[用户名] 显示用户名与用户 id、组名与组 id

[9] cal[月][年] 查看日历

[10] env 显示环境变量

［11］vmstat 或 top 显示系统状态

［12］clear 清除屏幕

操作：

①执行 pwd 看看当前目录。

②用 who am i 看看当前用户信息。

③通过 who 看看有谁在系统中。

④通用 vmstat 显示系统状态。

思考：你的用户名、用户标识、组名、组标识是什么？当前你处在系统的哪个位置中？现在有哪些用户和你一块儿共享系统。

文件操作命令：

［1］cat［＞］文件名 显示或创建一个文件

［2］more［文件名］分页浏览文件

［3］head［－显示行数］文件名 显示文件头部

［4］tail［＋起始行数］文件名 或 tail［－起始行数］文件名 显示文件尾部

［5］cp［选项］源文件 目标文件 复制文件

［6］ln 文件名 新文件名 文件链接

［7］mv［选项］源文件 目标文件 移动或重命名文件

［8］rm［选项］文件名|目录名 删除文件

［9］fnd 目录［条件］［操作］查找文件

提示：先用 cat 命令建立一个文件,然后用它进行其他目录操作和文件操作。

操作：

①执行 cat＞＞mytext. txt。

通过键盘输入些信息,用 ctrl＋c 结束,建立文件 mytext. txt。"＞"是个重定向命令。

②执行 cat mytext. txt。

显示文件内容。

③执行 In mytext. txt mytext2 dat（建立链接）。

cat mytext2. dat（看到了吗？其中的内容是否与 mytext. txt 相同？）

④执行 ls －l mytext?. * 。

显示文件目录,注意 i 节点号,链接计数。

思考：文件链接是什么意思？有什么作用？

目录操作

［1］ls［选项］［文件名 － － －］列目录

［2］cd 目录名 改变当前目录

［3］mkdir［－m 存取控制模式］目录名 创建目录

［4］rmdir 目录名 删除目录

说明：①列目录操作通过选项设置显示方式。②若省略存取控制模式,则默认为 0755,即文件主有全部权限,同组人和其他人可读与执行;否则用一位八进制数说明模式。

操作：

①执行 ls －1。

看看当前目录的内容,请特别注意文件类型、文件的存取控制权限、i 节点号、文件属主、文件属组、文件大小、建立日期等信息。

②执行cd /lib。

　　　　ls　-l|more

看看/lib 目录的内容,这里都是系统函数。再看看/etc,这里都是系统配置用的数据文件;/bin 中是可执行程序;/home 下包括了个用户主目录。

思考:Linux 文件类型有哪几种? 文件的存取控制模式如何描述?

修改文件属性:

〔1〕chown 用户名 文件名 改变文件的所有者

〔2〕chgrp 组名 文件名 改变文件的组标识

〔3〕chmod 访问模式 文件名|目录名 改变文件权限

操作:

①执行 chmod 751 mytext. txt。

存取控制模式的表示可用八进制或字符表示。

ls - l mytext. txt (查看文件 mytext. txt 的存取控制权限。)

②执行 chown stud090 mytext. txt 修改文件所有者为 stud090。

思考:执行了上述操作后,若想再修该文件,看能不能执行。为什么?

3. 熟悉进程概念,进程通信中的软中断信号概念。执行以下进程管理命令。

进程管理命令:

〔1〕ps〔选项〕报告进程状态

〔2〕kill〔-信号〕进程号(传送信号给指定进程)传送信号给当前运行的进程

kill -l (显示信号数和信号名表)

〔3〕wait n 等待进程完成

〔4〕sleep n 挂起一段时间

操作:

①执行 ps - ef。

根据进程管理命令选项,查看当前系统中各个进程的信息。特别注意进程号、父进程号、属主等内容。

②执行 wait 和 slep 命令。

思考:系统如何管理系统中的多个进程? 进程的家族关系是怎样体现的? 有什么用?

信息传递操作:

〔1〕talk 用户名〔终端名〕与其他用户建立对话

〔2〕write 用户名〔终端〕向其他用户发终端信息

〔3〕mesg〔y|n〕允许或然止其他用户发信息到本终端

〔4〕wall〔信息〕给所有现在登录系统的用户发广播

9.1.5　讨论

(1)Linux 系统命令很多,在手头资料不全时,如何查看命令格式?

(2)Linux 系统用什么方式管理多个用户操作? 如何管理用户文件,隔离用户空间? 用命令及结果举例说明。

(3)用什么方式查看你的进程的管理参数? 这些参数怎样体现父子关系? 当结束一个

父进程后其子进程如何处理？用命令及结果举例说明。

（4）Linux 系统"文件"的含义是什么？它的文件有几种类型？如何标识的？

（5）Linux 系统的可执行命令主要放在什么地方？找出你的计算机中所有存放系统的可执行命令的目录位置。

（6）Linux 系统的设备是如何管理的？在什么地方可以找到描述设备的信息？

（7）画出 Linux 根文件系统的框架结构。描述各目录的主要作用。你的用户主目录在哪里？

（8）Linux 系统的 Shell 是什么？请查找这方面的资料，说明不同版本的 Shell 特点。

（9）下面每一项说明的是哪类文件。

① – rwxrw – r – –　　　②/bin　　　③ttyx3　　　④brw – rw – rw –

⑤/etc/passwd　　　⑥crw – rw – rw　　　⑦/usr/lib　　　⑧Linux

9.2　用户界面与 Shell 命令

9.2.1　实验要求

（1）掌握图形化用户界面和字符界面下使用 Shell 命令的方法。

（2）掌握 ls、cd 等 Shell 命令的功能。

（3）掌握重定向、管道、通配符、历史记录等的使用方法。

（4）掌握手工启动图形化用户界面的设置方法。

9.2.2　实验内容

图形化用户界面（GNOME 和 KDE）下用户操作非常简单而直观，但是到目前为止图形化用户界面还不能完成所有的操作任务。

字符界面占用资源少，启动迅速，对于有经验的管理员而言，字符界面下使用 Shell 命令更为直接高效。

Shell 命令是 Linux 操作系统的灵魂，灵活运用 Shell 命令可完成操作系统所有的工作。并且类 UNIX 的操作系统在 Shell 命令方面具有高度相似性。熟悉掌握 Shell 命令，不仅有助于掌握 RHEL Server 5，而且几乎有助于掌握各发行版本的 Linux，甚至 UNIX。

RHEL Server 5 中不仅可在字符界面下使用 Shell 命令，还可以借助于桌面环境下的终端工其使用 Shell 命令。桌面的终端工具中使用 Shell 命令时可显示中文，而字符界面下显示英文。

1. 图形化用户界面下的 Shell 命令操作

【操作要求 1】显示系统时间，并将系统时间修改为 2017 年 9 月 17 日零点。

【操作步骤】

（1）启动计算机，以超级用户身份登录图形化用户界面。

（2）依次单击顶部面板的［应用程序］菜单 = >［附件］= >［终端］，打开桌面环境下的终端工具。

（3）输入命令"date"，显示系统的当前日期和时间。

（4）输入命令"date091700002011"，屏幕显示新修改的系统时间。在桌面环境的终端中执行时显示中文提示信息。

【操作要求 2】切换为普通用户，查看 2017 年 9 月 17 日是星期几。

【操作步骤】

（1）前一操作是以超级用户身份进行的，但通常情况下只有在必须使用超级用户权限的时候，才以超级用户身份操作。为提高操作安全性，输入"su – helen"命令切换为普通用户 helen。

（2）输入命令"cal2011"，屏幕上显示出！2017 年的日历，中此可知 2017 年 9 月 17 日是星期几。

【操作要求 3】查看 ls 命令的 – s 选项的帮助信息。

【操作步骤】

方法一：

（1）输入" man ls"命令，屏幕显示出手册页中 ls 命令相关帮助信息的第一页，介绍 ls 命令的含义、语法结构，以及 – a、– A、– b 和 – B 等选项的意义。

（2）使用 PgDn 键、PgUp 键以及上、下方向键找到 – s 选项的说明信息。

（3）由此可知，ls 命令的 – s 选项等同于 – – size 选项，以文件块为单位显示文件和目录的大小。

（4）在屏幕上的"："后输入"q"，退出 ls 命令的手册页帮助信息。

方法二：

（1）输入命令"ls – – help"，屏幕显示中文的帮助信息。

（2）拖动滚动条，找到 – s 选项的说明信息，由此可知 ls 命令的 – s 选项等同于 – – size 选项，以文件块为单位列出所有文件的大小。

（3）在屏幕上的"："后输入"q"，退出 ls 命令的手册页帮助信息。

【操作要求 4】查看/etc 目录下所有文件和了目录的详细信息。

【操作步骤】

（1）输入命令"cd/etc"，切换到/etc 目录。

（2）输入命令"ls – al"，显示/etc 目录下所有文件和子目录的详细信息。

2. 字符界而下的 Shell 命令操作

包括 RHEL Server 5 在内的 Linux 系统都具有虚拟终端。虚拟终端为用户提供多个互不干扰、独立工作的工作界面，并且在不同的工作界面可用不同的用户身份登录。也就是说虽然用户只面对个显示器，但可以切换到多个虚拟终端，好像在使用多个显示器。

RHEL Server 5 具有 7 个虚拟终端，其中第 1 个至第 6 个为字符界面；而第 7 个为图形化用户界面，必须启动图形化用户界面时才存在。各虚拟终端的切换方法为：

从字符界而的虚拟终端到其他虚拟终端：Alt + F1 ~ Alt + F7

从图形化用户界面到字符界面：Ctrl + Alt + F1 ~ Ctrl + Alt + F6

【操作要求 1】查看当前目录

【操作步骤】

（1）启动计算机后默认会启动图形化用户界面，按下 Ctrl + Alt + F1 键切换到第 1 个虚拟终端。

(2)输入一个普通用户的用户名(helen)和口令,登录系统。字符界面下输入口令时,屏幕上不会出现类似"＊"的信息,提高了口令的安全性。

(3)输入命令"pwd",显示当前目录,相关操作参见如下内容。

```
Red hat Enterprise Linux Server release 5 (Tikanga)
Kernel 2.6,18 - 8,e15 on an i386
localhost login: helen
Password:
Last login: Tue Nov 2017: 28:42 on tty1
/home/helen
```

虚拟终端未登录时显示的第一行信息表示当前使用的 Linux 的发行版本是 Red hat Enterprise Linux Server,版本号为 5,又名 Tikanga。第二行信息显示 Linux 内核版本是 2.6. 18 - 8. e15,以及本机的 CPU 型号是 i686(Linux 将 Intel 奔腾以上级别的 CPU 都表为 i686)。第三行信息显示本机默认的主机名 localhost。

成功登录系统后,还会显示该用户账号上次登录系统的时间以及登录的终端号。

【操作要求 2】用 cat 命令在用户主目录下创建一名为 fl 的文木文件,内容为:

Linux is useful for us all.

You can never imga ine how greal it is.

【操作步骤】

(1)输入命令"cat > fl",屏幕上输入点光标闪烁,依次输入上述内容使用 cat 命令进行输入时,不能使用左右上下方向键,只能用退格键(BackSpace)来删除光标前一位置的字符。并且一旦按下回车键,该行输入的字符就不可修改。

(2)上述内容输入后,按 Enter 键,让光标处上输入内容的下一行,按 Ctrl + D 键结束输入。

(3)要查看文件是否生成,输入命令"ls"即可。

(4)输入命令"cat fl",查看 fl 文件的内容,相关操作参见如下内容。

```
[helen@ localhost ~] $ cat >fl
Linux is useful for us all.
You can never imagine how great it is.
[helen@ localhost ~] $ ls
Desktop fl
[helen@ localhost ~] $ cat fl
Linux is useful for us all.
You can never imagine how great it is.
```

【操作要求 3】向 fl 文件增加以下内容:Why not have a try?

【操作步骤】

(1)输入命令"cat > >fl",屏幕上输入点光标闪烁。

(2)输入上述内容后,按 Enter 键,让光标处于输入内容的下一行,按 Ctrl + D 键结束输入。

(3)输入"cat fl"命令,查看 fl 文件的内容,会发现 fl 文件增加了一行,相关操作参见如下内容。

```
[helen@ localhost ~] $ cat > >fl
```

Why not have a try?

[helen@ localhost ~] $ cat fl

Linux is useful for us all.

You can never imagine how great it is.

Why not have a try?

Shell 命令中可使用重定向来改变命令的执行。此处使用"＞＞"符号可向文件结尾处追加内容,而如果使用"＞"符号则将覆盖已有的内容。

Shell 命令中常用的重定向符号共三个,如下所示。

＞:输出重定向,将前一命令执行的结果保存某个文件。如果这个文件不存在,则将创建此文件;如果这个文件已有内容,则将放弃原有内容。

＞＞:附加输出重定向,将前一命令执行的结果追加到某个文件。

＜:将某个文件交由命令处理。

【操作要求 4】统计 fl 文件的行数,单词数和字符数,将统计结果存放在 countfl 文件。

【操作步骤】

(1)输入命令"wc ＜fl＞ countfl",屏幕上不显示任何信息。

(2)输入命令"cat countfl",查看 countfl 文件的内容,其内容是 fl 文件的行数、单词数和字符数信息,即 fl 文件共有 3 行,19 个词和 87 个字符,相关操作参见如下内容。

[helen@ localhost ~] $ wc ＜fl＞ countfl

[helen@ localhost ~] $ cat countfl

3   19   87

【操作要求 5】将 fl 利 countfl 文件的合并为 f 文件。

【操作步骤】

(1)输入命令"cat fl countfl ＞f",将两个文件合并为一个文件。

(2)输入命令"cat f",查看 f 文件的内容,如下所示。

[helen@ localhost ~] $ cat fl countfl ＞f

[helen@ localhost ~] $ cat f

Linux is useful for us all.

You can never imagine how great it is.

Why not have a try? 3   19   87

【操作要求 6】分页显示/etc 目录中所有文件和子目录的信息。

【操作步骤】

(1)输入命令"ls/etc/more",屏幕显示出"ls/etc"命令输出结果的第一页,屏幕的最后一行上还出现"－More－"字样,按空格键可查看下页信息,按 Enter 键可查看下一行信息。

(2)浏览过程中按"q"键,可结束分页显示。

管道符号"|"用于连接多个命令,前一命令的输出结果是后一命令的输入。

【操作要求 7】仅显示/etc 目录中前 5 个文件和子目录。

【操作步骤】

输入命令"ls/etc|head－n 5",屏幕显示出"ls/etc"命令输出结果的前面 5 行,相关操作参见如下内容。

[helen@ localhost ~] $ ls /etc|head－n 5

a2ps.cfg

```
a2ps-site.cfg
acpi
adjtime
aliases
```

【操作要求8】清除屏幕内容。

【操作步骤】

输入命令"clear",则屏幕内容完全被清除,命令提示符定位在屏幕左上角。

3.通配符的使用

Shell 命令的通配符包括 * 、? 、[ ] 、- 和!,灵活使用通配符可同时引用多个文件方便操作。

* :匹配任意长度的任何字符。

?:匹配一个字符。

[ ]:表示范围。

- :通常与[ ]配合使用,起始符-终止字符构成范围。

!:表示不在范围,通常也与[ ]配合使用。

【操作要求1】显示/bin/目录中所有以 c 为首字母的文件和目录。

【操作步骤】

输入命令"ls/bin/c * ",屏幕将显示/bin 目录中以 c 开头的所有文件和目录,相关操作参见如下内容。

```
[helen@ localhost ~] $ ls /bin/c *
/bin/cat     /bin/chmod    /bin/cp      /bin/csh
/bin/chgrp    /bin/chown    /bin/cpio     /bin/cut
```

【操作要求2】显示/bin/目录中所有以 c 为首字母,文件名只有 3 个字符的文件和目录。

【操作步骤】

(1)按向上方向键,Shell 命令提示符后出现上一步操作时输入的命令"ls/bin/c * "。

(2)将其修改为"ls/bin/c??",按下 Enter 键,屏幕显示/bin 目录中以 c 为首字母,文件名只有 3 个字符的文件和目录,相关操作参考如下内容。

```
[helen@ localhost ~] $ ls /bin/c??
/bin/cat     /bin/csh     /bin/cut
```

Shell 可以记录一定数量的已执行过的命令,当用户需要再次执行时,不用再次输入,可以直接调用。使用上下方向键,PgUp 或 PgDown 键,在 Shell 命令提示符后将出现已执行过的命令。直接按 Enter 键就可以再次执行这一命令,也可以对出现的命令行进行编辑,修改为用户所需要的命令后再执行。

【操作要求3】显示/bin 目录中所有的首字母为 c、s 或 h 的文件和目录。

【操作步骤】

输入命令"ls/bin/[csh] * ",屏幕显示/bin 目录中首字母为 c、s 或 h 的文件和目录,相关操作参见如下内容。

```
[helen@ localhost ~] $ ls /bin/[csh] *
/bin/cat     /bin/chown    /bin/csh     /bin/sed     /bin/sh      /bin/stty
/bin/chgrp    /bin/cp      /bin/cut     /bin/setfont   /bin/sleep    /bin/su
```

/bin/chmod　/bin/cpio　/bin/hostname　/bin/setserial　/bin/sort　/bin/sync

[csh] * 并非表示所有以 csh 开头的文件,而表示是以 c、s 或 h 的文件。另外为避免误解,也可以使用[c,s,h] * ,达到相同的效果。

【操作要求4】显示/bin/目录中所有的首字母是 v、w、x、y、z 的文件和目录。

【操作步骤】

输入命令"ls/bin/[! a - u] * ",屏幕显示/bin 目录中首字母是 v ~ z 的文件和目录,相关操作参见如下内容。

[helen@ localhost ~] $ ls /bin/[! a-u] *

/bin/vi　/bin/view　/bin/ypdomainname　/bin/zcat

【操作要求5】重复上一步操作。

【操作步骤】

输入命令"!!",自动执行上一步操作中使用过的"ls/bin/[! a - e] * "命令,相关操作参见如下内容。

[helen@ localhost ~] $!!

ls /bin/[! a-u]*

/bin/vi　/bin/view　/bin/ypdomainname　/bin/zcat

用户不仅可利用上下方向键来显示执行过的命令;还可以使用 history 命令查看或调用执行过的命令。history 命令可查看到已执行命令在历史记录列表中的序号,可使用"! 序号"命令调用,而"!!"命令则执行最后执行过的那个命令。

【操作要求6】查看刚执行过的 5 个命令。

【操作步骤】

输入命令" history5",显示最近执行过的 5 个命令,相关操作参见如下内容。命令编号可能不同。

[helen@ localhost ~] $ history 5

15 ls /bin/c??

16 ls /bin/[csh] *

17 ls /bin/[! a-u] *

18 ls /bin/[! a-u] *

19 history 5

4.设置于工启动图形化用户界面

图形化用户界面可以在启动 RHEL Server 5 时自动启动,也可以在子符界面启动后用"startx"命令于动启动。etc/inittab 文件中运行级别(initdefault)的取值决定启动 RHEL Server 5 后是否自动启动图形化用户界面。

RHEL Server 5 默认的运行级别为5,即自动启动图形化用户界面,如果将其修改为3,则只提供字符界面。

在实际工作中,对于以担任服务器功能为主的 RHEL Server 5 主机而言,通常运行级别为3,这样的话系统资源可几乎完全用于提供服务,而不必消耗在图形界面上。

【操作要求1】设置开机不启动图形化用户界面。

【操作步骤】

(1)按下 Alt + F7 键,切换回到图形化用户界面,以超级用户身份登录。

(2)依次单击「应用程序」菜单 = >「附件」= >「文本编辑器」,打开 gedit 文本编辑器。

（3）单击工具栏上的「打开」按钮，从「打开文件…」对话框中选择/etc 目录中的 inittab 文件。

（4）将文件中的"id：5：initdefault："所在行的"5"修改为"3"。

（5）单击工具栏上的「保存」按钮，并关闭 gedit。

（6）单击顶部面板的「系统」菜单 = >「关机」，弹出对话框，选择「重新启动」，重新启动计算机。

【操作要求 2】手工启动图形化用户界面。

【操作步骤】

（1）计算机重启后只有字符界面可用，输入用户名和相应的口令后，登录 Linux 系统。

（2）输入命令" startx"，启动图形化用户界面。

（3）单击「系统」菜单 = >「注销」，弹出对话框，单击「注销」按钮，返回到字符界面。

9.3　进程管理及进程通信

9.3.1　实验目的

利用 Linux 提供的系统调用设计程序，加深对进程概念的理解。

体会系统进程调度的方法和效果。

了解进程之间的通信方式以及各种通信方式的使用。

9.3.2　实验准备

复习操作系统课程中有关进程、进程控制的概念以及进程通信等内容（包括软中断通信、管道、消息队列、共享内存通信及信号量概念）。

熟悉有关进程控制、进程通信的系统调用。它会引导你学会怎样掌握进程控制。

阅读例程中的程序段。

9.3.3　实验方法

用 vi 编写 c 程序（假定程序文件名为 prog1.c）

编译程序

```
$ gcc - o prog1.o prog1.c
$ cc - 0 prog1.o prog1.c
```

运行

```
$ ./prog1.o
```

9.3.4　实验内容及步骤

用 vi 编与使用系统调用的 C 语言程序。

（1）编写程序。显示进程的有关标识（进程标识、组标识、用户标识等）。经过 5 s 后，执行另一个程序，最后按用户指示（如：Y/N）结束操作。

（2）参考例程 1，编写程序。实现父进程创建一个子进程。体会子进程与父进程分别获得不同返回值,进而执行不同的程序段的方法。

例程1:利用 fork( )创建子进程

/ * 用 fork( )系统调用创建子进程的例子 * /

```
main()
{
    int i;
    if (fork())
    i = wait(); /*父进程执行的程序段//*等待子进程结束 */
    {
    printf("It is parent process. \n");
    printf("The child process, ID number % d, is finished. \n", i);
    }
    else{                /* 子进程执行的程序段 */
    printf("lt is child process.\n");
    sleep(10);
    exit();      /*向父进程发出结束信号 */
    }
}
```

思考:子进程是如何产生的? 又是如何结束的? 子进程被创建后它的运行环境是怎样建立的?

(3)参考例程2,编写程序。父进程通过循环语句创建若干子进程。探讨进程的家族树以及子进程继承父进程的资源的关系。

例程2:循环调用 fork( )创建多个子进程

/建立进程树 * /

```
#include <unistd. h>
main()
{ int i;
  printf(( "My pid is% d, my father's pid is % d\n", getpid(), getpid());
  for(i =0;i <3;i + +)
  if(fork = =0)
    printf("% d pid = % d ppid = % d\n", i, getpid(), getppid());
  else
  {j =wait(0);
    printf(" % d: The chile % d is finished.\n", getpid(), j);
  }
}
```

思考:①画出进程的家族树。子进程的运行环境是怎样建立的? 反复运行此程序看会有什么情况? 解释一下。

②修改程序,使运行结果呈单分支结构,即每个父进程只产生一个子进程。画出进程树,解释该程序。

(4)参考例程3 编程,使用 fork( )和 exec( )等系统调用创建三个子进程。子进程分别启动不同程序,并结束。反复执行该程序,观察运行结果,结束的先后,看是否有不同次序。

例程3：创建子进程并用 execlp( )系统调用执行程序的实验

```
/* 创建子进程,子进程启动其他程序 */
#include < stdio.h >
#include < unistd.h >
main( )
{
int child_pid1, child_pid2, child_pid3;
int pid, status;
setbuf( stdout, NULL);
child_pid1 = fork( );      /* 创建子进程 1 */
if( child_pid1 = = 0)
{ execlp( "echo","echo"," child process1",char * )0);   /* 子进程 1 启动其程序 */
perror( "exec1 error.\n");
exit(1);
}
child_pid2 = fork( );      /* 创建子进程 2 */
if( child_pid2 = = 0)
{ execlp( "date", date", ( char * )0);     /* 子进程 2 启动其程序 */
  perror( "exec2 error\in");
  exit(2);
}
child_pid3 = fork( );      /* 创建子进 3 */
if( child_pid3 = = 0)
{ execlp( "Is","Is", ( char * )0);      /* 子进程 3 启动其程序 */
  perror( "exec3 error.\n");
  exit(3);
}
puts( "Parent process is waiting for chile process return!");
while(( pid = wait(&status))! = -1)     /* 等待子进程结束 */
{ if ( child_pid1 = = pid)     /* 若子进程 1 结束 */
    printf( "child process 1 terminated with status % d\n", (status > >8));
    else
    {if( child_pid2 = = pid)     /* 若子进程 2 结束 */
    printf( "child process 2 terminated with status % d\n" status > >8);
    else
    {if( child_pid3 = = pid)     /* 若子进程 3 结束 */
    printf( "child process 3 terminated with status % d\n", (status > >8));
    }
  }
}
puts( "All child processes terminated.");
puts( "Parent process terminated.");
exit(0);
}
```

　　思考:子进程运行其他程序后,进程运行环境怎样变化的? 反复运行此程序看会有什么情况? 解释一下。

　　(5)参考例程 4 编程,验证子进程继承父进程的程序、数据等资源。如用父、子进程修改公共变量和私有变量的处理结果,父、子进程的程序区和数据区的位置。

　　例程 4:观察父、子进程对变量处理的影响

　　/* 创建子进程的实验。子进程继承父进程的资源,修改了公共变量 globa 和私有变量 vai。观察变化情况。*/

```
#include <stdio.h>
#include <sys/types.H>
# <unistd.h>
int globa =4;
int main()
{
  pid_t pid;
  int vari =5;
  printf(" before fork..\n");
  if(pid = fork() <0)
  {                                       /* 创建失败处理 */
    printf("fork error.\n");
    exit(0);
  }
  else
    if(pid = =0)
    {                           /* 子进程执行 */
      globa + +;
      vari - -;
      printf("Child % d changed the vari and globa. \n", getpid());
    }
    else                        /* 父进程执行 */
      printf("Parent % d did not changed the vari and globa. \n".getpid());
  printf("pid = % d,globa = % d,vari = % d\n",getpid(),globa, vari);    /* 都执行 */
  exit(0);
}
```

　　思考:子进程被创建后,对父进程的运行环境有影响吗? 解释一下。

　　(6)复习管道通信概念,参考例程 5,编写一个程序。父进程创建两个子进程,父子进程之间利用管道进行通信。要求能显示父进程、子进程各自的信息,体现通信效果。

　　例程 5:管道通信的实验

　　/* 程序建立一个管道 fd */

　　/* 父进程创建两个子进程 P1、P2 */

　　/* 子进程 P1、P2 分别向管道写入信息 */

　　/* 父进程等待进程结束,并读 H 出管道中的信息 */

```
#include <stdio.h>
```

```
main()
{
  int i, r,j, k, l, p1, p2, fd[2];
  char buf[50],s[50];
  pipe(fd);        /*建立一个管道 fd*/
  while((p1=fork())= = -1);        /*创建子进程1*/
  if(p1 = =0)
  {
  lockf(fd[1],1,0);        /*子进程1执行*//*管道写入端加锁*/
  sprintf(buf, "Child process P1 is sending messages! \n");
  printf("Child process P1! \n");
  write(fd[1], buf, 50);        /*信息写入管道*/
  lockf(fd[1], 0,0);        /*管道写入端解锁*/
  sleep(5);
  j=getpid();
  k=getppid();
  printf ("P1 % d is weakup My parent process Id is % d\n",j, k);
  exit(0);
  }
  else
  {while((p2=fork()= = -1);        /*创建子进程2*/
    if(p2 = =0)
    {                                /*进程2执行*/
      lockf(fd[1],1,0);        /*管道与入端加锁*/
      sprintf(buf, "Child process P2 is sending messages! \n");
      printf("Child process P2! \n");
      write(fd[1], buf, 50);        /*信息写入管道*/
      lockf(fd[1],0,0);                /*管道与入端解锁*/
      sleep(5);
      j=getpid();
      k=getppid():
      printf("P2 % d is weakup. My parent process ID is % d."j,k);
      exit(0);
    }
  else
  { l=getpid();
    wait(0);        /*等待被唤醒*/
    if(r=read(fd[0],s,50)= = -1)
      printf("can't read pipe. \n");
    else
      printf("Parent % d: % s\n", l, s);
  wait(0)        /*等待被唤醒*/
  if(r=read(fd[],s,50)= = -1)
      printf("cant read pipe. \n");
```

```
    else
      printf("Parent % d: % S\n",1,s);
   exit(0);
   }
 }
```

思考：①什么是管道？进程如何利用它进行通信的？解释一下实现方法。

②修改睡眠时机、睡眠长度,看看会有什么变化。请解释。

③加锁、解锁起什么作用？不用它行吗？

（7）编程验证：实现父子进程通过管道进行通信。进一步编程,验证子进程结束,由父进程执行撤销进程的操作。测试父进程先于子进程结束时,系统如何处理"孤儿进程"的。

思考：对此做何感想,自己动手试试？解释一下你的实现方法。

（8）编写两个程序,一个是服务者程序,一个是客户程序。执行两个进程之间通过消息机制通信。消息标识 MSGKEY 可用常量定义,以便双方都可以利用。客户将自己的进程标识（pid）通过消息机制发送给服务者进程。服务者进程收到消息后,将自己的进程号和父进程号发送给客户,然后返回。客户收到后显示服务者的 pid 和 ppid,结束以下例程 6 基本实现以上功能。

例程 6：消息通信的实验

/* 客户进程向服务器进程发出信号,服务器进程接收做出应答,并再向客户返回消息。 */

= =

```
/*服务者程序*/
/* The server receives the message from client, and answer a message */
#include < sys/types. h >
#include < sys/ipc. h >
#include < sys/msg. h >
#define MSGKEY 75
struct msgform                          /*定义消息结构*/
{
  long mtype;
  char mtext[256];
}msg;
int msgqid;
main()
{
  int i, pid, pint;
  extern cleanup();
  for(i =0;j <20;i + +)          /*设置软中断信号的处理程序*/
    signal(i, cleanup);
  msgqid = msgget(MSGKEY,0777 IPC_CREAT);     /*建立消息队列*/
  for(;;)                                /*等待接收消息*/
  {
    msgrcv(msgqid, &msg, 256, 1,0);                 /*接收消息*/
    pint = ( int * )msg. Mtext;
```

```
        pid = * pint;
        printf("server receive from pid % din", pid);        /* 显示消息来源 */
        msg. mtype = pid;
         * pint = getpid();                                   /* 加入自己的进程标识 */
        msgsnd(msgqid, &msg, sizeof(int), 0);                 /* 发送消息 */
      }
   }
   cleanup()
   {
     msgctl(msgqid, IPC_RMID,0);
     exit();
   }
   = = = = = = = = = = = = = = = = = = = = = = = = = = = = = = = = = = = = = = = = = = = = =
= = = = = = = = = = = = = = = = = = = =
   /* 客户程序 */
   /* The client send a message to server, and receives another message from server
*/
   #include < sys /types. h >
   #include < sys /ipc.h >
   #include < sys /msg. h >
   #define msgkey 75
   struct msgform                                            /* 定义消息结构 */
   {
     long mtype;
     char mtext[256];
   }
   main()
   {
     struct msgform msg;
     int msgqid, pid, * pint;
     msgqid = msgget(MSGKEY, 0777);        /* 建消息队列 */
     pid = getpid();
     pint = (int * )msg.mtext;
     pint = pid
     msg. mtype = 1;                                         /* 定义消息类型 */
     msgsnd(msgqid, &msg, sizeof (int), 0);        /* 发送消息 */
     msgrcv(msgqid, &msg, 256, pid, 0);                      /* 接收从服务者发来的消息 */
     printf("Clint: receive from pid % d\n", * pint);
   }
```

实验可以在后台运行服务器进程(命令行后加 &),前台运行客户进程或用不同终端运行客户进程。并可通过 ps 命令查看后台进程。

用 Shell 编写一个脚本程序。先在后台启动服务程序,再在前台反复执行多个客户程序,观察系统反映、体会客户/服务器体系结构。实验结束向服务器发出终止服务的信号。

思考:想一下服务者程序和客户程序的通信还有什么方法可以实现? 解释一下你的设想,有兴趣试一试吗。

(9)编程实现软中断信号通信。父进程设定软中断信号处理程序,向子进程发软中断信号。子进程收到信号后执行相应处理程序。

例程 7:软中断信号实验

/*父进程向子进程发送 18 号软中断信号后等待。子进程收到信号,执行指定的程序,再将父进程唤醒。*/

```
main()
{
  int   i,j,k;
  int func();
  signal(18, func());         /*设置 18 号信号的处理程序*/
  if(i = fork())              /*创建子进程*/
  {                                 /*父进程执行*/
    j = kill(i,18);           /*向子进程发送信号*/
    printf(Parent: signal 18 has been sent to child % d, returned % d\n",i,j);
    k = wait();               /*父进程被唤醒*/
    printf("After wait % d, Parent % d: finished. n", k, getpid());
  }
  else
  {                                 /*子进程执行*/
    sleep(10);
    printf("Child % d: A signal from my parent is recived.\n",getpid());
  }                                 /*子进程结束,向父进程发子进程结束信号/
}
func()                              /*处理程序*/
{int m;
  m = getpid();
  printf("I am Process % d: It is signal 18 processing function.\n", m);
}
```

思考:这就是软中断信号处理,讨论下它与硬中断的区别。看来还挺管用,好好利用它。

(10)试用信号量机制编写一个解决生产者—消费者问题的程序,这可是受益匪浅的事。

9.3.5　讨论

(1)讨论 Linux 系统进程运行的机制和特点,系统通过什么来管理进程?

(2)C 语言中是如何使用 Linux 提供的功能的? 用程序及运行结果举例说明。

(3)什么是进程? 如何产生的? 举例说明。

(4)进程控制如何实现的? 举例说明。

(5)进程通信方式各有什么特点? 用程序及运行结果举例说明。

(6)管道通信如何实现? 该通信方式可以用在何处?

(7)什么是软中断？软中断信号通信如何实现？

9.4 Shell 程序设计语言

Shell 程序是利用文本编辑程序建立的一系列 Linux 命令和实用程序序列的文本文件。它可以像 Linux 的任何命令一样执行。在执行 Shell 程序时，Linux 一个接一个地解释并执行每个命令。Shell 是一种很成熟的程序设计语言，跟其他任何语言一样，有自己的语法、变量和控制语句。以下介绍的是 Linux 的 bash 的基本语法。

9.4.1 创建和执行 Shell 程序方法

用户可以用前面介绍的 Vi 或其他文本编辑器编写 Shell 程序(如 shdemo. h)，并将文件以文本格式保存在相应的目录中。

用 chmod 将文件的权限设置为可执行模式，如文件名为 shdemo. h，则命令如下：

chmod 755 shdemo. h （文件主可读、写、执行，同组人和其他人可读和执行）

在 Shell 提示符后直接键入程序文件名执行：

$　shdemo. h

或　$ sh　shdemo. h

或　$. shdemo. h　　（没有设置权限时可用点号引导）

9.4.2 变量

Linux 支持三种类型的变量：环境变量、内部变量、用户变量。在 Shell 程序中变量是非类型性质的，也就是说不必事先指定变量的类型。

环境变量是系统环境的一部分参数，用户不必定义它们，但可以在 Shell 程序中使用它们，其中某些变量还能在 Shell 程序中加以修改。通过命令 env 可以查看环境变量及其值。

内部变量是由系统提供的。它与环境变量不同，用户不能修改它用户变量是在编写 Shell 程序时定义的，用户可以在 Shell 程序内使用和修改它。

变量赋值

Icount = 0　　（定义变量 Icount，并赋初值为整数 0）

myname = Samuel　　（定义变量 myname，并赋初值为字符 Samuel）

yourname = ″Mr. Samuel″（定义变量 yourname，并赋例值为字符串″Mr. Samuel″。字符串中有空格必须用引号括住）

变量访问

通过变量名前置 $ 来访问变量。若有变量 lvar，值为 100，将其赋值给 lcount。

lcount = $ var

则 $ echo $ lcount 将显示 100

9.4.3 位置参数

从命令行执行 Shell 程序时可以自带若干参数。Shell 程序中用系统给出的位置参数来说明它们。存放第一个参数的变量名为 1(数字 1)，在程序中用 $ 1 访问；存放第二个参数的变量名为 2(数字 2),在程序中用 $2 访问;依此类推。

例 1:设有如下 Shell 程序 myprog1.1,可带一个参数,程序显示这个参数。

```
#Name display program
if[ $# = = 0]      #若参数个数为 0
then
  echo "Name not provided"
else
  echo "Your name is" $1
fi
```

使程序具有执行权限,并在提示符后键入命令行:

```
$ ./myprog1     #没有参数
```

或 $ sh myprog1

屏幕显示:

```
Name not provided
```

在提示符后键入命令行:

```
$ /myprog1 Theodore     #有一个参数
```

屏幕显示:

```
Your name is Theodore     #引用 $1 参数的效果
```

9.4.4　内部变量

内部变量是 Linux 提供的一种特殊变量。这类变量由系统设置不能修改,在程序中用来做判定。

常用内部变量是:

$#　　　传送给 Shell 程序的位置参数的个数

$?　　　最后命令的代码或再 Shell 程序内所调用的 Shell 程序

$0　　　Shell 程序的名称

$ *　　　调用 Shell 程序时所传送的全部参数的字符串

9.4.5　特殊字符

某些字符对 Linux Shell 来说具有特殊含义,若将它们用在变量名或字符串中将产生程序表现不正常。

常用特殊字符有:

$　　　　引用变量名的开始

|　　　　把标准输出的内容传送到下一个命令

#　　　　标记注释开始

&　　　　后台执行命令

?　　　　匹配一个字符

*　　　　匹配多个字符

>　　　　输出重定向操作符

<　　　　输入重定向操作符

`　　　　命令置换(Tab 键上面的那个键)

　＞＞　　　　　输出重定向(到文件)操作符

　［　］　　　　列出字符范围(如:［a－z］字符 a 到 z,或［a,s］字符 a 或 s)

　.filename　　执行 filename 程序(要有执行权)

　空格　　　　　两个字的间隔

注:为把这些字符作为正常字符使用,必须用转义符(\)来阻止后续字符的特殊含义,即说明该符保持正常字符的含义。

双引号:字符串中含有嵌入的空格时,可用双引号括起来,让 Shell 作为整体来解释字符串。

例:给 lword 赋值

lword ="abc def"

单引号:利用单引号括起来的字符串,阻止 Shell 解析变量。

例:给 newword 赋值

newword ="Value of var is \$ var"

执行

echo　　\$ newword

显示

Value of var is \$ var

系统并未引用 var

反斜杠(\):作为转义符,说明后续的字符保持正常子符解释,即无任何特殊含义。

反引号(`:Tab 键上面的那个键):通知 Shell 把反引号括起来的字符中作为命令执行,并将结果放入变量。

例:执行 wc 命令(统计文件 test.txt 的行数),结果送入变量 lresult

Lresult =`wc －l|test.txt

9.4.6　操作符

1.字符串比较操作符

以下操作符可以用来比较两个字符串表达式:

　＝　　　　　　比较两个字符串表达式是否相等

　!＝　　　　　比较两个字符串表达式是否不相等

　－n　　　　　判定字符串长度是否大于零

　－z　　　　　判定字符串长度是否等于零

例 2:在一个程序 compare.h 中比较字符串 string1 和 string2。

```
string1 ="The first one"
string2 ="The second one"
if[string1 =string2]    ([]和 =前后加空格)
then
  echo "string1 equal to string2"
else
  echo "string1 not equal to string2"
fi                        (条件语句结束)
if[string1]
then
```

```
    echo "string1 is not empty"
else
    echo "string2 is empty"
fi
if [ -n string2]
then
    echo "string2 has a length greater than zero"
else
    echo "string2 has a length equal than zero"
fi
```

设置好执行权后，运行

```
$ sh compare.h
```

结果显示

```
string1 not equal to string2
string1 is not empty
string2 has a length greater than zero
```

2. 数字比较操作符

以下操作符可以用来比较两个数的表达式：

- eq	等于
- gc	大于等于
- ge	小于等于
- ne	不等于
- gt	大于
- lt	小于

3. 文件操作符

以下操作符可以用来构成判断文件的表达式：

- d	判断文件是否为目录
- f	判断文件是否为普通文件
- r	判断文件是否设为可读文件
- w	判断文件是否设为可写文件
- x	判断文件是否设为可执行文件
- s	判断文件是否长度大于等于零

例3：设当前目录下有一个文件 filea，控制权为(~ r - xr - xr - x 即 0751)，有一个子目录 cppdir，控制权为(drwxrwxrwx)程序 compare2. h 中有如下内容：

```
if [ -d cppdir]
then
    echo "cppdir is a directory"
else
  ecgo "cppdir is not a directory"
fi
if[ -f filea]
then
```

```
    echo "filea is a regular file"
else
    echo "filea is not a regular file"
fi
if[ - r filea]
then
    echo "filea has read permissione"
else
    echo "filea dose not have read permissione"
fi
if[ - w filea]
then
    echo "filea has write permissione"
else
    echo "filea dose not have write permissione"
fi
if[ - x cppdir]
then
    echo "cppdir has execute permissione"
else
    echo "cppdir dose not have execute permissione"
fi
```

设置好执行权后,运行

```
$ sh compare2.h
```

结果显示

```
cppdir is a directory
filea is a regular file
filea has read permissione
filea dose not have write permissione
cppdir has execute permissione
```

4. 逻辑操作符

以下操作符可以用来构成逻辑表达式:

!   求反(非)

- a   逻辑与(AND)

- o   逻辑或(OR)

9.5   Linux 编程系统调用

    Linux 系统的另一种用户接口是程序员用的编程接口,即系统调用。系统调用的目的是使用户可以使用操作系统提供的有关进程控制、文件系统、输入输出系统、设备管理、通信及存储管理等方面的功能,而不必涉及系统内部结构和部件细节,大大减少用户程序设计和编程难度。

Linux 的系统调用以标准实用子程序形式提供给用户在编程中使用。一般使用系统调用应注意以下三点：

(1)函数所在的头文件；

(2)函数调用格式,包括参数格式、类型；

(3)返回值格式、类型。

9.5.1　有关进程的系统调用

1.创建子进程

(1)创建了进程 int fork( )。

函数调用包含文件：

```
#include < unistd, h >
```

调用格式：

```
n = fork ( )
```

该系统调用返回值可以是 $n = 0, n > 0, n = -1$。

如果执行成功,fork( )返回给父进程的是子进程的标识符(pid)；返还给子进程的是 0；创建失败返回 -1。

$n = 0$ 表示获得此参数的进程将执行子进程的程序段(由系统调度确定)。

$n > 0$ 表示获得此参数的进程将执行父进程的程序段(由系统调度确定),该参数即为子进程的标识符(pid)。

$n < 0$ 表示创建失败。

(2)创建线程 clone( )。

函数调用包含文件：

```
#include < sched. h >
```

函数调用原形

```
int clone(int ( * fn)(void * arg), void * child_stack int flags, void * arg)
```

clone( )允许子进程和父进程共享一些执行的上下文环境。主要用于多线程编程。

其中：

int (* fn) (void arg)	子进程执行的函数
void child_stack	子进程使用的堆栈
int flags	父进程和子进程共享的资源
CLONE_VM	使用相同内存
CLONE_FS	共享相同文件系统
CLONE_FILES	使用相同的文件描述表
CLONE_SIGHAND	共享信号处理函数表
CLONE_PID	子进程的 PID 与父进程的 PID 相同

2.进程的有关标识 ID

函数调用包含文件：

```
#include < unistd.h >
```

函数调用原形：

获得进程标识   int getpid( );

获得父进程标识   int getppid( );

获得进程真实用户标识   int getuid( );

获得进程真实组标识   int getgid( );

获得进程有效用户标识   int geteuid( );

获得进程有效组标识   int getegid( );

这些系统调用返回值是整型的标识数。

3. 进程优先数

获取进程优先数 getpr1ority( )

改变进程优先数 nice( )

函数调用包含文件：

`#include <unistd.h>`

函数调用原形：

`int nice(int inc)`

其中:inc 为优先数增量。一般用户只能设为正数(降低优先级)。超级用户才可提高进程优先级。

返回值:成功返回 0;否则返回 −1。

4. 进程等待

等待子进程结束 int wait( )

等待指定的子进程结束 int waitpid( )

函数调用包含文件：

`#include <sys/type.h>`

`#include <sys/wait.h>`

函数调用原形：

`pid_t wait(int * statloc)`

`pid_t waitpid (pid_t pid, int * statloc, int options)`

wait( )和 waitpid 的区别在于后者较灵活性,wait( )挂起调用进程直至有一个进程结束;而 waitpid( )可以不挂起立即返回,或是指定等待直到某个特定进程终止。

其中:statioc 是整型指针。如果它不为空,子进程的终止状态字就存放在该参数指示的内存位置。若要忽略终止状态字,可用一个空指针。Pid < −1 等待进程组 id 等于 pid 的绝对值的子进程。Pid = −1 等待任何子进程(这种情况相当于 wait( )函数)。Pid =0 等待进程组 id 与父进程组 id 相同的子进程。Pid >0 等待进程 id 等于 pid 的进程。Options 用来控制 waitpid 运行的参数。可以取 0 或一些常数。如:WNOHANG 表示若无子进程终止状态子,waitpid 不挂起,则返 0。WUNTRACED 与作业控制有关。

睡眠 sleep(int n)

其中:n 为睡眠的时间(秒)。时间一到恢复运行。

5. 用 exec 函数运行程序

创建的新进程可以通过 exec( )等函数运行一个新程序。Exec 函数有 6 种不同的调用形式,都可以启动新程序的运行,只是参数不同。

函数调用包含文件：

```
#include<unistd.h>
```

函数调用原形：

```
int execl(const char *pathname, const char *arg0,…);
int execv(const char *pathname, char *const argv[]);
int execle(const char *pathame, const char arg0,…; char *const envp[]);
int execve(const char *pathname, char *const argv[]1,char *const envp[]);
int execlp(const char *filename, char *const arg0,…);
int execvp(const char *filename, char *const argv[]);
```

这些函数中 execlp 和 execvp 可执行程序是当作 Shell 脚本程序来由/bin/sh 解释执行。

一个进程调用 exec 函数执行另一个程序后,这个进程就完全被新程序代替。由于并没有产生新进程所以进程标识号不改变,除此之外旧进程的其他信息,代码段、数据段、栈段等均被新程序的信息所代替。新程序从自己的 main() 函数开始运行。

6. 结束进程

在 Linux 中,有三种正常结束进程的方法,两种异常终止的方法。

正常结束：

在 main 函数中调用 return。相当于调用 exit。

调用 exit 函数。

调用_exit 函数。

异常终止：

调用 abort。产生一个 SIGABRT 信号。

进程收到特定信号。这个信号可以是进程自己产生,也可以来自其他进程和内核。

函数调用包含文件：

```
#include < stdlib.h >
```

函数调用原形：

```
void exit(status);
```

参数：slatus 为退出的状态。

返回值：0 正常;非 0 错误。

7. 程序中执行命令行

Linux 中允许在程序中执行 Shell 命令行,只要使用 system() 函数就可以了。

函数调用包含文件：

```
#include < stdlib.h >
```

函数调用原形：

```
int system(const char *cmdstring);
```

这个函数是用 fork,exec,waitpid 三个系统调用实现的。若 cmdstring 非空,函数返回值由这三个函数结果确定。

调用格式：system(" data > file") ; /* 将日期送到文件 file 中 */

或 status = system(" who") ;/* 显示目前登录到系统中的人 */

8. 暂停当前进程的运行

pause() 函数的功能：暂停当前进程运行,直到接收了某一信号为止。

函数调用包含文件：#include < unistd. h >

函数调用原形：int pause(void)

返回值:失败为 –1。

9.5.2 有关信号处理的系统调用

在 Linux 系统中,针对不同的软件、硬件情况,核心程序会发送不同的信号来通知进程某个事件的发生。信号也可以由某些进程发出。但是如何处理这个信号,就要由进程本身来解决。

进程收到信号后,处置方法有以下几种:

(1)用系统默认的行动(一切系统暂停进程的执行);

(2)执行一个处理函数,此函数可由用户设定;

(3)忽略此信号;

(4)暂时搁置该信号。

Linux 支持的信号包括 POSIX.1 中的信号以及其他信号,共三十余种。

1. 设置处理信号的函数 signal( )

用户可设置一个处理某信号的函数,以使进程接收到此信号后执行。Linux 用户可自定义的信号为 16、17 号。

函数调用包含文件:

`#include < signal.h >`

函数调用原形:

`void signal( int signum, void * func (int));`

其中:signum 为信号值;func 为要执行的函数指针名。

2. 发送信号给某进程 kill

kill( )系统调用可以把某个信号发送给一个或一组进程。接到该信号的进程依照事先设定的程序来处置。

函数调用包含文件:

`#include < sys / types.h >`

`#include < signal.h >`

函数调用原形:

`int kill(pid_t pid, int sig);`

其中:pid 的取值有 4 种;sig 是准确发送信号的代码。

(1)pid 大于 0 时,是要送往的进程标识符。

(2)pid 等于 0 时,信号送往所有与调用进程同一用户组的进程。

(3)pid 等于 –1 时,若调用进程是超级用户的,则信号送往发送进程本身以及所有正在执行中的程序。

(4)pid 小于 –1 时,若调用进程不是超级用户的,则信号送往所有有效用户标识符与发送进程的真实用户标识符相同的进程,但发送者自己除外,即用来发送信号给某一用户下的所有进程。

3. 特定时间送出 STGALRM 信号

alarm( )系统调用是核心程序在特定时间送一个 SIGALRW 信号给调用它的进程。此函数用来限制系统调用的执行时间。

函数调用包含文件:

```
#include<unistd.h>
```

函数调用原形：

```
unsigned int alarm(unsigned int seconds);
```

其中：seconds 是指定系统核心在多少秒后发送 SIGALRM 信号。

4. 暂停执行 pause( )

pause( )系统调用的功能暂停当前进程运行，直到接收了某一信号为止。

函数调用包含文件：

```
#include<unistd.h>
```

两数调用原形：

```
int pause(void)
```

返回值：失败为 −1。

9.5.3　管道操作的系统调用

管道通信是进程的一种通信方式。Linux 中两个进程可以通过管道来传递消息。管道在逻辑上被看作管道文件，在物理上则由文件系统的高速缓冲区构成。管道用 pipe( )系统调用建。发送信息的进程用 write( )把信息写入管道，接收进程用 read( )从管道中读取信息。

1. 建立管道 pipe( )

pipe( )系统调用可以建立一条非命名同步通信管道。

函数调用包含文件：

```
#include<unistd.h>
```

函数调用原形：

```
int pipe(int fildes[2]);
```

其中：fildes[2]是两个文件描述字放在一个数组中，指向一个管道文件的 i 节点（文件描述字可由用户自定）。fildes[0]是为读建立的文件描述字，fildes[1]是为写建立的文件描述字。

返回值：执行成功返回值是 0；执行失败返回值是 −1。

2. 发送信息 write( )

发送信息的进程用 write( )把信息写入管道。

函数调用包含文件：

```
#include<stdio.h>
```

函数调用原形：

```
int write(fildes[1], buf, size);
```

函数将缓冲区 buf 中，长度为 size 的消息写入管道的写入端 fildes[1]。

返回值：执行成功返回值是 0；执行失败返回值是 −1。

3. 接收信息 read( )

接收信息的进程用 read( )把信息从管道中读出。

函数调用包含文件：

```
#include<stdio.h>
```

函数调用原形：

```
int read(fildes[0], buf, size);
```

函数将长度为 size 的信息从管道的输出端 fildes[0]读出,送到缓冲区 buf 中。

返回值:执行成功返回值是 0;执行失败返回值是 -1。

4.进程间互斥 lockf( )

lockf( )的功能是将指定文件的指定区域进行加锁和解锁,以解决临界资源的共享问题。

函数调用包含文件:

```
#include < unistd.h >
```

函数调用原形:

```
int lockf(files, function, size);
```

其中:files 为文件描述符。

function 是锁定和解锁模式,1 为锁定,0 为解锁。

size 是锁定解锁的字节数,0 表示从当前位置到文件尾。

参 考 文 献

[1] TANENBAVM A S, WOODHVLL A S. 操作系统设计与实现[M]. 王鹏, 朱鹏, 尤晋元, 等译. 北京:电子工业出版社,1998.

[2] 汤子瀛, 哲凤屏, 汤小丹, 等. 计算机网络技术及其应用[M]. 成都:电子科技大学出版社,1999.

[3] 屠祁, 屠立德. 操作系统基础[M]. 3 版. 北京:清华大学出版社,2000.

[4] 张尧学, 史美林. 计算机操作系统教程[M]. 北京:清华大学出版社,2000.

[5] NUTT G. 操作系统现代观点[M]. 孟祥由, 晏益慧, 译. 北京:机械工业出版社,2004.

[6] STALLINGS W. 操作系统:精髓与设计原理[M]. 陈渝, 译. 北京:电子工业出版社,2006.

[7] 陈向群, 杨芙清. 操作系统教程[M]. 2 版. 北京:北京大学出版社,2006.

[8] 孟庆昌. 操作系统教程[M]. 北京:电子工业出版社,2004.

操作系统自学考试大纲

I 课程性质与设置目的

（一）课程性质、地位与任务

随着计算机技术的迅速发展,计算机的硬、软件资源越来越丰富,用户也要求能更方便、更灵活地使用计算机系统。为了增强计算机系统的处理能力和方便用户有效地使用计算机系统,操作系统已成为现代计算机系统中不可缺少的重要组成部分。因此,操作系统课程也就成为高等学校计算机专业的重要专业基础课。

为了更好地理解操作系统的工作原理,本课程从操作系统实现资源管理的观点出发－阐述如何对计算机系统中的软、硬件资源进行管理,使计算机系统协调一致地、有效地为用户服务,充分发挥资源的使用效率,提高计算机系统的可靠性和服务质量。

一个从事计算机科学技术的工作者,当他掌握了操作系统的工作原理和实现方法后,将有利于他利用计算机系统开发各种应用软件和系统软件。

（二）课程基本要求

操作系统是计算机专业的主要专业课。通过本课程的学习,要求应考者:

1. 掌握操作系统的基本结构、工作原理和实现方法。

2. 掌握操作系统与硬件和其他软件的关系。

3. 掌握操作系统中有关进程的概念,以及进程并发执行时必须解决的三个问题,即进程的同步与互斥问题、进程通信问题,以及死锁问题。

4. 通过对 UNIX 系统、LINUX 系统、Android 系统的分析,掌握操作系统基本原理在具体操作系统中的灵活应用。

并发性是操作系统的主要特征,如果不解决进程并发执行中的问题,那么操作系统的正确性就得不到保证;因而.并发进程也成为本课程的重点,它也是本课程的难点部分。考生在学习时应适当多花费点时间去钻研它。

（三）本课程与有关课程的联系

操作系统是管理计算机系统资源和控制程序执行的一种系统软件。它直接扩充裸机（不配有任何软件的计算机）的功能,为程序的执行提供良好环境。所以,在学习操作系统之前应该先学习计算机组成原理、数据结构、高级语言程序设计、汇编语言程序设计等课程。在这些先修课的基础上再学习本课程,符合循序渐进的规律,不仅容易理解课程内容,而且能正确地把操作系统的各部分程序有机地联系起来。

Ⅱ   课程内容与考核目标

第1章   绪   论

(一)课程内容

1. 什么是操作系统

2. 操作系统的形成和完善

3. 计算机和操作系统的协同发展

4. 操作系统的基本类型

5. 操作系统的特征

6. 操作系统的功能

7. UNIX 操作系统

8. Android 操作系统

(二)学习目的与要求

了解什么是操作系统,操作系统在计算机系统中的作用,操作系统要做些什么,以及各类操作系统的特点和 UNIX、Android 等操作系统的概况。

重点是:操作系统的功能和各类操作系统的特点。

(三)考核知识点与考核要求

1. 计算机系统,要求达到"一识记"层次

(1)计算机系统由哪些部分组成。

(2)计算机系统中的硬件资源和软件资源。

2. 操作系统,要求达到"识记"层次

(1)什么是操作系统。

(2)操作系统的特征。

(3)操作系统的功能。

3. 操作系统的基本类型,要求达到"领会"层次

(1)操作系统的基本类型。

(2)UNIX 操作系统的变形。

4. 操作系统的形成和发展,要求达到"领会"层次

(1)操作系统的形成和完善。

(2)Android 操作系统的特点。

第2章   计算机系统结构和操作系统接口

(一)课程内容

1. 计算机系统结构

2. 计算机硬件组成

3. 计算机硬件工作逻辑

4.操作系统核心内容

5.操作系统典型结构

6.操作系统接口

7.UNIX 系统接口

(二)学习目的与要求

了解计算机系统结构,中央处理器与外围设备的并行工作,存储系统,硬件的保护措施;有关操作系统的结构,操作系统提供的使用接口。

重点是:硬件环境和操作系统与用户的接口。

(三)考核知识点与考核要求

1.计算机系统结构.要求达到"识记"层次

(1)计算机系统的层次结构:

(2)计算机系统的工作框架。

2.硬件环境,要求达到"领会''层次

(1)CPU 与外设的并行工作。

(2)I/O 中断的作用。

(3)处理器中的寄存器。

(4)主存储器、高速缓冲存储器、辅助存储器。

(5)特权指令,管态/目态,存储保护。

3.操作系统结构,要求达到"识记"层次

(1)联机用户接口。

(2)系统调用接口。

(3)图形调用接口。

4.UNIX 的用户接口,要求达到"领会"层次

(1)UNIX 的 shell 命令。

(2)UNIX 的系统调用。

第3章 处理器管理

(一)课程内容

1.进程的概念

2.进程的描述

3.进程的控制

4.UNIX 进程管理

5.处理器调度

6.调度算法

7.UNIX 调度

(二)学习目的与要求

通过本章学习应该掌握多进程控制是如何提高计算机系统效率的:进程与程序有什么区别;进程的基本状态以及状态的变化;进程队列的管理;处理器调度策略以及常见的调度算法。

重点是:UNIX 进程管理:处理器的调度策略。

(三)考核知识点与考核要求

1. 进程的概念,要求达到"领会"层次

(1)进程及其结构。

(2)进程和程序的区别。

2. 进程的描述,要求达到"领会"层次

(1)进程的特征

(2)进程控制块。

(3)进程基本状态。

3. 进程的控制,要求达到"领会"层次

(1)进程创建。

(2)进程撤销。

(3)进程阻塞。

(4)进程唤醒。

4. UNIX 系统进程管理,要求达到"领会"层次

(1)UNIX 进程的状态。

(2)UNIX 进程的描述。

(3)UNIX 进程的控制。

5. 处理器调度,要求达到"领会"层次

(1)处理器调度概述

(2)长程调度。

(3)中程调度。

(4)短程调度。

6. 调度算法,要求达到"综合应用"层次

(1)短程调度准则。

(2)优先级的使用。

(3)调度选择策略。

(4)公平共享调度。

7. UNIX 调度,要求达到"了解"层次

第4章 存储器管理

(一)课程内容

1. 存储器管理概述

2. 连续分配方式

3. 覆盖与对换管理

4. 基本分页存储管理

5. 分段式存储管理

6. 分页式存储管理

7. 虚拟存储器

8.请求分页存储管理

9. UNIX 存储管理

(二)学习目的与要求

明确存储管理的职能是对主存储器中的用户区域进行管理;理解在不同的管理方式下如何实现存储保护、地址转换以及主存空间的分配和回收;比较各种管理方式的特点;掌握虚拟存储器的实现原理和方法和 UTNIX、LINUX 系统中的页式虚拟管理。

重点是:各种存储管理方式的特点;分段式存储管理;段页式存储管理;请求分页存储管理;请求分段存储管理。

(三)考核知识点与考核要求

1.存储器管理功能,要求达到"识记"层次

2.连续分配方式,要求达到"领会"层次

3.覆盖与对换管理,要求达到"领会"层次

(1)覆盖管理。

(2)对换管理。

4.基本分页存储管理,要求达到"领会"层次

(1)页面与页表。

(2)地址变换机构。

(3)两级和多级页表。

(4)分页共享

5.分段式存储管理,要求达到"简单应用"层次

(1)分段与段表。

(2)地址变换机构。

(3)分段共享。

(4)分页和分段的主要区别。

6.分页式存储管理,要求达到"简单应用"层次

(1)基本原理。

(2)地址变换机构。

7.虚拟存储器,要求达到"简单应用"层次

(1)什么是虚拟存储器。

(2)虚拟存储器的特征。

8.请求分页存储管理,要求达到"简单应用"层次

(1)实现原理

(2)内存分配策略

(3)调页策略

(4)页面置换算法

(5)内存抖动

(6)比莱迪异常用

9.UNIX 系统的页式虚拟存储管理,要求达到"领会"层次

（1）UNIX 的分页系统。

（2）内核内存分配器。

第 5 章 文件管理

（一）课程内容

1．文件系统概述

2．文件

3．目录

4．文件系统的实现

5．文件系统的管理和优化

6．文件系统实例

（二）学习目的与要求

文件管理必须对用户提供文件的按名存取功能，要求考生掌握为了实现按名存取文件管理应该做哪些工作；文件管理怎样管理用户信息的存储和检索，怎样保证文件的安全；文件操作的作用以及用户如何使用文件操作；掌握 DOS、UNIX 系统实现文件管理的特色。

重点是：逻辑文件与物理文件的区别以及它们之间的相互转换；文件目录；基本文件操作的作用及使用；UNIX 系统的文件管理。

（三）考核知识点与考核要求

1．文件和文件系统，要求达到"识记"层次

（1）文件是逻辑上具有完整意义的信息集合。

（2）任何一个文件均有一个文件名作标识，文件名可用"字符数字串"来表示。

（3）按名存取的含义.

2．文件的存储介质，要求达到"领会"层次

（1）文件的存储介质、卷和块。

（2）磁盘存储空间的位置由柱面号、磁头号、扇区号确定。

3．文件的格式和操作，要求达到"领会"层次

（1）文件的命名、结构、类型。

（2）文件的存取、属性、操作。

4．文件目录，要求达到"简单应用"层次

（1）文件目录的主要内容及其作用。

（2）一级目录系统。

（3）层次目录系统。

（4）当前目录、绝对路径、相对路径。

（5）目录操作

5．文件系统的实现，要求达到"领会"层次

（1）文件系统的布局。

（2）文件和目录的实现。

（3）共享文件和日志文件。

（4）虚拟文件系统。

6. 文件的管理和优化

(1) 磁盘空间管理。

(2) 文件系统备份。

(3) 磁盘碎片整理。

7. 文件实例系统,要求达到"领会"层次

(1) MS - DOS 文件系统。

(2) UNIX 的文件系统。

第6章　设备管理

(一) 课程内容

1. 设备管理的基本概念

2. Windows 的设备管理

3. DOS 的设备管理

(二) 学习目的与要求

要求了解设备管理与文件管理的合作关系,文件管理实现文件存取前的准备工作,而文件的物理存取由设备管理实现;理解怎样实现独占设备的分配和磁盘驱动调度;缓冲技术的应用以及怎样实现虚拟设备;了解 DOS、WINDOWS 系统对块设备的管理技术。

重点是:Windows 的设备管理;DOS 的设备管理。

(三) 考核知识点与考核要求

1. 设备管理的基本概念

(1) 设备的分类。

(2) 设备管理目标。

(3) 系统总线和 I/O 设备。

2. Windows 设备管理,要求达到"领会"层次

(1) 虚拟设备驱动。

(2) 驱动程序开发。

3. DOS 设备的管理,要求达到"领会"层次

(1) 字符设备管理。

(2) 块设备管理。

(3) 磁盘缓冲区管理。

第7章　进程同步与进程通信

(一) 课程内容

1. 进程同步

2. 经典的进程同步问题

3. 进程通信

4. 线程

(二) 学习目的与要求

理解进程是操作系统中的基本执行单位,在多道程序设计的系统中往往同时有许多进

程存在,它们要轮流占用处理器。这些交叉执行的并发进程相互之间可能是无关的,也可能是有交互的。当并发进程竞争共享资源时会出现与时间有关的错误,因此,应采用进程同步与互斥手段使其合理使用共享资源,以保证系统安全。当进程间必须通过信息交换进行协作时,可用进程通信的方式达到目的。

重点是:分析与时间有关的错误;实现进程通信。

(三)考核知识点与考核要求

1. 进程同步,要求达到"领会"层次

(1)进程同步的概念。

(2)信号量机制。

(3)信号量应用。

(4)管程机制。

2. 经典进程的同步问题,要求达到,简单应用"层次

(1)生产者 – 消费者问题。

(2)哲学家进餐问题。

(3)读者 – 写者问题。

3. 进程通信,要求达到"简单应用"层次

(1)进程通信的类型。

(2)消息传递通信方法。

(3)消息传递中的若干问题。

(4)消息缓冲队列通信机制。

4. 线程,要求达到"领会"层次

(1)线程的同步和通信。

(2)线程的实现方法。

第8章 死 锁

(一)课程内容

1. 资源

2. 死锁简介

3. 死锁检测与恢复

4. 死锁的避免

5. 死锁的预防

6. 其他问题

(二)学习目的与要求

理解"死锁"影响系统的可靠性。死锁的产生与进程对资源的需求、进程的执行速度、资源的分配策略有关。系统应采用一定的策略实现资源分配以保证系统的安全。

重点是:死锁防止和避免。

(三)考核知识点与考核要求

1. 死锁的形成,要求达到"领会"层次

(1)什么叫死锁。

（2）引起死锁的原因：资源分配策略和并发进程的执行速度。

2.死锁的检测与恢复，要求达到"领会"层次

（1）单资源死锁检测。

（2）多资源死锁检测

（2）死锁恢复。

3.死锁的避免，要求达到"简单应用"层次

（1）资源轨迹图。

（2）安全状态。

（3）银行家算法。

4.死锁的预防，要求达到"简单应用"层次

（1）破坏互斥条件。

（2）破坏占有并等待。

（3）破坏不可抢占条件。

（4）破坏环路等待条件

第9章 实 验

（一）实验内容

选择 LINUX 操作系统，对其 SHELL 命令的使用、进程管理、系统调用、程序设计等功能进行验证。

（二）实验目的

通过实验理解操作系统的工作原理和实现方法。

（三）实验考核要求

能在 LINUX 系统中顺利运行所模拟的操作系统基本功能的程序，并得到预期的效果。

Ⅲ 有关说明与实施要求

（一）自学考试大纲的目的和作用

本课程的自学考试大纲是根据计算机及应用专业（独立本科段）自学考试计划的要求，结合自学考试的特点而确定。其目的是对个人自学、社会助学和课程考试命题进行指导和规定。

本课程的自学考试大纲明确了课程学习的内容以及深广度，规定了课程自学考试的范围和标准。因此，它是编写自学考试教材和辅导书的依据，是社会助学组织进行自学辅导的依据，是自学者学习教材、掌握课程内容知识范围和程度的依据，也是进行自学考试命题的依据。

（二）课程自学考试大纲与教材的关系

本课程的自学考试大纲是考生进行学习和备考的依据．教材是学习掌握课程知识的基本内容和范围，教材的内容是大纲所规定的课程知识和内容的扩展与发挥。

（三）自学教材

由孙剑明主编的，哈尔滨工程大学出版的《操作系统》。

（四）自学要求和学习方法指导

本大纲的课程基本要求是依据专业考试计划和专业培养目标而确定的。课程基本要求明确了课程的基本内容，以及对基本内容掌握的程度。基本要求中的知识点构成了课程内容的主体部分。因此，课程基本内容掌握程度和课程考核的知识点是高等教育自学考试考核的主要内容。

本课程是计算机及应用专业（独立本科段）的专业课程，学分为4＋1（实验），课程自学时间估计为240小时，学习时间分配建议如下：

章	课程内容	自学时间（小时）
1	绪论	14
2	计算机系统结构与操作系统接口	16
3	处理器管理	48
4	存储器管理	32
5	文件管理	40
6	设备管理	36
7	进程同步与进程通信	40
8	死锁	14

Ⅳ 题型举例

一、单项选择题（在下列各题的备选答案中，选出一个正确答案，并将其字母填写在题中的括号内）

1.操作系统本身是一种系统软件，因此，它（　　）。

A。只能管理软件　　　　　　　　B. 只能管理硬件

C. 既不管理软件又不管理硬件　　D. 既管理软件又管理硬件

2.作业调度选择一个作业装入主存后，决定是否能占用处理器还必须进行（　　）。

A. 作业控制　　　　　　　　　　B. 驱动调度

C. 设备分配　　　　　　　　　　D. 进程调度

二、多项选择题（在下列各题的5个备选答案中，有2至5个选项是符合要求的，请将正确选项的字母填在题后的括号内，多选、少选、错选均无分）

1.决定文件存取方式的因素有（　　）。

A. 怎样使用文件　　　　　　　　B. 存储介质的特性

C. 文件的物理结构　　　　　　　D. 文件的目录结构

E. 文件的共享

2.UNIX系统的进程状态有（　　）。

A. 收容态　　　　　　　　　　　B. 就绪态

C. 睡眠态　　　　　　　　　　　D. 创建态

E. 僵死态

三、填空题

1.分页式存储管理中,地址转换工作是由_____完成的。

2.UNIX 系统中的 shell 有两层含义,一是指由 shell 命令组成的_____语言;二是指_____程序。

四、简答题

1.采用可变分区方式管理主存时,往往使用移动技术来合并分散的空闲区,这种做法有什么好处?

2.为什么在进程同步问题中往往还要考虑进程互斥关系?请举例说明。

五、计算题

在单道批处理系统中,有下列三个作业,采用计算时间短的作业优先调度算法进行调度。当第一个作业进入系统后就可开始调度。假定作业都是仅作计算,忽略调度所花的时间,并且定义:

周转时间 = 作业完成时间—作业进入系统时间

回答下列问题:

(1)按上述要求填充下表的空白处

作业	进入系统时间	需计算时间	开始时间	完成时间	周转时间
1	10:00	2 小时			
2	10:10	1 小时			
3	10:25	15 小时			

(2)三个作业的平均周转时间为_____。

六、应用题

1.今有一个文件 F 供进程共享。现把这些进程分成 A、B 两组,规定同组的进程可以同时读文件 F;但当有 A 组(或 B 组)的进程在读文件 F 时,就不允许 B 组(或 A 组)的进程读文件 F。现定义两个计数器 C1 和 C2,分别记录 A 组和 B 组中读文件 F 的进程数。当用 PV 操作进行管理时,需要三个信号量 S1、S2 和 SAB 才能保证正确的并发执行。现程序结构如下:

```
begin Sl, S2, SAB: semaphore;
C1, C2: integer;
cobegin process Ai( i =1,2,.. )
Begin _____;
CI: = Cl +1;
if Cl = l then _____;
_____;
read F;
_____;
Cl: = Cl -1;
if Cl = O then _____;
_____;
end;
```

process Bj(j = 1,2,...)

begin _____;

C2：= C2 + l；

if C2 = l then _____；

_____；

read F；

_____；

C2：= C2 - 1；

if C2 = O then _____；

_____；

end；

coend；

end；

回答：

(1)说明信号量 S1、S2 和 SAB 的作用。

Sl 的作用是_____。

S2 的作用是_____。

SAB 的作用是_____。

(2)在上述程序的方框位置填上适当的 PV 操作,以保证它们能正确地并发执行。

2.有三个进程 A、B、C,它们对某类资源的需求分别是 7 个、8 个、3 个,且目前已分别得到了 3 个、3 个和 2 个资源。为保证系统的安全,系统还至少应提供多少个资源? 并解释为什么。